柳井家自宅就在男裝店「Men's Shop 小郡商事」二樓

左：1970 年代時，熱鬧的銀天街 / 右：如今已全部拉下鐵門，「Men's Shop 小郡商事」過去所在位置已夷為平地（2021 年 12 月，作者攝）

柳井正回到銀天街接管家業（1980 年代初期）

優衣庫一號店。1984 年 6 月開幕當天，人群蜂擁而至

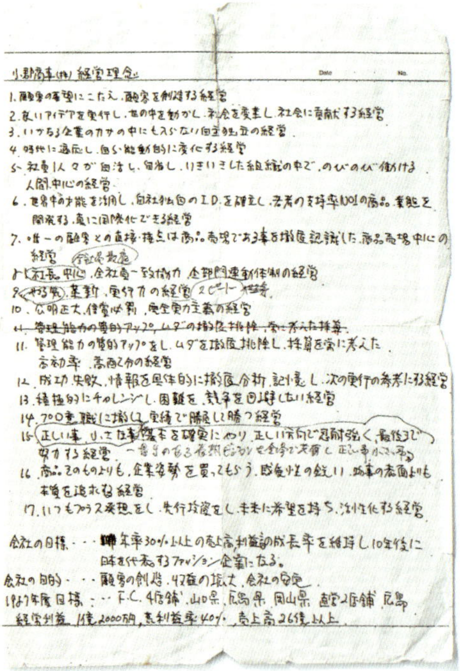

小郡商事(株) 經営理念　Date　No.

1. 顧客の要望にこたえ、顧客を創造する経営
2. 良いアイデアを実行し、世の中を動かし、社会を変革し、社会に貢献する経営
3. いかなる企業のカサの中にも入らない自主独立の経営
4. 時代に適応し、自ら能動的に変化する経営
5. 社員1人々が自活し、自省し、りきいきした組織の中で、のびのび働ける人間中心の経営
6. 世界中の才能を活用し、自社独自のI.D.を確立し、若者の支持率No.1の商品、業態を開発する、真に国際化できる経営
7. 唯一の顧客との直接接点は商品、売場である事を徹底認識した、商品売場中心の経営 (売場徹底)
8. (社長中心)、全社員一致協力、全部門連動体制の経営
9. (やる気)、革新、実行力の経営 (スピード)
10. 公明正大、信賞必罰、完全実力主義の経営
~~11. 管理能力の質的アップ、ムダの徹底排除、常に考えた採算.~~
11. 管理能力の質的アップをし、ムダを徹底排除し、採算を常に考えた高効率、高配分の経営
12. 成功、失敗、情報を具体的に徹底分析、記憶し、次の実行の参考にする経営
13. 積極的にチャレンジし、困難を、競争を回避しない経営
14. プロ意識に徹して、実績で勝負して勝つ経営
15. (正しい事、小さな事)、基本を確実にやり、正しい方向で忍耐強く、最後まで努力する経営 [illegible]
16. 商品そのものよりも、企業姿勢を買ってもらう、感受性の鋭い、物事の表面よりも本質を追求する経営
17. いつもプラス発想をし、先行投資をし、未来に希望を持ち、活性化する経営

会社の目標…年率30%以上の売上高、利益額の成長率を維持し10年後に日本を代表するファッション企業になる。
会社の目的…顧客の創造、収益の拡大、会社の安定
1987年度目標…F.C. 4店舗、山口県、広島県、岡山県　直営2店舗、広島
経営利益 1億2000万円、粗利益率40%、売上高26億以上

十七條經營理念。最初第八條規定公司「以社長為中心」

在沉潛的那段日子裡做為後盾的浦利治（1960 年代，於銀天街）

廣島二號店內同時開了漢堡店，結果慘敗

歷經與廣島銀行的對峙，公司於 1994 年上市

對玉塚元一（左）來說，澤田貴司有如老大哥（2005 年，日本經濟新聞社）

1998 年開幕的原宿店，引發「刷毛外套熱潮」

UNI-CLO

UNI-QLO

UNIQLO

UNIQLO

ABCDEFGHIJKLMNOPQRSTUVWXYZ

abcdefghijklmnopqrstuvwxyz

0123456789/@$%#!?&()[]'"''.,:;-+_*

UNI QLO

ユニ クロ

UNIQLO Soho NY
546 Broadway, New York, NY 10012
http://www.uniqlo.com

UNIQLO Soho NY http://www.uniqlo.com
546 Broadway, New York, NY 10012

UNIQLO Soho NY
546 Broadway,
New York, NY 10012
http://www.uniqlo.com

UNIQLO Soho NY
546 Broadway,
New York, NY 10012

UNIQLO Soho NY
http://www.uniqlo.com

UNIQLO Soho NY

原本是「UNI-CLO」，誤植為「UNIQLO」後，就此沿用。做為全球發展策略的一環，也採用片假名商標

受命進軍中國的潘寧（右者，2013年4月攝於香港）

紐約蘇活店外懸掛的「優衣庫」旗幟

香港非政府組織「SACOM」指控優衣庫中國代工廠工作環境惡劣（2015年1月，日本經濟新聞社）

開始致力於改善海外合作工廠的工作環境（中國江蘇省工廠，朝日堂・見米康夫攝）

柚木治以蔬菜事業的失敗為契機，讓 GU 步入正軌（2001 年夏天）

將優衣庫服飾捐贈至難民營的新田幸弘（2007 年 2 月）

致力於重建北美事業的塚越大介，2023 年被指派為優衣庫社長（作者攝）

日下正信長期致力於英、美兩國的事業重建，也承擔了轉型為資訊製造零售業的重責大任（2011 年 10 月於美國紐約第五大道店）

創辦 Mujin 的瀧野一征，被迫在孫正義和柳井正之間二選一（作者攝）

島精機製作所創辦人島正博，發明了包括「無縫電腦橫編機」在內的眾多編織機，人稱「紀州的愛迪生」（作者攝）

位於有明的巨大倉庫當初問題不斷，如今大量使用自動化技術

柳井家合照。後排右者為柳井正。前排中央為父親柳井等、母親喜久子（本照片由福場〔婚前姓柳井〕幸子提供）

※ 未標明出處之照片，皆為迅銷集團提供

優衣庫的崛起、挫折與成功

世界的UNIQLO

杉本貴司（Takashi Sugimoto）——著
葉小燕——譯

前言

無人的商店街

「如你所見，就是一條蕭條到幾乎所有店家都關門大吉的商店街。過去這裡可是擠得水洩不通，走在路上還得邊走邊閃避人群呢。」

山口縣宇部市。這是一座面向瀨戶內海周防灘的城市，市中心有一條名叫「宇部中央銀天街」的老舊商店街，我第一次造訪此處是十二月底的事。對商店街而言，原本應該是年終歲末最繁忙的時刻，街上卻連個人影也沒有。

這一天，白雪紛飛、寒氣逼人。無人的商店街。或許是因爲上頭有鏽跡斑斑的拱廊包覆著，使得烏鴉乾巴巴的叫聲聽來格外響亮。

與其說這裡是幾乎所有店家都關門大吉的商店街，不如稱它是商店街的殘骸還更貼切一點。在這幾乎杳無人煙的街道上，少數幾間還開著門的店家之一，就是日本茶館「山內靜香園」。

「我想了解一下關於銀天街的事。」對於貿然現身並如此提問的我，非但沒給我臉色看，還端上一杯溫熱焙茶的，就是在這家店出生長大的山內美代子女士。山內女士為我沖泡的這杯熱騰騰的茶之所以沁入肺腑，或許就是因為在這條凋敝的商店街上，由萍水相逢的人們給予的溫暖所致吧？

據說山內女士出於興趣而記錄了銀天街的歷史軌跡。她給我看了她的筆記本，手繪的地圖上，畫著過去各個時代曾存在於銀天街的店家。山內女士想必是位相當細膩嚴謹的人吧。她說，商店的規模大小是自己帶著量尺實際走在商店街上測量出來的。一頁頁往下翻，很容易就能理解過去商店街的興盛繁華與後來的衰敗凋零。

「我讀高中的一九七〇年代，那時整條商店街差不多有一百三十間店鋪吧。只要來到這裡，生活上所需的任何用品都買得到。過去在宇部，只要說『去城裡』，就是來銀天街的意思。」

曾經熙來攘往的熱鬧商店街，隨著歲月流逝一路衰敗。自一九九〇年代後期開始，長期不景氣開始籠罩整個日本，商店一間間消失，據說二〇一〇年之後，這昔日的繁華街區便全都是空地和拉下鐵門的店家。

這確實是存在於日本各地的蕭條景象，人們對此無可奈何。然而不只是商店拉下了鐵門，過去那些酒館、小吃店，或是在各家商店工作的人們所居住的公寓、住宅區，還有貌似原本開設了某某商店的建築物，就這樣棄置在原地，任由它化成廢墟。

這一天，應該也不是剛好遇上門可羅雀的日子吧。「從很久以前開始就一直是這樣了啦。不論平日還是假日，也沒什麼特別不同。」山內女士這麼說。

如今傲視全球的服飾企業「優衣庫」——能證明這條彷彿遭時代潮流遺棄的頹敗商店街就是其原點的證據，絲毫未留一星半點。

山內靜香園旁邊，只剩下成爲停車場的一片空地。在那裡，曾有一間叫做「Men's Shop 小郡商事」的男裝店。如今當地還記得這家店的，恐怕也只有一些上了年紀的人吧。優衣庫，正是從這樣一家隨處可見的男裝店發跡。

無人的拱廊商店街。

曾是小郡商事所在地的停車場對面，是一間老舊的魚鋪，骯髒的鐵門也是拉下來的。

剩下的，就只有這些。

優衣庫在全世界各地展店，是孕育自日本的大型服飾連鎖店之一，與歐洲的ZARA及H&M並駕齊驅，展現出爭奪世界第一的氣勢。在這段自泡沫經濟破滅以來、所謂「失落的三十年」衰退期裡，它是少數幾家從日本脫穎而出的全球化企業。

它的起點，就在這條被時代浪潮遺棄而一一拉下鐵門的商店街。

優衣庫如何由此發跡？這麼一家地區蕭條商店街上的男裝店，爲何能成爲全球化的服飾企業？本書的目的正是要解開這個謎。

那麼，我們能從它的發展軌跡看到什麼？它又能爲現在的我們帶來什麼樣的啓發？

我所看見的是「希望」。這個故事將爲這個國家許多沒沒無聞的企業及其員工帶來希望。

在日本，九九％以上的公司是無名的中小企業。優衣庫也是國內無數中小企業之一，而且它並非位於東京或大阪這樣的大都市裡，也不像目前的新創公司，在新潮時尚的辦公室裡聚集一群青年才俊，滿懷「要改變全世界」的壯志豪情。

一間把店面二樓當住家，且爲家族式經營的典型地區小商店，最後竟一躍成爲全球化企業。這一切並非發生在如今被視爲神話般得天獨厚的經濟高度成長期，而是在這個國家失去成長動力的時刻裡。

名不見經傳的小小男裝店之所以獲得如此罕見的成功，想必要歸功於柳井正這位經營者的手腕吧。以成就來看，人們或許會認爲他是個天才型人物。但眞的是這樣嗎？

柳井正滴酒不沾，每天從一大早就開始工作，可說律己甚嚴。另一方面，即使面對部屬，他也會使用敬語，且態度嚴厲，有一段時期甚至很喜歡說些「不會游泳的就沉下去吧！」之類不留情面的話。

他的直言不諱與其說是坦率，大多數人對他的印象恐怕是粗魯不友善。非必要的話幾乎不說，平時也很少開些什麼幽默風趣的玩笑。

因此，可能也有人覺得他是個冷靜、敏銳、能看透事物本質的經營者。那些與柳井正往來多年的人，多半認爲他是個很容易遭到誤解的人，或許是因爲他一手打造了優衣庫王國的輝煌成就，再加上那種難以親近的形象深入人心的緣故吧。

儘管現在的他被譽爲日本具代表性的企業家，但追本溯源，過去的他不過是個隨處可見的年輕人，而且與那種才華洋溢、傳奇事蹟多到讓人覺得「他以後一定會成功」的青年才俊相去甚遠。

高中時期的他，在班上就是那種存在感薄弱、內向又沉默寡言，畢業後會讓同學幾乎想不起來柳井正是誰的少年；即使進入早稻田大學後，也是整天沉迷於麻將和小鋼珠。好不容易遠從宇部來到東京念書，往來的依然只有那些一起來到東京的高中同學而已；到最後甚至不去工作，窩在爲數不多的友人家中，成爲寄人籬下的軟爛青年。

勉爲其難接手家裡的男裝店，卻立刻引起資深員工反彈。店員們各自鳥獸散，唯一留下來的那個人，是認識多年並長住家中工作的老大哥。

在那之後，無所作爲的日子仍持續著。就連因爲命運般的邂逅而結縭、與他一起在宇部生活的妻子，最後也忍不住指責他：「把我的青春還給我！」

至此，柳井正的經歷可說是「無所事事的中小企業接班人」典型寫照吧。不過，故事從這裡開始有所不同。

年輕的柳井正繼續在掙扎。

商店街上的男裝店，夥伴已四散而去，他一個人在這裡思索，持續探求沒有答案的未來。

（怎麼樣才能從這裡掙脫……。）

他不斷自問自答，即使不知道通往成功的道路在哪裡，也不曾停止探問。只不過在二十出頭的那段日子裡，就算再怎麼探求，卻連一點線索也沒找到，日子就這樣一成不變地一天天過去。

對當時的柳井正來說，有一件事令他難以忘懷。某天，高中時的某位老師正巧路過商店街。

「咦？是柳井？你在這裡顧店嗎？」

被那麼一問，「啊，是啊。」除此之外，他擠不出別的話。

「你都在東京念完大學畢業了，怎麼在這裡做這種工作？」

儘管老師並沒有說出口，但從簡短的談話中可以明顯地感受到近似於貶低的意味。「我就知道大家會這麼想。」當時的柳井正只能接受現實。不過是認識的老師湊巧經過商店街，也不過是兩人隨意的交談，卻讓他不禁覺得自己被一股強烈的自卑感控制。即使到今天，這段回憶仍清晰得有如昨日。

鄉下地方到處都有像他這樣，在莫名其妙的情況下接手家業，而且毫無幹勁的少東家，但這正是後來那位具備領袖風範的經營者「柳井正」眞正的根源。當時的他，既不是有魅力的領導者，也不具備眾人公認的耀眼才華。

然而這名男子渴望成功，持續不斷尋找線索，然後在那黑暗漫長的隧道裡挖到金礦。「發現」優衣庫，正是柳井正不斷追尋成功的第一步。

即使在那之後，這名男子依然與眾不同。他仍繼續掙扎。

他並沒有因爲找到優衣庫這座金礦而滿足，甚至比任何人還貪心，不斷向前奔跑與追尋。他拒絕安於現狀，追求更高境界的突破。只是，在前方迎接他的，不是確保成功後就能踏上的尋常坦途，而是苦惱連番上陣的故事。

依我個人的解讀，柳井正與優衣庫的故事是加法與減法的堆疊。

時而上坡、時而跌落。然後再繼續不斷向上攀登。

不曾停下的腳步，憑著一股傻勁周而復始地層層累積，進而造就出如今眾所周知的龐大企業——優衣庫。

在那個故事裡沒有魔法。

裡頭有的不過是加法，而不是乘法。只是有時候因爲加上去的數字太過龐大，以至於看起來好像有什麼魔法似的……。

或許也可以換個說法：這是將無數的失敗與矛盾最終轉化爲成功的歷程。但並非現今數位化全盛時期會見到的那種、靠著異想天開的點子或靈光乍現而獲得榮耀和成就的例子。

不僅如此，這個故事述說的是一位天生沉默寡言、容易遭人誤解的內向男子，同時也是一個身邊隨處可見、曾經連「工作意義何在」都不明白的男子，腳踏實地一路走來的歷程。或許這才是「優衣庫故事」的本質吧。

正因爲如此，我才會這麼想：

這個故事，應該有可能發生在每個人身上吧？換句話說，人人理應能夠掌握的榮耀、機會和啓發，就在這個故事之中。當我採訪優衣庫成長軌跡的時候，屢屢產生這樣的想法。

我之所以用「希望」來呈現優衣庫的故事，就是這個緣故。決定寫作本書，是因爲想傳達這個想法。當然，並不是只有光輝榮耀的部分，事實上，有時他們也必須面對社會所指出的矛盾之處。

像是「黑心企業」，或是「捨棄弱者」。

諸如此類的批判他們都曾遭受過，本書同樣會提及這部分，因爲這是必須正視的問題。而且前面也提過，優衣庫一路走來，原本就是一連串的失敗。

柳井正和優衣庫如何從這樣的「減法」中爬上來？如何將無數的「減法」轉換成

「加法」，並度過難關，以及如何以山頂爲目標走了過來？

接下來，我希望盡可能詳細去追溯這個故事。我有好多東西想傳達給拿起本書的各位——非常、非常多。因此，這應該會是一個長篇故事。

請各位暫且跟著我，一起看看優衣庫的漫漫長路。

目次 CONTENTS

前言　無人的商店街　003

第1章　睡太郎——懶散青年爲何醒悟？　017

銀天街／十五歲的學徒生活／小郡商事的發展史／父子對立／無所事事的日子／格拉納達的邂逅／緊追不捨的男人／在佳世客的九個月／流通業先驅的教導／寄人籬下、矛盾糾葛、「遲早會完蛋」／從這裡往上爬

第2章　黑暗時代——掙扎蟄伏的十年　061

重返銀天街／另一位「大哥」／離去的員工／失去自信／筆記本上的自我分析／交託給自己的印章與存摺／黑暗的十年／再這樣下去會倒／崇拜的松下幸之助／「這傢伙是傻子吧？」／雷・克洛克／勇敢，率先，與眾不同／優衣庫的靈感

第3章 礦脈——誕生於街邊的優衣庫 101
休閒服飾倉庫/一九八四年，優衣庫一號店的早晨/「挖到金礦了！」/二號店的失敗「算我請客」/郊區店鋪的成功/對快時尚的疑問/在香港看到的Polo衫/與黎智英相識/打擊率低於〇・〇一/與華僑之間的情誼/鼎盛時期的大榮成爲負面教材/「經營管理的三句箴言」

第4章 衝突——不被諒解的野心 133
優衣庫的陪跑員/眞槍實彈一決勝負/還不成熟的優衣庫/父親的反對/獨裁式經營/標準店鋪模型與會計思維/「傲慢的分行長」/公司改名與危險的計畫/不該將目標設定在現實的延長線上/與主要往來銀行的對立/「想騙我嗎？」/憤怒的信/「全面撤資也在所不惜」/上市的日子/與父親永別/柳井正的淚水

第5章 飛躍——進軍東京與刷毛風潮 181
國立競技場/體育社團出身的拜把兄弟/直接寫信給伊藤忠商事社長/「等得了十

年嗎？」／「是個小老頭」／在美國村目睹的現狀／ABC改革／與大企業病對抗／「幾乎都會失敗」／邁向成功的反思／用刷毛外套一決勝負／原宿店／挖角小老弟／偏僻的日式饅頭店

第6章 挫折——「公司將瓦解」、新人才與離去的老將 227

在巴塞隆納遇見的競爭對手／打造ZARA的男子／「公司正在崩壞」／人才匯集／遇見約翰・傑伊／效法耐吉創辦人／「不會游泳的就沉下去吧！」／柳井正憧憬的品牌／進軍倫敦／忘卻的「提問」／衰退的優衣庫／玉塚元一的憤慨

第7章 逆風——迷失方向的接班戲碼 267

爲祭典清理善後／標準化模式的極限／捨棄以社長爲中心的模式／採取「現場主義」的新社長／在中國受挫／與東麗合作／人事異動／橄欖球先生的指點／「既然受你請託，我怎麼可能拒絕」

第8章 **突破的關鍵**——進軍世界帶來的「提問」 295

來自北京的青年／在上海的挫敗／「究竟缺少什麼？」／突破的關鍵在香港／從觀察賣場中發現的事／柳井正最尊敬的生意人／重生的中國優衣庫／遇見佐藤可士和／在美國重蹈覆轍／兩人的對談／旗艦店策略／「何謂服裝？」／六個定義／偶然的失誤，反而更酷／異樣感

第9章 **矛盾**——「黑心企業」的指控 333

優衣庫的小老弟／優衣庫模式的蔬菜事業／公審／九百九十圓的牛仔褲／GU重生的三個教訓／「百倍奉還！」／以麥當勞爲範本／徒有其名的店長／不曾說出的內心傷痛／臥底調查／孟加拉的教訓／兩套帳／「惡魔的證明」／村上春樹的「高牆與雞蛋」

第10章 **東山再起**——重建北美事業的夙願與背後的衝突 373

「徒具形體的優衣庫」／似是而非的現場／「讓它更像優衣庫」／「又有日本間諜

要來了」／柳井正接班人候選人／民族大遷徙／「改變優衣庫的歷史」／年輕菁英的掙扎／效法中國／杳無人煙的紐約／關閉第三十四街店／反擊宣言

第11章 進化——邁向資訊製造零售業的破壞與創造 407

有明計畫／行動網路的衝擊／「要競爭的對象已經不一樣了」／進化為資訊製造零售業／戰友孫正義／尋找靈感之旅／化學反應／物流崩潰／「砍掉重練」／對馬雲的疑慮／阿里巴巴的指點／紀州的愛迪生／關鍵的抉擇／且問創業家的抱負

後記 世界緊密相連 447

第 1 章

睡太郎

懶散青年爲何醒悟？

「啊——南蠻推呀推，推了才會上來，推起了五平太嘿唷——」

那個時代，正是這個國家將從燃燒殆盡的廢墟展開奇蹟式復甦的時刻。位於本州①西側的山口縣宇部市，只要人們聚集在一起，就能聽見這樣的歌聲。第二次世界大戰結束前曾遭受八次空襲、燃燒彈有如冰雹般落下的這座城市，也迎來了和平與活力旺盛的時代。

「五平太」指的是煤炭。傳聞第一個撿到產於當地的「黑鑽石」的，是一位農夫，於是便以他的名字來稱呼這裡的煤炭。至於「南蠻」，則是江戶時代天保年間（一八三〇～一八四四年）開發的一種大型木製起重機，用來開採並運送埋在周防灘海域的煤炭。

推南蠻是女人的工作。幾個人同心協力，一圈又一圈推動木製推車，好將男人們從地底下挖出的煤炭與不斷湧出的海水一起搬運上來。想必是非常粗重的工作吧。據說這首〈南蠻音頭〉就是爲了轉移注意力、降低疲憊感，而由女人們以開朗口吻哼唱的歌謠。

銀天街

一九六〇年（昭和三十五年）三月十五日。那天是個大晴天，讓人充分感受到春天的氣息。

宇部市區最繁華的銀天街，無數人潮穿梭交錯在狹窄的街道上。朝附近的海邊望去，「宇部興產」的巨大煙囪正噗噗冒著黑煙。

這個時代，是煤炭在這個國家產業史上綻放最後光芒的時代，地點就在曾經號稱「全世界落塵最多的城市」——宇部。這一天，煤煙應該仍不斷由空中飄落，但或許多虧了銀天街兩年前才蓋好的全新拱廊，人們並不是那麼在意。更重要的是，大家感受到這座煤炭城市所醞釀出來、舉目所見盡是人潮的活力朝氣，總覺得有種令人深陷其中、難以自拔的感覺。

剛從中學畢業的浦利治，在十五歲的春天來到了宇部，他眼前所見正是這番景象。浦利治的老家位在小郡和防府之間的一座小村莊，雖然從宇部往東大約只有三十公里遠，但是在他看來，這座煤礦都市裡的繁華街區宛如另一個世界。每逢祭典或一些小型活動，耳邊聽到的都是那首悠揚明亮、當地傳唱已久的〈南蠻音頭〉。

因爲哥哥的緣故，有人問他要不要去銀天街西側一家叫做「皐月屋」（Satsukiya）的服裝店工作，他才來到這裡。結果不知道爲什麼，在那家店裡和一位碰巧遇見的中年

① 日本本土四島之一，可分為東北、關東、中部、近畿和中國五大區域。

男子聊了起來。一問之下，據說這名男子和已經上了年紀的皐月屋老闆是親戚。這人看起來差不多四十歲上下，卻有種令人生畏的氣勢；談話的過程中也不時盯著浦利治，眼神裡閃爍的光芒異常銳利。

「來，吃一點吧。」

那名男子說著，把一碗蓋飯推到他面前，那是從皐月屋附近一家食堂叫來的蓋飯。少年浦利治還沒搞清楚對話的進展，往嘴裡扒著飯的當下，那名中年男子就對皐月屋的老闆說：「這孩子我就帶去我店裡了喔。」

在男子的催促下，兩人直接出了店門往街上走去，然後前往同一條商店街東側一家叫「Men's Shop 小郡商事」的男裝店。一進到店裡，男子便爬上一樓店面後方的樓梯，來到二樓。走進住家空間裡的客廳後，才坐下來，那名男子便開始滔滔不絕。過了大約一個小時，男子開口：

「那麼，你就住進我家，來這裡工作吧！」

這句話，成爲日後在優衣庫草創時期擔任大總管的浦利治畢生決定性的關鍵。在十五歲的浦利治眼中看來極具威嚴和氣勢的中年男子，名叫柳井等。光憑大人之間的一番話就給換掉了工作，雖然讓浦利治目瞪口呆，卻也只能順從。

至於當時在客廳裡聽柳井等說了些什麼，浦利治已經完全想不起來了。感覺像是經商的經驗談，又好像是什麼人生的教誨之類的。

總之，就這樣，一名十五歲的少年離開家鄉，住進這條商店街裡的小小男裝店開始工作，就像直到昭和初期（一九三〇年代左右）仍存在於日本全國各地的學徒制那樣。

「你要稱老闆爲『大將』（長官）。」

當時的資深女員工對他這麼說。但浦利治表示，那樣的稱呼在現代已有些不合時宜，而且他從很久以前便稱呼老闆爲「前當家」；再說，他認爲比起「大將」這個稱呼，更應該說是「另一位父親」才對。或許是因爲打從這天起，他便如學徒般住進這個熱鬧的家裡，與那個比自己小四歲的少東家柳井正同在一個屋簷下，有了如此近距離相處的每一天，才讓他自然而然產生這種感受。

十五歲的學徒生活

浦利治的學徒生活就此展開。他的一天，從帶著柳井家飼養的狼犬散步開始。他和同是學徒的兩位前輩，以及柳井家的所有人輪流匆匆吃完早餐後，立刻拉開鐵門做生意。

銀天街的位置離宇部興產總部工廠不遠。宇部興產後來改名UBE，是一家大型綜合化學製造商。總部工廠所在地是一塊海埔新生地，過去這裡曾是名爲「沖之山」的海底煤礦，而這座煤礦即是他們發跡之處。一九五〇到六〇年代當時，人們依然在沖之山開採煤炭。

浦利治拉開小郡商事鐵門的時間，差不多是那些三班制夜班礦工結束工作、準備回家的時候。當礦工們從狹窄陰暗的地底世界爬上來時，迎接他們的便是店鋪櫛比鱗次的銀天街，這裡不分晝夜，總是人來人往。

關於銀天街過去的盛況，記錄當時景象的當地煤礦雜誌《坑道》中寫道：「展現出異常的興盛繁華。」（一九二八年九月二十日）

只要有人群聚集的地方，就有財富，這個道理不論在哪個時代、在世界上任何國家都一樣。到小郡商事購買男裝的不只有礦工，也有上班族。人潮之盛，是很難拿如今空無一人的銀天街去想像的。

浦利治一拉開店門，上門的顧客便絡繹不絕；不過中學剛畢業的他還只是個見習生，不能招呼客人。每天早上，他都得拿毛刷將要吊掛展示的西服一件件刷過。「Men's Shop 小郡商事」創業初期也提供訂製西服的服務，後來便以成衣爲主力商品。

沒有人教他怎麼做事，只告訴他要一邊刷衣服，一邊偷聽前輩與客人的對話，自己記重點。「工作，就是要用耳朵聽，用眼睛看，自己偷偷學。」不是只有浦利治這麼做，普遍來說，這是那個年代的年輕人工作時的共同經驗。

日子就這樣一天天過去。

休假日只有每月二十日商店街公休那天。不過就算放假，浦利治在宇部也沒有什麼熟人；難得每月一次的休假日也幾乎都和柳井家或前輩們一起度過。因爲包吃包住，一切都不用花錢，就連理髮或偶爾看場電影，店裡也都會幫忙出錢。說到薪水要怎麼花，買瓶三十八圓的可樂來喝已經算是至高無上的享受了。

默默將浦利治的工作表現看在眼裡的，就是柳井等。他很少親自招呼客人，向來是待在店面後方櫃檯的圓形火盆邊，讀讀書報寫寫字的同時，留意店內所有狀況。

晚餐過後，柳井等總是很快就出門。雖然他不喝酒，但每天到附近酒館打轉、一間繞過一間，是他的固定行程。

十幾歲的浦利治經常在晚上九點關好店門後被叫去小酒館。白天在店裡很少找浦利治說話的柳井等，夜裡則會一邊在酒店小姐陪侍下，一邊對還顯得青澀的浦利治聊起生意經。

「你聽好了，可得牢牢記住。利潤的關鍵在於成本。」

最終決定利潤的不是售價，而是原價，也就是進貨價格。爲了準確判斷進貨價格，必須培養辨識商品好壞的眼光。而且也要時常注意顧客需求，還有不知不覺間逐漸改變的時尙潮流。

另外一句他像口頭禪一樣掛在嘴邊的，就是「要珍惜一塊錢」。

「看見一塊錢掉在地上，想都不用想，去撿起來。不必覺得丟臉。做生意就是這樣一塊錢一塊錢累積而成的。反過來說，手中要是空無一物，說什麼也枉然。」

後來，兒子柳井正回憶道：「談到經營，老爸並不是精打細算的那種人。」其實柳井等所謂「要珍惜一塊錢」指的並不是金錢，而是即使如同一塊錢般微小的信用也要重視，並一點一滴累積。

「賺錢，就是把鈔票一張張疊起來。」

「生意人即使沒錢，言行舉止也要表現出一副有錢的樣子。」

這些也是柳井等的口頭禪。言下之意是除了累積財富，做生意更要把信用擺第一。像堆疊一張張鈔票般建立信用——十多歲的浦利治就這樣默默聽著可謂生意人最基本的道理。

小口小口慢慢喝的可樂滋味，還有柳井等說著「利潤的關鍵在於成本」、「要珍惜一塊錢」的聲音，至今仍深深烙印在浦利治腦中，一如昨日。當時柳井等偶爾會帶他去牛排館「King Snake」，平時很難得吃到的高級牛排滋味自是不在話下，餐後附上的哈密瓜更是讓他滿心期待。

浦利治和兩位前輩同住一個房間，工作結束後，會和柳井家的人一起在大客廳裡看電視，也時常在工作空檔和年紀相仿的柳井正玩在一起。當年摔角正流行，超級巨星力道山風靡一時。如同當時全日本的孩子，浦利治和柳井正都迷上了摔角。

「怎麼樣，如何！要不要認輸？」

那是柳井正用「足部４字固定」②鎖住浦利治的腿時發生的事。使出全身力氣打算翻身的浦利治，只聽見耳中「啵」的一聲。隔天去醫院檢查，鼓膜已經破裂。這次或許玩得太過火了，不過對於性格內向又沉默的柳井正來說，大他四歲的浦利治，是個願意陪他玩些蠢遊戲的好大哥。

當時的浦利治和柳井正壓根沒想到，他們兩人在不久之後試圖跨出的一小步，將成就一間全球性服裝企業。

那個年代的娛樂活動很少。除了看看漫畫、和同事一起看電視之外，最常玩的就是花牌。只要柳井等參加戰局，都會指名浦利治跟他搭檔，和兩位同是學徒的前輩進行二對二比賽。柳井等和浦利治這對搭檔老是輸，然後「因爲輸了」，隔天柳井等就會請浦利治他們吃蛋糕。

小郡商事的發展史

這段內容變得有點長，不過總而言之，少年時期的浦利治和柳井正所待過的小郡商

② 摔角著名招式，將對方的雙腳彎成「４」字型並固定，再利用自己的體重施予強大的壓力。

事，就是這種典型家族式經營的小企業。雖然浦利治表示自己「當時對主從關係有清楚的認知」，但事實上，住在老闆家裡的這些員工所受到的待遇如同家人。

「雖然沒什麼隱私可言，但工作起來很開心，現在想起來仍是美好的回憶。」

浦利治說起多年前在小郡商事度過的年輕歲月，很是懷念。據說他對身爲一家之主的這位「大將」柳井等特別敬佩。

「這麼說雖然對現任社長（柳井正）很失禮，不過對我而言，前當家更重要，因爲他爲我所做的比父母還多。」

柳井等創立 Men's Shop 小郡商事，剛好是在長男柳井正出生的一九四九年；浦利治來到宇部，則是一九六〇年春天，也就是開業十多年後的事。而除了柳井家和員工居住的那家店，數十公尺外還有另一間店面。

話說回來，有關 Men's Shop 小郡商事的「發展史」幾乎很少被提及。爲避免不必要的誤解，在此必須先說明一下。

「小郡商事」最早是由柳井等的異母哥哥——柳井政雄於第二次世界大戰結束後不久創立的。柳井政雄在戰爭期間加入黑道，因爲與敵對組織發生爭端而入獄。出獄後，金盆洗手的他爲了謀生，開始經營以牛馬等牲口運送貨物或木材批發等業務的小郡商事。

弟弟柳井等被陸軍徵召，在中國待了八年左右。戰後回到故鄉，在哥哥的鼓勵下開了一間賣西裝的「Men's Shop 小郡商事」。如同他們的店名，柳井兄弟的老家不在宇部，而是小郡，位於現在的ＪＲ新山口站附近。

或許因爲柳井政雄曾是黑幫分子，很多時候弟弟柳井等也被描寫得像是黑道老大似的。兒子柳井正在自己的書《一勝九敗》中回憶道：「父親的脾氣既暴躁又嚴厲，所以我會盡量避免與他接觸。總之就是很怕他。」也可能是原因之一。

不過，根據那些實際上長期待在柳井等身邊的人表示，「黑道老大」的形象或許有些過度扭曲了。的確，據說柳井等向來是個豪邁灑脫、擁有些許大哥氣質的人；而且如兒子柳井正印象中急性子、脾氣暴躁的說法，也確實沒錯。

看起來，柳井等往來的對象不分黑白兩道，過去也曾與宇部當地的黑幫「一松組」有交情；但另一方面，他也曾對想脫離黑幫、從事一般百姓工作的前組織成員伸出援手。

如同前面說過的，柳井等的哥哥柳井政雄確實曾爲黑幫分子，但他已經服刑贖罪、金盆洗手，爲了重新振作而創立公司也是事實。

沒有人能改變過去。有些人可能與黑幫時期的柳井政雄有過瓜葛、發生不愉快的事，這樣的經歷是不論過了多久都無法抹去的。

不過，察覺自身過錯並期望重新開始的一步一腳印，也都不該被抹滅，畢竟這個國家願意給贖了罪的人重新出發的機會。

「過去無法改變。但如何活在當下，能讓我們重新定義過去。」

這是我個人的信念。我們能改變的只有未來。我認爲，如果能活在當下，並想改變未來，那麼過去的失敗就不再是失敗，而能成爲幫助我們活在當下的養分。屆時，「過去」自然會被重新定義。論及優衣庫創立前的歷史，或許也是出於同樣的道理。

要事先聲明的是，這絕對不是爲了美化優衣庫過往的軌跡，否則我也不會提及有關柳井政雄的過去。

至少，弟弟柳井等開設的 Men's Shop 小郡商事與黑幫時代的柳井政雄毫無關係。此外，柳井正所創立的優衣庫更是與那些親戚毫無瓜葛。

柳井等有如黑道老大般的描述，正好出現在二〇一〇年前後、優衣庫遭指控爲黑心企業那段期間。這兩件事或許很容易讓人聯想在一起，事實上應該毫無干係。勞工問題確實必須正視沒錯，本書中也會提到這部分，但迅銷集團創辦人的父親與親戚的前塵往事，則是題外話了。

雖然有些離題，不過我還是想說說這件事。因爲四處可見那種牽強附會的言論，我才決定在此特別提出說明。

關於 Men's Shop 小郡商事的「來歷」就先說到這裡吧。如果還有什麼要補充的話，那就是柳井正事後因這樣的形象深受折磨。之所以在此舊事重提，正是爲了對那些說法提出不同的見解。

究竟誰有權利將當事者家人的過去當成話柄，中傷甚至毀謗眼前的個人、企業和員工？要事先聲明的，僅此而已。

父子對立

繼續回到優衣庫前身，也就是在宇部的那間男裝店。

老實說，要描寫本書主角柳井正少年時期的模樣有點難度。不只是他本人，連周遭的人也一致認爲，當時的他就是個毫不起眼、安靜老實的少年。他的成績並不是特別好，也不是能將朋友凝聚在一起的人物，更沒有那種「能預見他日後飛黃騰達」的小故事。他的性格就是內向又沉默寡言。

他的沉默寡言，其實是有原因的。

將來想開一家玩具店——這是柳井正小時候暗自懷抱的夢想。稍微大一點後，他想成爲老師，不過他很快便放棄了這個夢想。

原因是他天生有口吃的毛病。與人對話雖然完全沒問題，但是朗讀寫在紙本上的文章時，不知爲何，馬上會變得結結巴巴的。

事實上，柳井正現在依然有口吃的毛病。演講時，如果依照準備好的稿子念，經常會發生突然停頓或反覆說同一個字的狀況，因此直到現在，只要是演講的邀約，他多半會拒絕。姑且不論現在，小時候會因此產生自卑感也是無可奈何的。「只要讀書本上的內容，不管怎樣都會卡住。當老師的話，這樣不行吧？所以就放棄了。」年輕的他已經考慮到這點，很快便打消成為教師的念頭。

至於說到玩耍的場所，自然是家門口這條商店街。去Men's Shop小郡商事斜對面的小書店「鳳鳴館」站著看漫畫，偶爾從老闆那裡拿到雜誌上附贈的小禮物，是他心中暗自期待的樂趣。柳井正就是這樣一個似乎隨處可見、毫不起眼的少年。

如同前面所說，對於住在柳井家工作的浦利治而言，柳井正的父親——柳井等是有如父親般的化身；然而在柳井正這個真正的兒子眼中，父親的模樣卻大不相同。

柳井正有一個姊姊、兩個妹妹。儘管是手足，父親柳井等對他們的教育方式卻截然不同。柳井等平時的情緒起伏就很大，即使在孩子面前，也常常粗魯地拉高嗓門，但他只會對兒子動手。

他甚至老早就跟三個女兒說：「我對你們的教育方式和對阿正是不一樣的。」像是學校舉辦的家長日或教學觀摩，柳井等只會參加兒子的，至於三個女兒的事，則完全交給太太喜久子；平時會遭到責罵或挨揍的，也只有兒子柳井正。

「所以，我當時覺得幸好自己不是男的。」

比柳井正小兩歲、四名手足中據說跟他最要好的妹妹幸子回憶道。「因爲哥哥是爸爸的指望。」那分期許化爲嚴厲的要求，重重壓在柳井正身上。

「做什麼都好，就是要拿第一。」

這是父親不斷對兒子說的話。雖然沒有開口要他繼承家業，但那種被寄予厚望、「總有一天要接班」的意味濃厚到難以阻擋。或許是出於對這分期許的反抗，面對父親的怒吼與暴力，兒子選擇了封閉內心。

漸漸的，柳井正開始閃避父親，父子間也不再交談。我請教了當時的狀況，「若說到我跟老爸的對話，大概只有『嗯』或『是』而已吧。」柳井正僅如此回憶道。

閃避父親的另一個原因，在於柳井等除了經營男裝店，後來又涉足建築業。柳井正才剛升上國中，他父親便成立了建設公司，然後也順勢開起咖啡廳和電影院。這麼一來，與地方上的權力核心或政治人物之間的往來勢必日益頻繁——不，應該說柳井等爲了主動與這些人互動，而投注了時間和金錢。

柳井等與當地的重量級人物田中龍夫關係尤其密切——田中龍夫曾擔任通產大臣③，

③ 通商產業省最高長官，相當於臺灣的經濟部部長；通商產業省於二〇〇一年改制為經濟產業省。

柳井等則是他的後援會會長。據說，宇部興產的社長中安閑一（號稱振興該公司的功臣）也是柳井等的摯友，而宇部興產就位於Men's Shop小郡商事所在的銀天街旁邊。

於是乎，事情會怎麼樣呢？

下一屆市議員選舉要挺誰？因爲下次我們會拿到那邊的工程——自家客廳不時傳來大人之間的「那種」對話。每當宇部興產裡與父親交好的幹部升官時，父親奉上店裡頂級西裝的那副模樣，都讓柳井正有種難以言喻的反感。把商品當成私人物品的行爲，即使到後來，仍讓柳井正厭惡不已。

無視兒子充滿疑慮的目光，柳井等反而經常對兒子吹噓：「要是我一開始就做這個（建築業），一定會比現在更發達。」

對於進入青春期的柳井正來說，大人世界裡的這種勾結串通實在令他難以接受。附帶說明，他不只是在十幾歲時有這種想法，即使是身爲迅銷集團創辦人而有所成就的現在，柳井正依然不會花心思與政治人物套交情。

後來，即使柳井正進入當地升學名校宇部高中，仍無法擺脫來自父親的壓力。成績只要不理想，柳井等就會命令兒子：

「不好好讀書？明天開始不准再參加社團了。」

父親不由分說的一句話，讓柳井正不得不退出足球社。請教他本人有關這件事的經過時，「不是啦，是我自己主動退出的，因爲我沒那個天分。那是支只要表現正常，就能成爲正式球員的（弱小）球隊，我卻連他們都比不過。當時覺得，就算再繼續下去也不會有什麼前途。」雖然他如此輕描淡寫地回答，不過根據當天在一旁目睹事情經過的妹妹幸子表示，她清清楚楚記得哥哥被父親強迫退出社團而獨自啜泣的模樣。

宇部的小小男裝店二樓，柳井正在父親的期待與壓迫下背負重擔。爲尋求逃脫之路，他開始認眞準備升學考試。最後，他拿到了一張早稻田大學政治經濟學部的門票。據說，柳井等聽到兒子考上名校後，十分難得地誇獎了他一番。

就這樣，少年柳井正擺脫了銀天街的束縛，出發前往東京。

無所事事的日子

一九六七年春天，十八歲的柳井正心中滿懷希望與解放感，來到東京。

他第一次見到大都市東京。

不過，這裡給他的感覺卻與所謂的繁華之都有些不同。那一年，美國各地因陷入膠著的越戰而興起的反戰運動越演越烈，日本的學生運動也隨之興盛。

另一方面，早稻田大學前一年因爲學費上漲而引發的「早大鬥爭」正迎來高峰。從國鐵高田馬場站（現在的ＪＲ高田馬場站）往學校的那條路，是許多早稻田大學學生平時的必經之路，傳單像廢紙般散落一地，許多立牌上滿滿的「全學聯漢字」④映入眼簾。

也許有人認爲，那是一個年輕人以政治爲標的、發洩滿腔抑鬱的狂熱時代，但柳井正卻不這麼想。

仔細看看那些同世代的年輕人，戴著頭盔、手持擴音器、聲嘶力竭的模樣，不論是服裝穿著、留著長髮蓬首垢面或滿臉鬍碴的樣子，怎麼看都像是在模仿電視或雜誌上的美國嬉皮。街頭上聽到的演說也是，用字遣詞簡直就像是有教科書當範本似的。不知爲何，大家有如一個模子刻出來的，以相同的口吻煽動其他人。

「不過是一些什麼也不懂的年輕人，千篇一律按照所寫的內容在叫囂而已。大家也許是認眞的，但我就是不喜歡那種盲目跟風的舉動。認眞說起來，反而是給旁人添了麻煩。」

政治冷感的柳井正，對同世代年輕人熱中於學生運動抱持冷眼旁觀的態度。當大學校園被路障封鎖後，他就漸漸遠離學校了。

當時，他的租屋處位於現在東京地下鐵「西早稻田站」所在的諏訪町十字路口附近。一樓是房東家，二樓有幾間房分租給學生。柳井正的房間就在上了樓梯的最後一間。

「睡太郎。」

這是房東太太給柳井正取的綽號。他總是快到傍晚時才慢吞吞地起床，然後什麼事也沒做，興致來了就看點書；有時則出門亂晃，到附近的爵士咖啡館或小鋼珠店。

在見過眾多學生的房東眼裡，他想必是個懶散怠惰的年輕人吧。事實上，柳井正不但對學生運動態度冷淡，也沒有其他什麼事能讓他特別投入或熱中。

既像是在老舊公寓的一角旁觀著黑夜與白晝輪番降臨，又像是被政治熱潮籠罩下喧鬧的東京街頭遺忘似的，柳井正就這樣白白度日，消費著「學生」這個在某種意義上屬於特權階級的身分。用「睡太郎」這個稱號來描述柳井正在這段時期的樣貌，應該算是相當貼切吧。

到了大二，有位「損友」從老家來到東京，是同樣畢業於宇部高中的山本善久。高三時，由於姓氏讀音順序的緣故，他和柳井正的座位一前一後。雖然山本善久來自小野田市（位於現今山口縣山陽小野田市），但據說，湊巧因為親戚經營的水果咖啡館

④「全學聯」是日本一百四十五所大學自治會於一九四八年組成的聯合組織「全日本學生自治會總聯合」的略稱，「全學聯漢字」則是日本學生運動中廣泛使用於宣傳物的簡化漢字。

「Metro」就開在Men's Shop小郡商事隔壁，兩人立刻成了好朋友。

比柳井正晚一年進入早稻田大學、就讀理工學部的山本善久，從老家寄往柳井正租屋處的行李才剛到，他馬上就在附近找到了住宿的地方。

柳井正的房間成爲聚集地。除了山本善久，其他經常出現在這裡的熟面孔也都來自宇部。山本善久家裡經營的是肉鋪，其他人家裡則是眼科診所或家具店等做生意的。氣味相投，想必是因爲彼此之間有些什麼共通點吧。

只不過，柳井正懶散的生活並沒有因爲多了些朋友而有所改變；倒不如說，因爲有了夥伴，反而更加懶散了。

有一天，「來打麻將吧！」被柳井正叫了過來的山本善久，一如往常地到他房裡。那是個星期二晚上，一群朋友就這樣圍著暖爐桌，開始通宵打麻將。天一亮，就地躺在暖爐桌旁睡覺。

「啊——肚子好餓呀。」

黃昏將近，睡醒的一行人魚貫前往平時常去的店家——從柳井正租屋處走個幾步就到的拉麵店「蝦夷菊」（Ezogiku）。北海道風味的味噌拉麵上有著滿滿的豆芽菜，是柳井正和山本善久的最愛。吃完拉麵，大夥一回到柳井正的房間，又像先前那樣圍著桌子開始洗牌……。

「咦？今天是星期幾？」

有人這麼一問，大家開始算陽光照進房間裡的次數。

「哇，已經星期五了耶！」

就這樣無所事事，又一個星期過去了——

據山本善久表示，當時他眼中的柳井正完全看不出任何足以預見日後能功成名就的潛力與特質。

「不管聊到什麼，柳井都會說：『那又有什麼意義呢？』因爲他老是這樣，所以根本聊不下去。我不會因此說他是個過度的理性主義者，他也不是個會給別人壓力的人。要說是連架都吵不起來的人嘛，對我來說，他簡直就是個像空氣一樣的男人。」

五十多年後，二〇二二年四月，七十三歲的柳井正接受母校邀請，以校友身分參加開學典禮。在一群頂著稚嫩臉龐的早稻田大學新生面前，他開始說道：

「我認爲，人生在世最重要的是有使命感。爲此，必須先深入思考『自己是誰』。

「對自己而言，什麼事最重要？什麼是絕對不能退讓的？藉由探究這些事情來發現自己的強大之處，進而活用發揮。希望各位盡情過著屬於自己的人生。我認爲，即使過著同樣的人生，有沒有清楚意識到這些事，其結果可能會相差百倍、千倍，甚至萬倍。」

雖然事先準備了講稿，但語氣上還是有些不太順暢，偶爾還會停頓。儘管如此，確實是一場充滿熱情的演說。

只不過，說著這些話的柳井正，在與眼前這些學生一樣的年紀時，並沒有找到答案。

所謂人生的使命、自己是誰、今後的人生裡絕不能退讓的到底是什麼、只有自己才做得到的事，還有「自己的人生」到底是什麼……。

這些問題的答案，當時的他手中一個也沒有。

與朋友之間愚蠢的對話、麻將洗牌的聲音，或是一邊聽著喜歡的爵士樂，一邊盡情翻閱各種書籍，心裡並沒有什麼足以讓他熱血沸騰的，對未來也沒有什麼野心。就那樣，睡太郎在東京諏訪町的租屋處只是一天過一天。

格拉納達的邂逅

一九六八年。大學二年級的暑假前夕⑤，十九歲的柳井正大膽向父親提出請求。

「我想環遊世界。」

即使日子過得懶散，有些事他仍想去見證一下。與住在銀天街店面二樓的浦利治等人一起在電視上看到、自由遼闊的國家——美國到底是什麼樣的國家，能實現電視節目所描述的「美國夢」？還不曾見識過的世界裡，他格外嚮往的正是美國。

不只因爲那是個自由的國家。柳井正生平最愛的電影《阿拉伯的勞倫斯》裡，彼得·奧圖所飾演的勞倫斯在沙漠裡見到的巨大太陽，實際上看起來是什麼樣子？《非人生活》⑥中描述的各地祕境景色，又是在什麼樣的地方？

從宇部來到東京後，柳井正一邊思考著「好像有哪裡不對勁」，一邊宛如斷線風箏般過著無所事事的每一天，但如今，他的思緒已馳騁在大海的另一邊。

他將這樣的想法拋給一直以來避之唯恐不及的父親。沒想到父親很爽快地答應了。柳井等依照兒子的要求，買好了共計兩百多萬圓的機票。剛好就在這一年，政府開始進行大學畢業生起薪等相關調查。根據紀錄，當時平均月薪是三萬零六百圓。建築業做得再怎麼成功，兩百萬圓都不是隨便就能拿出來的一筆小數目，由此可知父親對兒子所寄予的厚望。

---

⑤ 日本的大學為四月開學，第一學期約在七月中旬結束，第二學期則從九月下旬至二月上旬。

⑥ *Mondo Cane*，一九六二年的一部義大利類紀錄片，向歐美觀眾介紹世界各地的奇人異事。

柳井正從橫濱港搭船前往夏威夷，再轉機前往舊金山。接著搭巴士到洛杉磯、從亞利桑那州飛往墨西哥，然後一路沿著東海岸從邁阿密往北到紐約……只是一路上，他總覺得「好像有哪裡不對勁」。

數不清的大型車輛在寬敞的道路上來去穿梭，郊區則有一整排在日本時難以想像的豪奢花園洋房。這些事物完整展現出美國的富裕，可是，有些不太對──至少在柳井正眼中看來是如此。

「我覺得，所有的一切都很大，但是沒有內涵啊。因爲越戰的緣故，當時社會瀰漫著一股厭戰的情緒。就算在路上找人搭話，大家的反應也不友善。讓我覺得自己聽到和親眼見到的大不相同。」

這些都得親自看過才會明白。就在柳井正因爲覺得「似乎與原先所想的有哪裡不太一樣」而離開美國、前往歐洲後，對他而言人生最重大的「那件事」即將發生。

從丹麥經過法國再進入西班牙，柳井正來到位於伊比利半島南端的知名景點──阿爾罕布拉宮。事情發生在回程的時候。傍晚時分，他正打算從格拉納達車站搭夜間列車前往馬德里，就在售票口排隊時，他看見站務人員好像在隊伍前方說著什麼。

雖然不知道站務人員說了什麼，不過觀察隊伍中其他人的反應，可能是已經沒車了。接著，排在自己前方大約四、五個人左右，有位看似東方人的年輕女性正抓著站務人員不放。好像是日本人的樣子。

「他說什麼？」

柳井正用日語問了那名女性，「他說已經沒票了。」對方回答。但是據她說，因爲已經跟朋友約好明天早上在馬德里共進早餐，所以無論如何都得搭上這班車不可。於是她打算列車進站時就先上車，途中再跟車長商量，支付前往馬德里的車資。

「喔——原來也有這種方法啊？那我也要搭。」

柳井正決定隨著這名堅定冷靜的女子一起搭上這班車。

問了對方的名字，她說叫長岡照代，來自大阪，目前在英國讀書。難怪她就算來到異國他鄉，也一副很有自信的樣子。

沒多久，火車來了，兩人就這樣上了車。果然是車票賣完的緣故，車上人擠人，許多人跟他們一樣站在走道上。

列車從格拉納達出發後大約一小時，有個坐在坐位上的西班牙人向站在走道上的照代搭話。意思好像是說他下一站要下車，「你就坐這個位子吧。」照代順從對方的指示，但或許是旅途勞累的緣故，才坐下來，很快就睡著了。

也搞不清楚到底過了多久，照代一醒來，看到站在眼前的那名瘦小男性，正是在格拉納達車站找她搭話的日本男生。窗外一片漆黑。看來到馬德里還需要一段時間。

「那個……我已經睡一會兒了，不介意的話，要不要換你休息一下？」

「咦？眞的嗎？謝謝你。」

這名男子毫不客氣地和照代交換，在座位上沉沉入睡。很顯然，這個人並沒有因爲對方是女性而特別拘謹客氣。

就這樣，隔天一早，兩人抵達了馬德里。在車站小攤喝咖啡時，這名男子說：「我接著要去瑞士，可是想先幫表哥買雙鞋。」照代心想，現在去朋友家還太早，於是決定陪這位同鄉一起去購物。一問之下，兩人雖然相差一歲，但由於這名男性在年頭出生，所以算是讀同一屆的。只不過彼此缺少共同話題，聊起來也不是很熱絡；而且這個男生的話還特別少。

「不過，還眞有點熱呢。要不要喝個可樂？」

男子問照代。儘管她目前在英國生活，但過去在日本讀的是女校，來英國也是在一所女修會所設立的學校留學，對男性的戒心還是比較重。

「不，我不用。」

她冷淡地說道，對方看起來也不是特別在意，「喔，是嗎？」說著，便自己買了瓶可樂喝了起來。

一點也不友善，似乎也不是體貼的人。照代心裡正嘀咕著，「我得去預約往瑞士的票了，那麼就……。」已買好鞋子的這名男性說著，便準備要離開。

「啊，那、再見。」

照代還沒說完，「這是我的……。」男子遞出一張名片。上面寫著「早稻田大學政治經濟學部　柳井正」。

（還是個學生就已經有名片了啊！）

才想著，柳井正已轉身離去。

緊追不捨的男人

在那之後過了大概兩年，一九七〇年的春天。準備升上大四、正在放春假的柳井正回到宇部老家。和家人一起看電視時，新聞正好在轉播剛開幕的大阪萬國博覽會。

「咦？這個人……我看過她。」

柳井正緊盯著電視，一邊喃喃自語，一邊發呆的模樣，姊姊廣子仍記得很清楚。

場景來到位於大阪吹田市的萬國博覽會會場。眾多展覽館中，土耳其、巴基斯坦和伊朗所在的「ＲＣＤ館」規模相對較小，但前往展館入口處附近的咖啡館或餐廳休息的人還是絡繹不絕。從英國回來的長岡照代在那裡負責口譯和接待工作。

沒想到某天，突然有人輕輕拍了拍她的肩膀。回頭一看，一名瘦小的年輕男性站在那裡。

「記得嗎?之前我們一起從格拉納達到馬德里。」

「啊!你是那時候的那個人?」

站在那裡的,是在格拉納達車站遇見、那個不善交際的學生。照代完全忘了他的名字,他說自己是早稻田大學的學生,名叫柳井正。

柳井正其實是跟自家公司 Men's Shop 小郡商事的員工一起來到萬國博覽會,但他脫隊來找當初在西班牙認識的照代。他憑著電視上照代被拍到的一點點畫面爲線索,找到這裡來。

不過照代當天在 RCD 館的工作繁忙,兩人也沒辦法多聊些什麼,發生在地球另一端的這場重逢便草草結束了。

幾天過後——

「照代小姐,昨天有位男士來找你喔。」

在 RCD 館工作的一位大姐這麼對她說,但照代毫無頭緒。當時她並沒有想起那個在格拉納達認識、後來專程到 RCD 館來見她的瘦小男性。

(到底是誰?)

照代正在思考,那位大姐又說:「那個人看起來好像滿老實的,所以我就把照代小姐家的電話告訴他了。」怎麼搞的,竟把我家電話告訴一個不知道究竟是誰的男人?

然後又過了幾天。照代的老家——位於大阪城東邊一個叫做「綠橋」的地方——接到一名男子從東京打來的電話。接電話的是照代的姊姊。對方說他現在來到大阪。

（啊，是照代所說那個在西班牙認識的人吧？）

姊姊這麼想著，便回答對方：

「不好意思，因爲照代前一天值晚班，工作結束後就一直在家睡覺。不介意的話，要不要到家裡來？」

接著姊姊便把住址告訴他。那名男子，也就是就讀早稻田大學四年級的柳井正果眞來到位在綠橋的照代老家。

姊姊比照代大十五歲。對於這個爲了見小妹而遠從東京前來的男子，她當然很感興趣，想必心裡打算好好鑑定一下這個來歷不明的男人吧。照代對這個只因有緣在異國相識，便如此緊追不捨的男子始終無法放下戒心，於是姊姊便與她一起仔細觀察登門拜訪的柳井正。

待柳井正離開後，姊姊對照代說：

「那個人就是個規規矩矩的學生嘛！你自己不也說他『看起來似乎很老實』。感覺上確實是那樣的人沒錯呢。」

據說柳井正來到家裡時，姊姊注意到的是他的鞋子。那雙舊鞋雖然不是什麼特別高級的品牌，但也沒有因爲老舊簡樸就草率隨便，看得出來平時都有認眞擦拭保養。姊姊認爲，一個懂得愛惜東西的人是值得信賴的。

「所以啊，這麼老實認眞的人，你也不用那麼排斥他吧。」

如此想來，也許是姊姊這番話決定了照代的人生。在那之後，柳井正從東京不斷寄信來。雖然照代幾乎都沒回信，他依然不氣餒，繼續從東京寄信過來。青年時期的柳井正儘管沉默寡言、不夠圓滑，在寫信這件事情上倒是出乎意料的勤快。

幾乎可以說，柳井正每次要回宇部老家前，都會爲了見照代一面而繞去大阪；碰面的地方也總是約在大阪梅田的大型書店「紀伊國屋」前面，然後再一起到附近的咖啡館。

「這個，是我最近喜歡的曲子。」

柳井正說著，將唱片遞了過去。兩人除了爵士樂之外，並沒有聊些什麼特別的話題。時間就這樣過去，然後道別。

這樣的見面模式持續著，一轉眼，離他們在萬國博覽會那次命中注定般的重逢已過了一年多。某天，照代收到柳井正的信，但不是來自東京，而是三重縣。「其實我現在到一家叫佳世客（JUSCO）的公司工作，它在四日市。」信中寫道。原來柳井正大學畢業後，到佳世客（現在的永旺集團）上班。

在佳世客的九個月

環遊世界回來後，柳井正還是沒找到自己特別想投入的事物，於是又回到最初的懶散生活。但畢竟大四了，必須考慮就業問題；只是他有意願進入的公司一間都沒錄取，他立刻失去了鬥志，向父親柳井等表示想要延畢。遭到父親一頓訓斥的柳井正雖然如期畢了業，卻什麼也沒做，就只是繼續待在諏訪町的租屋處，過起無業遊民的生活。

父親看不下去，安排他進入佳世客工作。那段期間，剛好柳井等與當地的一位經營者一起在銀天街建造了名叫「中央大和」的購物中心。原本店面兼住家的小郡商事拆了，連同商店街後方的土地一起蓋了一幢在那個年代算是相當現代化的大樓。由於那位合夥人表示要讓長子去佳世客工作、學點實務經驗，「你也一起去吧。」於是柳井正也被安排進去。用現在的話來說，就是靠關係走後門。

其實柳井等從以前就很反對兒子當上班族。

「你聽好了，阿正。絕對不能當一個被別人使喚的人。比方說，想上廁所時，還得問上司：『請問可以去上廁所嗎？』那種人生你能接受嗎？」

據說柳井正還在念高中的時候，就不斷聽父親這麼說。儘管如此，柳井等還是靠門路安排了佳世客的工作，想必是對兒子懶散怠惰的模樣看不下去了吧。

就這樣，柳井正從大學畢業後的一九七一年五月起，來到佳世客總公司所在地的三重縣四日市市⑦。

實習結束後，他被分發到管理菜刀、砧板、篩網等雜貨的賣場。店內採自助式，顧客自行從貨架上挑選需要的物品去結帳。說起柳井正的工作內容，就是往來於賣場和倉庫之間不斷補貨。

幾個月後，他被調往男裝賣場。雖然公司方面沒有明說，但似乎是考量到他家中經營男裝店的背景。

當時，佳世客才剛成立（一九六九年成立），是由三間公司合併而成的，分別是位於三重縣四日市市，自江戶時代創業至今的布商「岡田屋」、兵庫縣姬路市的「二木」，以及大阪的「白」。當年是一家剛開始嶄露頭角、朝氣蓬勃的大型超市；最具代表性的，就是柳井正所任職、位於近鐵四日市站前的總店。

三家公司合併前的一九五八年，「岡田屋站前店」才開幕不久，便在招牌上標記「ＳＳＤＤＳ」這一串奇特的字母。那是「Self-Service Discount Department Store」（自助式折扣百貨商場）的縮寫。

這個「ＳＳＤＤＳ」並沒有成爲固有名詞；除了這裡，也沒有使用在其他分店。不過現在想想，這個點子或許可說是優衣庫的起點。

顧客進店後，不需要店員招呼，只要自己拿起購物籃、主動選購商品就好。而商品在各家企業的努力爭取下，價格比其他店家便宜，也就是以折扣價格販售。

這是岡田屋社長——同時也是佳世客實際上的創辦人岡田卓也，於一九五八年在美國花了一個月時間考察各地零售店，再根據當時的心得經驗所引進的革新手法。當初只在二樓內衣部門引進自助式購物，不過當時的日本並不習慣這種方式，據說完全沒人拿起購物籃。

然而靠關係進入公司的柳井正，不但沒注意到這種創新的想法，更沒有主動探索工作的意義所在，只待了九個月就辭去佳世客的工作。

「當時我認爲，像那樣當個上班族，沒辦法成爲一個眞正的生意人。」

如今回想起當時的心境，他不禁覺得自己欠缺考慮。辭職後，他又回到東京，安於原本那種懶散的生活，絕不是因爲立志成爲獨當一面的生意人，才結束在佳世客九個月的工作。

流通業先驅的教導

短短九個月的上班族生活。然後，再度過著有如斷線風箏般逍遙自在的日子。當時

---

⑦ 這座城市的名字就叫「四日市」（Yokkaichi），正式名稱為「四日市市」。

的柳井正認爲，在佳世客的九個月毫無意義，直到後來才意識到並非如此。

當年在佳世客爲柳井正面試的，是人事部長小嶋千鶴子。她是佳世客創辦人岡田卓也的姊姊。從過去的佳世客到現在的永旺集團，她與弟弟因爲共同奠定了綜合零售連鎖事業的基礎而廣爲人知。順帶一提，岡田卓也的長子岡田元也後來接手佳世客，次子岡田克也原本是通產省的官僚，後來踏入政壇，歷任民主黨代表和外務大臣⑧。

當時的柳井正還無從得知這些事，但他對小嶋千鶴子有極爲深刻的印象。

「我不記得面試時和小嶋女士談了些什麼，總之，我只記得那時心想：『這個人是值得信任的。』」

後來柳井正在佳世客仍繼續接受小嶋千鶴子的指導。當年他是個帶著學生心態的懶散員工，直到多年後，柳井正才承認：「我知道自己受到這個人的影響。」據他表示，自己是在翻閱過小嶋千鶴子的知己——東海友和於二〇一八年出版的《創造永旺的女性——小嶋千鶴子評傳》（暫譯）一書後，才確切體會到這件事。

的確，雖說是潛移默化，但小嶋千鶴子對柳井正想必影響甚鉅。兩人身爲經營者，早期發展的主軸也都是以「擺脫家業」爲出發點；至於後來各自在公司內部實施的策略，經過比對，也有明顯相似之處。

流通業⑨先驅小嶋千鶴子究竟教了他什麼？關於這個提問，「她著手確立零售業的組織體系。因此，格外注重教育。」柳井正如此回答。

那麼，佳世客和優衣庫的共通點是什麼？

如同前面所說，岡田卓也在美國考察期間，親眼目睹了當地零售業的樣貌，深感震撼。當他看到擁有全美八千家門市的A&P⑩經營模式後，表示：「即使單一店鋪營業額不高，如果像鎖鏈一般攜手合作、擴展多家店面的話，就能眞正感受到它的分量。」（《日本經濟新聞．我的履歷》專欄）。A&P能建構大規模連鎖的祕訣，就是當時在日本尚未系統化的「無接待店鋪」概念，也就是「自助式折扣百貨商場」。

前面提到，岡田卓也打算將「自助式折扣百貨商場」的經營方式引進到日本，然而這種以「鎖鏈」爲根基的商業模式若要行得通，得完全仰賴在現場進行統籌的店長。

零售業的連鎖化。

這是佳世客（永旺集團）在產業史上的一大功績，與大榮、伊藤洋華堂共同爲日本帶來連鎖店這種商業模式。至於一手建構人事制度、培育店長們挑起大梁的人，就是岡田卓也的姊姊——小嶋千鶴子。回顧當時的軌跡可以發現，她有許多做法在當時是極爲

---

⑧ 相當於臺灣的外交部長。

⑨ 一般是指商品流通和為此提供服務的產業，例如批發業、零售業、物流業、餐飲業等。

⑩ 可說是美國現代零售業的起源，也是美國第一批使用收銀機的零售商。

先進的，後來的柳井正也在不知不覺間追隨她的腳步。

例如，一九六四年時，小嶋千鶴子將內訓制度引進岡田屋，設立企業內部大學「岡田屋管理學院」（Okadaya Management College, OMC），以高中畢業的男性員工爲對象，聘請經營管理學者開課，後來更延續到「佳世客大學」。多年後，柳井正爲了培育店長，也開設了「優衣庫大學」，而且彷彿要展現他對員工教育的熱誠般，拔擢爲講師的全都是在銷售現場有傲人績效的頂尖菁英。

建立連鎖店時，小嶋千鶴子最講究的是「指導手冊」。爲了編製盡可能詳細的手冊給店長、商品部門、銷售主管等各級員工而動用了各部門的優秀人才；同時，爲避免總部與各地區及門市之間出現奇怪的階級主義，還安排了各式各樣的內部競賽。總之，爲了讓人才選拔更多元化煞費苦心。

柳井正也是，製作優衣庫員工手冊時，甚至因爲太過於追求面面俱到，門市反而爲了如何在不受限於手冊規定的情況下服務顧客而傷透腦筋。後來，從某個時期開始，徹底改變由總部主導的管理架構，著重「任人唯才」、由下而上的人才選拔模式，包括拔擢門市裡具備實力的優秀員工爲「超級明星店長」。

除了嚴以律己，他們兩人在對員工說話不留情面這一點也很相像。「你想把公司搞垮嗎？」據說小嶋千鶴子總是一發現有狀況，就對幹部咆哮。

要再多補充一點的話，那就是他們都把「信用」當成做生意的核心。而且不只是口頭上說說，眞正落實在制度上，更是他們的共通之處。

例如，當年岡田卓也還小的時候，是由小嶋千鶴子負責經營岡田屋。正好在這段期間，四日市因空襲而成焦土，她便四處張貼「持有岡田屋商品券者，可兌換現金」這樣的告示。這是戰爭剛結束、人人生活拮据的時期。據說岡田屋雖然也缺現金，不過因爲信用第一而博得市民的信賴。

另一方面，柳井正在優衣庫快速成長的一九九四年發表了「三項承諾」，其中一項是「若對商品不滿意，即使沒有收據，原則上購買後三個月內皆可退換貨」。關於無條件退換貨這件事，據說曾遭到幹部們極力反對。不過，「要逐步累積信用」也正是父親柳井等苦口婆心對兒子再三重申的經商理念。

小嶋千鶴子與柳井正的年紀相差至少三十歲。

一位是佳世客的實力派、爲日本零售業帶來創新改革的經營能手，一位則是連工作意義何在都不願探究的懶散員工。當時的柳井正沒能理解小嶋千鶴子的經營哲學；或者應該說，他連想理解的心都沒有。據說，當時柳井正對於比自己大三十多歲的小嶋千鶴子所說的話，只有「這個人眞囉嗦」的感覺。因此所謂「受到小嶋千鶴子影響」的想法，也是日後才察覺到的。

儘管住在近代化的佳世客青丘宿舍，卻無法像前輩們那樣滿懷熱忱地談論人生目標。這就是年輕的柳井正當下的眞實樣貌。

寄人籬下、矛盾糾葛、「遲早會完蛋」

結果，柳井正只在佳世客待了九個月就辭職，但他並沒有回老家宇部，而是來到東京。即使經歷了九個月的上班族生活，他骨子裡還是原來的那個學生。

沒找到工作意義，也沒什麼特別想做的事。

他心想：既然如此，不如去美國留學吧。於是在東京一所英語會話補習班上課。再怎麼說，總不好意思要家裡繼續幫他出房子的租金，因此柳井正跑去投靠山本善久，也就是當初跟他一樣，從宇部來到早稻田大學就讀的好朋友。山本善久因為大學重考，所以比柳井正晚一年畢業；不過當柳井正在一九七二年二月辭去佳世客工作時，山本善久已決定進入日本可口可樂公司了。

山本善久在東京的雪谷大塚租房子，位置就在日本可口可樂總公司附近一條名叫吞川的小河邊。

「在佳世客做些跑腿打雜之類的工作也沒什麼搞頭。」

面對如此大言不慚地說著、並回到東京的柳井正，山本善久默默接受了他，讓他住進家裡。位於河岸邊的木造公寓裡，六張榻榻米大（約三坪）的房間就這樣住了兩個男人。由於房東抱怨：「兩個人一起住的話，房子很快就會壞了。」於是額外加收了一千圓房租，這筆錢就由柳井正支付。

山本善久一大早就出門上班；過了一會兒，柳井正才動身去補習班上英語會話課。上完課，就到圖書館打發時間，再回到住處。

山本善久被分發到日本可口可樂公司的電腦部門，雖然是菜鳥，卻負責計算該在全國哪些地方設置裝瓶工廠與營業據點的工作，每天都很晚才回家。偶爾聊起工作上的事：「關於電腦，日本可是比美國還先進喔。說起來，可口可樂的品牌力量是很強大沒錯，不過在資訊系統方面還早得很呢。」山本善久興致高昂地對柳井正說著。

好友的話深深刺入懶散青年柳井正的心。早上起床後，就去上英語會話課，傍晚再回到空無一人的房裡。耳邊只聽見窗外下方那條香川的流水聲。雖然努力讀英文，卻怎麼也讀不進去。開始像個幹練上班族般工作的身影，讓過去的損友看起來似乎有些不太一樣了。

這樣的生活持續了半年左右，柳井正的內心好像開始有了變化。

（一直過著這種生活好嗎？再這樣下去，我是不是真的會完蛋……。）

也是在這段期間，柳井正開始考慮結婚的事。他仍持續寫信給在西班牙認識的長岡照代，也經常去大阪找她。不久後，當雙方談起結婚這件事情時，柳井正寫了一封信回老家，隨信附上結婚對象照代的介紹文和照片，簡直就像在寫履歷似的。

「全家看到那封信時，眞的好驚訝。我一直以爲哥哥會是那種相親結婚的類型，而不是透過戀愛。我心想：『咦？騙人的吧？』」

妹妹幸子如此回憶道。據她表示，別說是高中時期了，即使是去了東京之後，也完全感覺不到哥哥在跟誰談戀愛的蛛絲馬跡。至於那封信，一本正經讀得格外認眞的，是父親柳井等。讀完後，他在家人面前果斷表示：

「如果是阿正找的對象，絕對不會有問題。我馬上去找她談妥這件事。」

柳井正還在宇部時，一直躲著父親。主要是對父親那種拉攏地方權貴、私下協商串通以推動建築事業的做法反感。後來即使隱約察覺到父親「做什麼都好，就是要拿第一」的嘮叨其實是對自己的期許，依然無法坦率地面對他。

總之，雖然是一對很少溝通的父子，但父親終究還是相信這個總是躲著自己的兒子。

柳井等在沒告知兒子的情況下就前往大阪，打算見見這個未來的媳婦。他在大阪梅田和照代碰面後，一起去看了當時非常熱門的電影《教父》。

看完電影，他們換了個地方聊。「兒子也跟我說想結婚，可以讓我訂下這門親事嗎？」柳井等開門見山地說。據說結婚這件事原本一直是單方面一頭熱的情況，但在照代見過柳井等之後，心境上有了一些變化：要嫁到宇部這個人生地不熟的地方，讓她十分不安；而在見過柳井等後，心中的焦慮似乎少了一點。

「老實說，那時候阿正看起來並不可靠。但如果是在這樣的父親身邊長大成人，那麼我想他總有一天會振作起來吧。因爲他父親是一位很有威嚴的人。」

初次見到的柳井等簡直就像電影《教父》裡的黑手黨老大——由知名演員馬龍・白蘭度飾演的維托・柯里昂。身爲義大利黑手黨老大，固然有著強勢凶狠的一面，卻也比任何人都強調對「家庭」的愛，簡直就是維托・柯里昂的化身。

於是照代就這樣拿定主意，要嫁到宇部了。

「我同意你結婚，你回來宇部。」

接到父親彷彿最後通牒般的通知，柳井正終於決定結束無所事事的寄居生活，返回故鄉。

「我暫時回老家一陣子。」

柳井正只對供他住宿的山本善久這麼說，連行李也沒拿就回宇部去了，而且也沒再回到東京來。過了一段時間，山本善久接到柳井正的電話。

「我要在我老爸的公司工作了。」

柳井正來到香川邊的公寓取回行李，又匆匆離開東京。在此刻的山本善久眼中，仍絲毫看不出任何足以預見柳井正日後成就的跡象。不過，搭上火車、一路搖搖晃晃準備回宇部的柳井正心中卻有所期盼。

「繼續再這樣下去是不行的。遲早會完蛋。」

從這裡往上爬

地方都市的商店街上，由家族經營的典型小企業。繼續原地踏步的話，永遠不會進步——不，繼續這樣下去的話，八成總有一天會遭遇困境。

一九七〇年代前半，一直是當地經濟支柱的煤炭產業已日落西山。礦區接連被迫關閉，以石油代替煤炭以進行能源轉型的呼籲也開始普及。要是眞的這樣，目前繁華依舊的銀天街，勢必會在不久的將來步上衰敗之路。

留在原地是對的嗎？

話說回來，這種帳目不清、籠統草率的家族經營模式，還會有未來嗎？

如果要從這裡往上爬，該怎麼做才對？

結束逍遙自在的尼特族⑪生活後，柳井正心中似乎漸漸起了變化，開始燃起火苗。他並沒有立刻找到答案。柳井正接手商店街的男裝店後，即將面臨一次重大的挫敗。曾支持父親的那些元老，在對這個從東京回來的少東家失去耐性後，一個接著一個離開。

（爲什麼大家都不明白？我的方法錯了嗎？）

柳井正回到家裡，不斷捫心自問。然後每一次都這樣告訴自己：

（不，不可能。我的做法沒錯。可是，就算繼續這樣經營下去，也不會有什麼成果吧？）

看不到該前進的道路。

（難道我眞的不適合經商嗎？）

這樣的念頭不斷在腦中打轉，完全找不到頭緒。在失去自信的過程中，年輕的柳井正開始自問自答的每一天。

---

⑪ NEET（Not in Education, Employment or Training），泛指不升學、不就業、不進修的成年人。

第 2 章

黑暗時代

掙扎蟄伏的十年

一九七二年（昭和四十七年）八月，柳井正結束在東京的無業生活，回到生長的故鄉宇部。這一年正值經濟高度成長期的最高峰，伴隨柳井正度過童年和青少年時期的銀天街一如往昔，熱鬧繁華。

他不在的這五年，柳井家出現了一些變化。首先，原本家中經營的「Men's Shop小郡商事」變成了「小郡商事株式會社」。柳井正出生的老家，也就是銀天街上那幢店面兼住家的房子已經拆除，進而往銀天街後方發展，另外建了一座名叫「中央大和」的大型購物中心。這是一幢六層樓高的建築物，由父親柳井等與當地人士共同興建，大樓中的透明電梯在當時極爲罕見，還成了小有名氣的景點設施。

以前是將店面的二樓做爲住家，與入住的員工一起生活；興建了中央大和後，柳井家便搬離了銀天街。

新家距離銀天街大約二十分鐘車程，位在一處丘陵地。大片森林鬱鬱蔥蔥，幾塊農地散落其間，新家就蓋在地勢稍高的位置。在同一塊建地、靠近山邊的位置，柳井等已爲從東京返家的兒子和新婚妻子備好了新房。

重返銀天街

然而五年過去了，小郡商事這家公司在實質上毫無變化。

店面依然只有兩間，就跟柳井正高中畢業時沒兩樣。過去老家一樓的男裝店移到中央大和購物中心一樓，變成「Men's Shop 小郡」；距離幾十公尺外的轉角小店則改名「Men's Shop OS」。

「小郡」販售的是傳統男士服，也就是西裝；另一間「OS」的商品則和五年前一模一樣，主要以「VAN」這個品牌爲中心，其他還有McGregor（瑪格麗格）和Lacoste（拉克絲蒂）之類的男性休閒服飾。

VAN是一家來自大阪的時裝企業。據說一九六〇年代，日本曾掀起一股「美國常春藤學院風」的服飾潮流。VAN的主打商品是美國東岸名校、即所謂常春藤盟校學生喜愛的夾克裝扮，據說當時頗受「御幸族」①這群年輕人支持。VAN目前仍在販售，但知名度似乎已無法與五十多年前相比。

稍稍說個題外話，從那時候起，柳井正心中的確對美國文化一直保有憧憬。柳井正出生於戰爭結束後不久的一九四九年。在他小時候，宇部是有美軍駐紮的，即使《舊金山和約》在他三歲時的一九五二年生效、日本正式脫離被占領狀態，駐軍還是在。

① 御幸族（Miyuki）是指一九六四年夏天出現在東京銀座主要街道御幸通、身穿常春藤學院風服飾的青少年。他們往往群聚在商家門口聊天以打發時間，因為「身穿奇裝異服又不事生產」，被視為當時的「不良少年」。

父親柳井等偶爾會從美軍那裡進些咖啡和巧克力。不僅如此，包圍在他身邊的許多事物，讓他對這個未曾見過的大國——美國懷抱憧憬。

咖啡的苦澀和巧克力的甜美，還有電視和電影上播放的那些「古老而美好的美國」日常生活——由那些事物所窺見的美國，不只是一個富裕的國家而已。

一九五〇年代是美國的「戰後黃金年代」，正是柳井正從出生後到即將進入青春期的這段期間，他在電視或雜誌上所瞥見的美國社會，充滿年輕人對現有（由成人所建立的）價值觀的不滿，並醞釀出一股創造全新社會型態的蓬勃活力。

在長髮抹上髮蠟、梳成飛機頭的詹姆斯·狄恩（James Byron Dean），在銀幕上發洩他難以言喻的憤怒、內心衝突還有瘋狂行徑。「貓王」艾維斯·普里斯萊（Elvis Presley）、查克·貝瑞（Chuck Berry）、胖子多明諾（Fats Domino）這些歌手則開創了嶄新的搖滾樂世界。這股熱潮甚至蔓延到英國這個傳統國家，讓披頭四和滾石樂團等明星在全世界嶄露頭角。

站在時代浪潮顛峰的，毫無疑問，是一九五〇到六〇年代的美國。

「年輕人的文化大放異采，也是年輕人第一次成爲全球文化的核心。而那一切，不正是當時的美國嗎？」

柳井正表示，當時眼中所見的美國就是這番景象，是年輕人一口氣釋放心中鬱悶、破除陳腐事物、反主流文化的時代。至於對這片異國土地有著強烈憧憬的，則是生長在宇部這個煤礦小鎮、正值青春年少的柳井正。說不定對於許多生長於同個世代的日本年輕人來說，有很多部分能引起他們的共鳴。

事實上，如同第 1 章所提到的，柳井正在大學時期因為父親的資助得以親自遊歷美國，並認為「與原先所想的似乎有哪裡不太一樣」。這一點，說不定也是因為強烈憧憬而帶來的另一番感受。

下一章會再提到，優衣庫的店面設計中，處處都留有柳井正愛不釋手「古老而美好的美國」風貌。

再回到正題。

父親柳井等因為喜歡 VAN 這個品牌，所以除了戰後不久即開設的男裝店之外，另外還有一間「販售 VAN 商品的 Men's Shop OS」。

西裝與休閒服。

雖然客群都是男性，但以休閒夾克為中心的 VAN 明顯年輕許多。傳統西裝與當時所謂的「時尚美式休閒風」男裝店，兩家店相距不過咫尺之遙，走路只要十秒鐘左右。這件事對日後的柳井正意義重大，因為這關係到他稱之為「金礦」的優衣庫經營理念。

儘管在二十三歲結束東京悠閒生活、回到宇部的柳井正，根本仍無從得知有關未來的這一切。

另一位「大哥」

在第 1 章裡，雖然將那位比柳井正大四歲、住在店裡的員工浦利治形容成有如大哥般的存在，但事實上，柳井正口中的「大哥」並不是浦利治，而是他從小就稱為「千田大哥」的千田秀穗。比柳井正大十三歲的千田秀穗是柳井等姊姊的兒子，也就是他的表哥。

千田秀穗在柳井正上小學之前，就已經在舅舅柳井等的公司工作並住進店裡；換言之，比浦利治還早開始過著學徒生活。當柳井正辭掉佳世客回到宇部時，千田秀穗已經三十多歲；也因為是親戚的關係，他成為柳井等最信任的得力助手。

如同第 1 章的描述，柳井等靠著「Men's Shop 小郡商事」賺到錢之後，在兒子剛升上國中時便擴展事業，往建築業發展，甚至進一步投資經營咖啡館、電影院、小鋼珠店等，更是積極與政治家或地方商界有力人士建立良好關係。

雖然小郡商事和 Men's Shop OS 兩間服裝店的工作已完全被柳井等擱置一旁，但店裡的生意依然運轉如常，正是因為能交託給千田秀穗的緣故。至於當時協助千田秀穗的，就是才二十多歲的浦利治。

千田秀穗和浦利治，都是柳井等看中的人。從以學徒身分入住店裡的少年時代開始，就一直從旁默默觀察前輩們工作、暗中學習，可說自幼便在宇部商店街的小角落學會生存的本領。這兩人對栽培自己成材的柳井等衷心敬仰，而柳井等也打從心底相信他們。

當時千田秀穗的頭銜雖是小郡商事的專務董事，不過實際上算是小郡商事的大總管，幾乎可說是柳井等的代理人；畢竟柳井等當時正全力發展建築事業。對柳井正來說，千田秀穗也是一位意氣相投、能稱之爲「大哥」的人物。當初柳井正考上早稻田大學時，幫他安排東京住宿等等大小事的，其實就是這位大哥。

一直以來，小郡商事是由對兩家店瞭若指掌的「大哥」指揮管理的，如今二十三歲的繼承人回來了。

儘管畢業於東京名校，工作態度卻不積極；靠父親的關係進入佳世客，也只待了九個月就辭職，過得像個無業遊民，就算被稱爲「浪蕩子」也只能說他活該——至少，在那個從學徒開始一點一滴累積工作經驗，直到能負責店面管理的千田秀穗眼中看來，就是如此吧。

這樣一個扶不起的阿斗，竟然要在這個時候進入商店街上一家已有二十年歷史的店裡攪和。

人群雜沓的銀天街。年輕的柳井正站在街角的兩家服裝店門口，立刻感到疑惑。

（我今後必須靠這一行活下去。但這樣下去眞的好嗎？）

事實上，據說當時這個想法，不，應該說，他從以前就一直這麼想。

「這麼說可能有點……其實我一直覺得『這種生意毫無意義』，就是感覺好像對社會沒什麼幫助之類的。」

柳井正回顧當時內心的眞正感受。

那絕非自己想從事的工作，但也只能這樣去做。「自己已經別無選擇」——當柳井正開始產生這種想法時，小郡商事那些自己從小到大看在眼裡的經營疏失，逐漸變得無法漠視。

離去的員工

「這個陳設究竟有什麼意義？爲什麼要把這個商品放在這裡？眞的是思考過才做的嗎？」

「因爲從以前開始就這樣做？這樣就沒辦法討論了吧。」

「如果做事不考慮效率的話……。」

雖然只有短短九個月，畢竟柳井正當時可是每天都站在日本零售業最頂尖的佳世客賣場接受磨練。眼看小郡商事依然沿用與他出生時一樣的銷售方式，柳井正漸漸開始顯露不滿。

根據在那四年後才進公司的岩村清美表示，當時的柳井正「與其說是對店員發牢騷，事實上幾乎都是半帶著怒氣。是個乍看之下難以親近的人，說話粗魯，不是那種可以隨意攀談的感覺」。

據說柳井正也曾在店內親自招呼客人，不過岩村清美說，做為一個銷售人員，他的手腕實在很難說達到標準。

眞正在店裡管事的，還是那個由學徒身分一步一腳印做起，擁有很多熟客的浦利治。柳井正只要一到店裡，總是目光銳利地觀察著賣場，給店員一些瑣碎的指令。即使在客人面前，也散發出難相處的氛圍。這樣的一位年輕經營者，在招呼客人方面讓人不放心，也是無可厚非的。

另一方面，隨著柳井正對家族事業的疑慮越來越多，他漸漸以一個生意人的角色埋首於服裝店工作，也是事實。

當時小郡商事的年營業額差不多是一億圓。雖不至於出現赤字，利潤卻始終很微薄。

父親柳井等全心投入建築業與政治家後援等工作，幾乎很少出現在店裡。即使有個對男裝銷售無所不知的大哥千田秀穗鎮店，但二十年一成不變的商店街事業，長此以往，未來不可能有任何展望。

說得更精確一點，父親柳井等原本就沒有貿然展店或擴大公司規模的想法。

對柳井正而言，眼前的狀況已不容許他像過去學生時代那樣，天眞地高談闊論「工作的意義是什麼」之類的空話。

就這樣，一轉眼，氣溫徹底下降，不知不覺來到了冬天。對服裝店來說，最忙碌的年終歲末已然到來。

這時發生了一件事。

當時小郡商事的員工（包括專務董事千田秀穗和浦利治在內）共有七人，他們的年終獎金取決於年底的銷售戰。其中，員工工作表現也會列入考核，而且這次的考核將由柳井等父子一起負責。

柳井等雖然專注於建築業，名義上還是小郡商事的社長，沒有人會質疑他對年終獎金的決定權。問題在於柳井正。

「爲什麼讓剛進公司的阿正來決定員工的獎金？我覺得這樣不太對。」

大總管千田秀穗對柳井等提出這個算是合理的質疑。柳井等平時鮮少到店裡，這麼做等於是要由剛進公司的柳井正代替他去進行獎金的考核。千田秀穗從來不曾頂撞這位他平常稱爲「小舅舅」的恩人，但這次確實不能默不作聲。

千田秀穗希望避免與這位將自己從學徒提拔到如今這個地位的恩人發生正面衝突，百般苦惱後，選擇辭職退出。

這是柳井正從東京回到小郡商事後不過半年左右的事。身爲父親得力助手的大總管，就這樣默默離開從住店學徒開始工作至今的銀天街男裝店。面對這個自己百分之百信任的忠臣離去，柳井等什麼話也沒說。沉默中，也表達了他要將這兩家店交給兒子經營的意願。

就這樣，創業二十三年的小郡商事，將實質權力交給剛進公司不久的年輕少東柳井正。然而事件的發展並沒有因爲千田秀穗的辭職而停歇。

即使大總管辭職後，柳井正對資深員工的態度和口氣依然如故。這些老員工對毫不留情否定自己多年來工作方式的少東家感到灰心，紛紛離去。等到柳井正發現時，員工只剩下那個比自己大四歲的浦利治了。

其實千田秀穗離開後，浦利治曾告訴柳井正：「我也想辭職。」然而資深員工裡，柳井正唯獨對這個特別契合的浦利治展露出罕見的情緒波動。

「浦先生，或許你只要離開就一了百了，但被你拋在身後的人將會如何？留下來的員工和他們的家人，到底要由誰來照顧？」

在外人聽來，這些話或許就像吵架時反嗆對方的話，但柳井正和浦利治是同在一個屋簷下長大的夥伴，據說浦利治聽到柳井正吐露心聲時，猛然醒悟。

「我感受到他堅定不移的決心。在那之後，我便決定不再跟社長（柳井正）唱反調。我想，遵照指示就行了，就當個唯命是從的人吧。」

浦利治從小就很了解柳井正這個人，但據說那是他第一次將柳井正視爲一名經營者，決定默默跟著走下去。「那一刻起，我清楚意識到主從關係。」浦利治如此表示。只是這一點，或許很難以現代企業中經營者與員工之間的關係去理解。

總之，雖然浦利治因此打消辭職的念頭，但最後其他員工全都離開了。唯一留下的浦利治和柳井正兩人一起經營「Men's Shop 小郡」和「Men's Shop OS」這兩家店。

失去自信

就這樣，小郡商事由柳井正和浦利治兩人重新開始。直到現在，浦利治依然記得當時柳井正用沒什麼自信的口吻低聲說：

「就先做看看吧。」

就只說了這麼一句。浦利治則是默默點了頭。對於過去在父親創立的小郡商事付出貢獻的前輩們選擇離開，二十出頭的柳井正無言以對。儘管他絕不在言詞或表情上透露半分，實際上，這件事還是讓他大受打擊。

「那個，當然就像胸口被刺了一刀啊！完全沒感覺的話也太奇怪了。因爲這樣，讓我覺得：『哇，我果然不適合當個經營者。』」

後來柳井正接受我的訪談時如此回答。他知道自己原本就性格內向，不擅長跟人打交道。即便如此，當人心擺明了背離，失去自信恐怕也是在所難免的。不善言詞的他，不曾對從小在一起的浦利治訴說過這般心情。

另一方面，因爲在格拉納達發生了那段有如命運般的邂逅，而與柳井正結爲連理的照代，比他稍晚一些——也差不多是在這段期間——以新嫁娘的身分來到宇部的新居。關於小郡商事員工紛紛離去的事，柳井正雖然只稍微跟照代提及，不過她輕易便察覺到丈夫頗受衝擊。

從此，照代便以妻子的身分，陪伴柳井正踏上從宇部銀天街開始，將優衣庫打造爲全球品牌的旅程。雖然她一路伴隨柳井正走過起起伏伏的企業家生涯，不過柳井正回到家裡後，幾乎很少提起工作上的事；不論過去還是現在，都不曾表露內心中的苦悶。

她說，丈夫曾罕見地這麼抱怨了一下：

「人，實在是搞不懂啊……。」

她以爲出了什麼事，一問之下，原來是向來很信任的幹部突然表示要離職。

「大概是覺得遭到背叛吧。我覺得那種時候最會讓他變得氣餒。」

當然，這是站在柳井正的角度看。離職的人各有打算，當然也有權利爲自己的人生做出選擇，這一點是毋庸置疑的。

對下屬特別嚴格是柳井正在經營管理上的風格，讓某些人覺得「無法追隨他」也是無可厚非的。在這方面，離職者固然有自己的說詞，不過若是讓柳井正解釋的話，這些嚴厲的言詞裡其實包含了對員工寄予的厚望，想必他也希望對方能理解這一點。

這種事不只發生在他剛要展開經營者生涯的一九七〇年代初期。後來，優衣庫進入急速擴張期時，也不斷有主管級的人才流失。雖然也能以「不論過去或現在，急速成長的企業都伴隨著人員汰換的現象」來解釋，但這種狀況終究還是讓他忍不住對一直在身旁支持自己的照代吐露心聲。

看著丈夫的身影，照代也有她自己的想法。據說直到一九九〇年代末期進軍東京爲止，每次只要到店裡看見新進員工，照代就會對他們說：

「對於全力以赴、認眞工作的人，柳井正絕對會予以肯定。所以不必對他說些什麼奉承的話。唯有一件事，就是請你們務必信任柳井正——不只是信任，而是要完完全全相信他。」

筆記本上的自我分析

話題又岔開了。

銀天街上的小郡商事，資深員工紛紛離去，只剩下有如手足的浦利治。柳井正身邊已經沒人可以商量。於是他選擇回家後面對自己。

待在房裡的柳井正一握起筆，便封閉在自己的世界裡，連妻子照代也不能踏入那個空間。新居遠離銀天街的喧囂，位在森林高處，天氣漸暖的時節裡只聽得到蟲鳴。在一片靜謐中獨自反省，這不僅是當時的習慣，後來也一直持續著，沒有改變。

一坐在書桌前，柳井正便在筆記本上寫下對自己性格的想法。

（我的缺點是什麼？反之，優點又是什麼？）

他認爲自己的優點是「有正義感」和「能客觀看待自己」。不過這也只是他自己的看法，因爲正義感的另一面其實就是直言不諱，這種說話方式偶爾會傷到對方。雖然有些話不說或許也沒關係，但他就是不吐不快。

客觀看待自己的同時，他也試圖客觀看待他人。「由於是以毫不客氣、單刀直入的方式傳達，對方聽了確實會難以承受。因此，身邊的人認爲我是個主觀很強而且冷漠的人。那正是我的缺點……。」

不喝酒的柳井正，一回家就坐在書桌前苦思，一一記錄在筆記本上。

這種徹底自我反省是柳井正的作風。據說他在持續這麼做的過程中，自己摸索出一套思考方式；而且現在只要一有機會，就會推薦給員工。

這種思考方式其實非常簡單，就是「做不到的事不做」、「做得到的事要排優先順序」。煩惱這種東西，想得越多，越看不見出口。既然如此，乾脆把它分成「再怎麼煩惱也無法解決的事」和「仔細想想還稱不上是煩惱，而且說不定辦得到的事」。做出明確抉擇後，只將精力花在後者。

因爲無法解決的事而浪費時間陷入苦惱很可惜，所以一開始就要先區分清楚。接著從不必費力思考、「看起來可行的事」依序去做，應該會慢慢找到出口。柳井正從資深員工的離職事件中學會了這樣的思考法。

「當時的我還無法畫分界線，就這樣陷在裡面了。」

這個像是豁出去似的想法，讓他領悟另一件重要的事。

「不必想成爲一個只有優點的人。我們本來就不必因爲有優點便向他人炫耀，或是因爲有缺點就該遭受自卑感折磨。」

換句話說，如實地做自己就可以；或者應該說，我們也只能做自己。

失去那些曾在銀天街店內共同生活的老員工後，柳井正所找到的經營者安身立命之道，就是如此簡單。

柳井正窩在房裡記錄的，不只是自我分析而已。由於正好僱用了年輕的女性職員，爲了正確傳達工作內容，他試著將每天該做的事項一一訴諸文字。

進貨時該怎麼做、貨品上架的時間點、在店面招呼客人的重點、量身與後續程序、庫存該在何時依照什麼程序進行、打掃時要注意哪些地方……。

他把每一項作業流程都編寫成文字。日後，柳井正在拓展優衣庫連鎖店時，也很注重員工手冊的編製。回想起來，此時親筆書寫的「工作流程」其實正是員工手冊的開端——儘管當時他只是因爲自知不擅長說話，除了在這方面下工夫之外別無他法，才會這麼做。

完成員工手冊後，接著是讓每天的交易「可視化」。暢銷的是什麼商品、什麼尺寸、什麼顏色，每晚打烊後，他都會詳細記在筆記本上。

當時還是紙筆作業，但柳井正對於從那時候開始進行的「營業內容可視化」始終有一分堅持，創立優衣庫後立刻引進POS系統②也是這個原因；甚至到後來，之所以會遇上被他稱爲「戰友」的軟體銀行創辦人孫正義，也是因爲他不斷找尋可視化方法所結下的因緣。

在這種穩健踏實的方式下，小郡商事的業績慢慢回升。

交託給自己的印章與存摺

柳井正與自幼熟悉彼此脾氣性格的夥伴浦利治一起重新出發。浦利治代替千田秀穗擔任總管，在店頭負責招呼熟客、處理修補西裝小瑕疵的訂單；忙進忙出的同時，柳井正則關注店面整體運作。這樣的分工開始發揮作用，即使員工離去後的小郡商事在利潤

② 銷售時點情報系統（point of sale）的縮寫，主要功能為統計商品銷售、庫存及顧客購買行為。

上依舊微薄，但總算再次步入正軌。

原本對做生意毫無興趣，認爲自己不適合的柳井正，差不多也是在這段期間開始，覺得「自己說不定挺適合的」。

某天，掛著社長頭銜的柳井等，來到位於「中央大和」購物中心一樓的小郡商事辦公室。

同時跨足建築業的柳井等來到這裡時，通常會把自己信任的浦利治叫來，問問店裡的銷售狀況之類的，這次卻找了擔任專務董事的兒子柳井正。狹小的辦公室裡，只有父子二人面對面。這時，柳井等突然拿出銀行的存摺和印章。

「今天起，這些交給你保管。然後，從現在起，公司所有事情都由你做主。」

除此之外，柳井等沒有再多說些什麼。父親遞過來的存摺裡，不只有用於店頭會計管理的錢，也包括他個人的資金。父親並沒有告訴兒子自己是怎麼打算的，但柳井正明白父親的心思。

「賺錢，就是把鈔票一張張疊起來。」

「生意人即使沒錢，言行舉止也要表現出一副有錢的樣子。」

「沒錢就等於沒命。」

這些話，是父親從小就不斷告訴兒子的。「生意人，信用第一。」當初父親試圖用自己的方式所傳達的意涵，如今在柳井正也成爲生意人後，對此有了深刻的體悟。

事實上，父親對於銀行存款的累積相當執著；應該說，那就是他信用的根基。現在這本記錄了「一張張」信用累積過程與象徵商人精神的存摺，他說要完全交給兒子。

柳井等的定期存款高達六億圓，而柳井正到現在才充分了解父親是抱著什麼樣的心情一點一滴攢下每一分錢。過去他身爲安逸的學生，認爲建築業「那種工作自己根本不想做，也不値得去做」。現在回想起來，父親之所以會成功，正是不斷累積信用和商譽的結果。青春期的自己甚至曾帶著一種近乎厭惡的情緒毒舌說道：「老爸的興趣難道就是存錢嗎？」

那些心血結晶，就這樣突然交給才二十五歲的自己，而且也沒有特別交代些什麼。柳井正無法得知父親眞正的用意。見到兒子不發一語，父親才又補充了一句。那句話，至今仍清楚留在柳井正耳邊：

「你聽好了，要失敗的話，就趁我還活著的時候。」

接下來就照你的想法去經營。萬一失敗的話，我會替你善後——是十分具有父親那種老大哥風範的傳承方式。

當父親把存摺和印章交到自己手中時，老實說，柳井正還沒有眞切感受到自己已接下了父親投注一生心血的家業。然而隨著時間一分一秒過去，他領悟到父親寥寥數語中的想法意念，背後突然感到一陣刺痛。

「不能讓它倒。」

後來請教柳井正有關繼承家業的這一幕，他說：「那就是『將（身為商人的）命脈交給你』的意思。雖然他早已有所覺悟，但直到那一刻，才察覺到這是無法逃避、不能失敗的。」

明白了父親眞正的用意後，過去不曾感受到的龐大壓力就此重重落在這位二十五歲的年輕人肩上。

黑暗的十年

就這樣，柳井正從父親手中接下存摺和印章。現在回想起來，那場靜悄悄的接班戲碼，正是讓一名悠哉的學生成為擁有堅定意志的經營者的轉捩點。只是，身為一名經營者，該如何引導小郡商事這家在銀天街上只有兩間小店面的公司，此刻的柳井正還沒找到答案。

由此開始，新手經營者柳井正展開獨自摸索的日子，而這也是他「發現」自己口中的「金礦」優衣庫之前，在漆黑漫長的隧道中不斷掙扎近十年的起點。

「要是就這樣繼續在銀天街開男裝店，未來必然黯淡無光。可是，我到底該怎麼做才對……？」

這樣的自問自答，在他接班後確實持續了十年之久。至於在漆黑隧道裡找到出口的那段故事，後面將爲各位敘述。

或許有些突然，不過我想請問各位一件事：柳井正這個人到底哪裡厲害？

如果要追溯他身爲經營者的軌跡，或許可以談到他發現優衣庫這樣的商業模式，後來甚至爲了讓這個模式提升至產業的層次，也就是後來的「LifeWear」（服適人生），在亞洲找尋各種可能，讓大規模的國際分工得以實現，並更進一步瞄準與資訊產業結合的這種動力吧。當然，這是身爲企業家的一大成就，書中也會再詳細說明。

不過我認爲，在他獲得成功、變得廣爲人知之前所經歷的漫長歲月，或許才能窺見他身爲經營者的本質。總之，我認爲柳井正這個人的厲害之處，就凝聚在這段完全得不到成果的「黑暗十年」裡。

持續面對無解難題的十年。

如此斷言，連我自己都覺得有些老套。相較於後來優衣庫的故事，這十年歲月的確就只是靜靜地流逝。

這段期間，在柳井正的領導與浦利治的協助下，小郡商事在當地慢慢增加了幾家分店。老實說，關於公司當時的發展過程並沒有什麼特別值得記述的。不過柳井正在這期間所面對的「無解難題」，確實就是後來爲優衣庫帶來爆炸性成長的原動力，也是我想聚焦的部分。

再這樣下去會倒

「Men's Shop 小郡」和「Men's Shop OS」。管理銀天街這兩家店鋪時，柳井正看到了當時業界的結構性問題，並透過前面所說的「可視化」，將每天的營運狀況記在筆記本上，好掌握這些問題。

首先是家傳事業的西裝部分，一套要價五萬至十萬圓。單價高雖然是好事，但不管怎麼說，周轉率③都太低。西裝的流行變化沒那麼大，雖然經典款式的銷售量容易估算，但考慮到每種商品的周轉率，再怎麼高也不過就是三次。平均來說，同一位顧客一年光顧兩次已經算不錯了。

而且西裝的販售必須包括周到的服務。並不是只要擺在架上，客人就會自己選購。店員不僅要向顧客推薦，還要提供量身、修改、繡名等服務。是一項很花勞力的工作。

另一方面，休閒服飾基本上不用開口就能賣，因爲顧客會自己從貨架上挑選喜歡的衣服。不過這邊也有它的缺點：當時 Men's Shop OS 主要販售的品牌是 VAN，進貨價格是售價的六五%，不但進貨時就要支付，而且只收現金。小郡商事的獲利可說相當微薄。

柳井正和浦利治兩人重啓經營一段時間後，確實讓小郡商事步入了正軌，但獲利卻始終像是在走鋼索。

一般來說，每季結束時都會有拍賣活動，卻也時常發生這一季好不容易賺取的利潤反而賠進去的情況。即便如此，要是不舉行拍賣的話，資金就無法周轉。「每年都覺得不對勁，但還是就這樣照著做。」柳井正回憶道。

如果只要求勉強度日的話，這麼做或許還可以，卻看不到未來的展望——不，根本沒人保證這種「勉強度日」的日子能維持下去。

也剛好在這時候，過去因煤炭而興盛的宇部進入了經濟轉型期。經營煤礦事業的宇部礦業所已經關閉，再歷經一九七〇年代的兩次石油危機後，將主要能源轉換爲石油已是不可逆的事了。

這股衝擊也漸漸波及曾經熱鬧繁華的銀天街。天天站在店門口，不由得感覺到過去摩肩接踵、熙來攘往的人潮正在逐漸消退。開在宇部商店街上這種閒適的家族經營模式已經慢慢行不通，而且威脅確實一步步逼近。那種恐懼感，再怎麼不願意面對也會意識到，絕不是無端的想像。

「這種生意再繼續下去，前途渺茫啊……。」

柳井正開始對浦利治發牢騷。因爲店面原本就是自家的，勉強還能應付；而且要不

③這裡指的是一年能把庫存賣光幾次。例如倉庫可放一百套西裝，一年售出五百套，周轉率就是五次。

是這樣，應該早就撐不下去了吧。

據說這段期間，柳井正不斷夢見服裝店倒閉了。像是被夢魘驚醒般，在睡眼矇矓中確定「原來沒倒啊……」後，才鬆了一口氣。據說他曾經歷過無數次如此這般的早晨。

身爲柳井正的得力助手，負責管理店面的浦利治證實了有關當時小郡商事的營運狀況：

「社長連自己的房子都抵押給銀行了，會做那樣的夢，我想也是無可厚非的。換做是我，精神應該早就不正常了吧。」

爲了生存，能做的事都做了。浦利治接著說：

「我們也辦了好幾次清倉大拍賣。傳單上寫著要關店休息，然後請大阪那邊的業者稍微整修一下店面。不過，在顧客眼中就是『又來這招？』，但即使如此，做了還是比不做好。多少還是會賣掉一些東西。」

柳井正開始經營優衣庫後，依然會說：「傳單就是寫給顧客的情書。」而且對傳單呈現的效果十分講究。至於這段期間，他同樣對傳單投注非比尋常的熱情；爲了節省經費，還經常由浦利治或其他員工擔任傳單上的模特兒。

小郡商事這兩家店究竟缺少了什麼？有沒有什麼方法可以突破「縮小均衡」（縮小規模以維持平衡）的困境？柳井正不斷摸索。不只是沉思，還爲了探求任何與出路有關的事物四處奔走。

柳井正因爲兼任採購工作，只要一去關西進貨，就纏著批發商詢問近期可能熱賣的服裝；也會盡量參加大型展覽會，目的是爲了從業界的採購高手那裡得到一些資訊。

季末拍賣時，品牌廠商也會派一些負責通路銷售的業務員到宇部，他們會一起在店裡擔任臨時售貨員並協助販售。只要來到這裡，柳井正一定會邀請他們到家裡吃飯、打麻將。

其他地區目前熱賣的是什麼、滯銷的是什麼、銀天街上這兩家店缺少了什麼……柳井正試圖理解這些在店裡幫忙的業務員祕而不宣的眞心話。

當然，宇部商店街距離服飾業界的中心非常遙遠。在東京唾手可得的訊息，這裡絲毫未聞，以現在的說法就是「資訊弱勢」。環顧四周，毫無任何有用的線索；不僅如此，甚至覺得自己與自幼生長於斯的銀天街及這裡的生意夥伴們格格不入。

「每年都重複一樣的東西。開服裝店就只是因爲喜歡衣服。我覺得這樣似乎和所謂的商業經營有些不同。」

正因爲柳井正深刻體認到這種壓倒性的弱點，於是試圖用自己的雙腿來補足；而且還不只勤於奔走，也透過能與全世界智者對話的書籍探求靈感啓發。

諷刺的是，他努力想彌補弱點的這股狂熱，正是優衣庫誕生的原點；反過來說，優衣庫之所以能創造出過去日本沒有的服裝經營樣態，或許可說是因爲創辦人柳井正處在一個距離服裝時尚中心遙遠的地方。甚至讓人覺得，如果柳井家的小郡商事當初位在東京的繁華街上，優衣庫或許就不會出現了。

暗自摸索的日子裡，柳井正將身爲經營者的決心寫在一張紙上——黃色便條紙上的標題是：「未來十年的經營方針!!」

開頭寫的是「由家族事業轉型爲企業」，接著是「建立科學化經營」；用口語來說，就是「擺脫銀天街小郡商事的家族經營模式」吧。在這些標題下，則列出各項具體方案。引用原文如下：

「計畫成爲全方位的男士服裝專門店，並推展連鎖事業（目標是三年內在人口十萬人以上的都市開設店鋪）。」

「實現提升年度營業額二〇%、確保毛利和淨利的目標。」

這張便條紙，就是柳井正的第一個經營計畫。他這樣說起當下的自己：「我心想，如果照這樣去做，能發展到三十間店面、年營業額三十億圓左右的話就好了。」讓柳井正提升眼界的，不是爲了探求線索而尋訪的批發商，也不是負責通路銷售的業務員，而是透過書本與偉大人物對話的靜謐時刻。

崇拜的松下幸之助

柳井正愛讀書的習慣，從過去到現在一直沒變。回家吃完飯後，他很重視那段藉由書籍領略世間智慧的時光。

一路走來，他閱讀過眾多書籍，有幾位人物對他影響特別大。據說在日本經營者當中，松下幸之助和本田宗一郎（本田技研工業創辦人）讓他感受最深。

這裡再說點題外話。

柳井正相當崇拜松下幸之助，說他「與其說是經營者的典範，更應該說是我的偶像」。他說，小時候曾看到住在小郡商事的員工每晚都在讀松下幸之助的著作，當時他心想：「幸之助先生是個偉大的人物呢。」後來當他接手店面、實際讀過那本著作後，便十分佩服松下幸之助的經營哲學。

說起松下幸之助先生，最為人所知的，應該就是他的「自來水哲學」。

「生產者的使命在於克服貧窮。為此，必須藉由不斷生產來增進富庶。自來水經過加工後，雖是有價物品，但路人經過時喝上幾口，並不會被責怪。那是因為數量非常充足、價格實在太便宜的緣故。」

「生產者的使命也一樣，就是要生產提供那些像自來水一樣豐富而且便宜的物資。藉此幫助人們克服世間的窮困、為大家帶來幸福、建造快樂的國度。我們公司真正的使命也在於此。」

這段話，柳井正是這麼解釋的：

「幸之助先生所說的話果然具有社會觀。他絕對不是在唱高調。我認爲他應該是發自內心說出那番話的。」

然後他將自己的處境與之重疊。松下幸之助才九歲時，就被送去火盆店當學徒，後來憑著自己的才智開闢了道路。

「這種說法或許很像悖論，但我認爲幸之助先生幸運的部分就在於他並未受到眷顧；也就是說，正因爲他什麼都沒有。什麼都沒有的話，就全都要自己來，對吧？正因爲不受眷顧，所以憑著創意無所不能。」

這部分，在戰爭結束後馬上創業的本田宗一郎也一樣。他也是從學徒做起，歷盡艱辛後，創立了生產汽車活塞環這項引擎零件的公司。在將公司賣給始終合不來的豐田汽車後，面對戰後的一片焦土，他宣稱「休養生息」，一邊過著無所事事的日子，一邊醞釀的，正是創立將腳踏車改良爲摩托車的公司。

從眞正的「無」開始，自己應該從這些偉大的前人身上學習些什麼？同樣的事，自己不可能做不到。誰能說我做不到？即使是待在時尙界的邊陲地帶、偏遠到不行的宇部商店街，有誰能說我在這裡做不出什麼東西來？

在這種既可說是自卑，也可說是叛逆的情緒裡，柳井正心中萌生的念頭不只是將偉大前人的足跡視爲一段功成名就的歷史去學習，而是抱持著「或許我也能用自己的方式去重現」的一絲希望。

「這傢伙是傻子吧？」

繼續聊聊柳井正心目中的理想典範——松下幸之助先生的故事。

時間回到二〇一八年。柳井正受邀在Panasonic創立一百週年紀念論壇中演講，對著該公司的員工發表演說。

一如往常，從結結巴巴逐漸變得慷慨激昂。他說，松下幸之助先生的志向「是我身爲經營者的根基之所在，我總是以此爲經營方向的準則」，還說「我認爲，如果沒有幸之助先生的教誨，就不會有今天的迅銷集團，或者說是優衣庫的成長」。

接著他又說：

「包括我在內的許多日本人，都對Panasonic這個品牌由衷感到尊敬與驕傲。Panasonic是日本企業的代表，具有全球認可的技術與品牌實力。戰敗後成爲廢墟的日本，以技術與勤奮爲武器，並復甦爲全球經濟大國，而它，就是這場奇蹟的主角。正因爲是Panasonic，所以希望各位能描繪出一個願景，讓全球驚嘆、覺得這才是日本，讓人覺得『不愧是Panasonic，果然做到了』。」

面對自己景仰的前輩所創立的公司，柳井正對這家公司的員工說了這番話，並以「我的期待」爲題，提出一個相當宏偉的構想。

十年後，要成爲全球第一的汽車製造商；爲此，要開發一款三十萬圓左右的「Life Car」，在全球銷售十億輛。目前全球汽車年銷售量約爲一億輛，但目標是十億輛？聽起來像是異想天開，但是柳井正卻輕鬆自若地表示：「很簡單吧。只要具備全球的生產力，就很簡單。」

再進一步，要打造全世界任何人都能購買的最新型住宅「Life Home」，一間大約三百萬圓，要出售十億間。以構想來說，這種住宅是以智慧型手機下單後，由大型無人機運送材料，可在一天之內搭建完成；而且屋頂上不但裝設了太陽能板，每個房間都還配置了最新型的家電。

重要的是，這些願景並非描繪在現實的延長線上。但柳井正也說過：「凡是人類所能想像的事物，都能實現。」這絕不是什麼唯心論之類的說法，而是柳井正構築優衣庫的過程中一直放在心上、至今也仍在挑戰的事。

優衣庫發展的歷程，就是不斷創造超越現實的事物，逐一累加，並一步步付諸實現的故事，如今更揭櫫「以亞洲爲起點，顛覆服裝的常理」這樣宏觀的願景。順帶一提，所謂「不該將目標設定在現實的延長線上」是柳井正從哈羅德・季寧（Harold Geneen）的著作中所學到並實踐的。關於這部分，將在第 3 章之後說明。

這場演講，柳井正以這樣的方式表達：

「一個超乎常理、讓人覺得『這傢伙是傻子吧？』的目標，我認爲正是改革創新的源頭。」

這也正是柳井正在宇部男裝店經歷十年黑暗期、終於找到優衣庫這個「解答」後，不斷努力實現的目標。接著，柳井正又對在場的 Panasonic 員工這麼說：

「這個世界上，絕大多數的人都在等待，認爲世界可能有所改變。但眞的等到那天來臨時，便爲時已晚了。（要問的是）自己能否改變？經常有些經營者或主管命令他人改變，不過要是自己不改變，往往也會成爲他人不改變的原因。」

不要當個時代變遷的旁觀者，而要思考遠在自己所擁有的事物以外的事物，然後付諸行動，就算別人會因此覺得「這傢伙是傻子吧」。

柳井正當時對 Panasonic 員工所說的話，如今仍用來要求自己。他第一次正視那樣的課題，不過是二十多歲的事，而且就在宇部，在自己的房間裡。他透過書籍與松下幸之助對話，進而深入思考。

要如何才能改變時尚業界的常理？究竟該怎麼從宇部銀天街這個時尚產業的邊陲地帶著手，讓它具體成形？

年輕的柳井正不斷自問自答，四十多年後，他將想法傳達給這些大企業的菁英。

這段題外話似乎有點太長了，但其實也不算是題外話，我認爲這裡所說的，正是塑造他成爲一名經營者的核心所在。

與松下幸之助、本田宗一郎同樣受柳井正尊敬的經營者中，首先要提到的是美國麥當勞創辦人雷．克洛克（Ray Kroc）。接著時間稍稍往後，在優衣庫第一家店開幕後，他在宇部的書店拿起了前美國ＩＴＴ（國際電話電報公司）執行長哈羅德．季寧所寫的《季寧談管理》一書。

除此之外，「經營之神」彼得．杜拉克的著作對他的影響也極爲重大，據說杜拉克的著作他全部都讀過了。其中的代表作，如《管理的價値》、《彼得．杜拉克的管理聖經》、《創新與創業精神》、《杜拉克管理精華》等，後來他在面臨優衣庫經營的關鍵時刻都曾再三閱讀。

事實上，他在就讀早稻田大學時期就已讀過杜拉克的著作，當父親將存摺和印章交給他之後，又重新讀了一遍。只是在他尚未創立優衣庫、仍在經營小郡商事的這個階段，並沒有那麼深的感觸。杜拉克的一字一句開始滲透柳井正的內心、讓他產生共鳴，是一九八四年在廣島市區的次要街道上開設優衣庫、找到「金礦」後的事了。

柳井正藉由書籍與無數偉大的前輩對話。這裡，想提些有關麥當勞創辦人雷．克洛克的事。因爲其中隱含了小郡商事從販售西裝和VAN的商品，到發展成優衣庫的啓示。

雷．克洛克

進入二十世紀後，崛起的美國取代了英國、德國、法國等歐洲列強，成爲稱霸世界的超級強國。在那裡，受資本主義庇蔭的天之驕子們獲得了耀眼的成就；而在實現了美國夢的眾人之中，克洛克的確可以算是個異類。

克洛克是捷克裔猶太人，出生在芝加哥近郊，年過半百才終於功成名就——直到他五十二歲遇上麥當勞之前，大半輩子盡是波折坎坷。

克洛克就讀高中時，美國加入了第一次世界大戰，他因爲急於趕赴戰地，便謊報年齡，成爲紅十字會醫院的救護車駕駛。他隸屬於醫療隊，跟他同隊的還有當時仍沒沒無名的年輕人華德．迪士尼（Walt Disney）。

克洛克在醫療隊接受完訓練、正準備搭船前往法國時，由於簽訂了停戰協議，他不得不返回芝加哥。雖然他在父母勸說下心不甘情不願地回高中就讀，但終究無法堅持下去而退學，開始靠著賣緞帶花和鋼琴演奏餬口。後來陸續換了很多工作，包括樂團成員、芝加哥證券交易所黑板記錄員、紙杯推銷員、不動產經紀人、還有奶昔攪拌機推銷員……。

五十二歲時，擔任攪拌機推銷員的克洛克，來到洛杉磯郊外鄰近沙漠區的聖貝納迪諾的一家漢堡店，因爲許多客戶希望能買到與這家店的經營者——麥當勞兄弟所使用的同款多功能攪拌機。

克洛克見到店內八部攪拌機全速運轉的熱賣盛況，他所感受到的並不是攪拌機的性能有多好，而是這家店自上午十一點開門後，八部機器幾乎毫不停歇的系統化運作方式。克洛克曾在代表作《永不放棄：我如何打造麥當勞王國》一書中清晰生動地回憶那一幕。

從八角型店面後方的倉庫將材料搬過來後，馬上開始前置作業。袋裝馬鈴薯、整箱的牛肉、牛奶和飲料、麵包籃等陸續放上推車搬運過來。克洛克望著這一切，「清楚意識到似乎將發生些什麼事」。店員們工作的模樣「簡直就像螞蟻部隊」。看著他們完全不浪費時間和力氣、乾淨俐落的作業流程，他發現麥當勞兄弟在這家店所建立的系統中有些創新的想法。

當天共進晚餐時，兩兄弟對克洛克透露了生意興隆的祕密，其中最重要的概念就是將菜單極度簡化，並讓員工的工作效率提升到最高。

比方說，只提供兩種漢堡：普通漢堡和額外夾入起司的起司漢堡，所以實際上只有一種。飲料也是一樣。讓所有流程標準化，並盡可能採用自助式服務，這是爲了盡量減少員工四處走動。這對兄弟甚至為了徹底執行高效率的經營，構思了一種名叫「免下車」（Drive-In）型態的新店鋪，還讓克洛克看了設計圖。

認真聽著麥當勞兄弟的話，克洛克十分確信：

「這是目前我所見過最棒的生意！」

克洛克原本是打算推銷多功能攪拌機才來到這裡，現在他改變了主意。他決定將這對兄弟所建立的漢堡店推銷出去。

於是，克洛克買下了麥當勞兄弟漢堡店的加盟經營權，將這間洛杉磯郊區的小店推廣成為全球知名的龐大連鎖店。這樣的克洛克，在剛才提到的那本著作開頭寫道：

「任何人都有資格得到幸福。要不要追求幸福，取決於自己，這是我的信念。是很簡單的哲學。」

這正是所謂的美國夢。

勇敢，率先，與眾不同

柳井正在宇部的自家讀著這樣的故事，沉浸其中。他開始反覆思索，自己是否也能掌握克洛克所說「擁有幸福的資格」。克洛克的話語在他心中迴盪。

「Be daring, Be first, Be different.」（勇敢，率先，與眾不同。）

柳井正將這句話抄在記事本中，一讀再讀。然而他透過書籍從外國企業家身上所學到的，並不只是這類精神喊話。

「原來如此，零售是系統……。」

克洛克打造的不只是一家餐飲店。以洛杉磯郊區的一家小漢堡店爲根基，建構「速食」這項全新產業，才是克洛克身爲經營者的精髓所在。他在推廣麥當勞兄弟的高效率工作模式、拓展店面的過程中，藉由多店連鎖的營運系統化，建構出「連鎖速食業」這項前所未有的事業型態。

「那麼，我能做些什麼？」

柳井正心想。他不光是讀偉人傳記，柳井式的閱讀法是要思考：「如果是我，會怎麼做？」精妙之處在於與作者進行對話，展開自問自答。

如果像速食業那樣，建立快速西裝連鎖店的話，如何？不，比起西裝來說，VAN那種休閒服比較有可能性吧？

這段期間，柳井正察覺到另一件事，那就是「產業協會」的存在。過去父親柳井等和大總管千田秀穗管理小郡商事時，曾經加入「日本洋服 top chain」這個由販售男裝的業者自發性加入的合作性組織，當時小郡商事就是透過這個組織採購男裝。

從「日本洋服 top chain」這個組織爲起點，逐漸壯大的企業不在少數。廣島縣福山市的青山商事開設了日本第一家郊區型男裝店；長野市的AOKI則是很早就引進電腦系統，在長野縣內開了超大型男裝店；來自福島縣磐城市的XEBIO從男裝店轉型爲體育用品店；岡山的Haruyama商事則從關西地區開始展店。

看著來自全國的競爭對手從地區型的男裝店逐步擴大版圖，柳井正陷入長考。考量眾多對手與小郡商事之間的差距時，他得出一個結論，而且極其簡單。

「不能做一樣的事。」

優衣庫的靈感

這就是雷・克洛克所說的「Be different」（與眾不同）。那麼，自己能做些什麼？思考的同時，他看見從父親那一代就開始銷售的時尚休閒服飾（例如VAN等品牌）發展的可能性。

是否可以開一間大家都能輕鬆選購休閒服飾的店？而且是間倉庫般的休閒服飾店，集結了小郡商事銷售的VAN、McGregor、Lacoste、J. PRESS等知名品牌。

對於開始思考這些事的柳井正來說，決定性的關鍵是他在美國見到的景象。

這段時期的柳井正爲了讓「販賣男裝的小郡商事」形象脫胎換骨，不斷前往國外考察、找尋靈感。有與家人一同前往的，也有跟著「日本洋服top chain」到海外進行考察的。不只從書上，也從大海另一端的世界尋找成功的靈感。

一九八〇年代初，某次考察旅行途中，柳井正來到美國西岸的加州某大學校園。他不記得是加州大學的柏克萊分校還是洛杉磯分校，但不管是哪一所，應該都是差不多的店。

柳井正造訪的是大學裡的校內商店。以日本來說，就像是由大學生協④開設的商店吧，舉凡雜貨、文具、食品、服飾等學生生活所需的物品，可說應有盡有。由於是在大學校內經營，盡可能不動用太多人力，所以沒有店員招呼客人，學生們各自挑選需要的東西去排隊結帳。

從現在的眼光來看，並沒有什麼特別之處，要說理所當然也是很理所當然的，但看在當時的柳井正眼裡卻很新鮮。談到當時日本的服飾業與時尚圈，正在迎接設計師與個人品牌⑤的全盛期。一進到店裡，看起來對最新時尚瞭若指掌的店員便會主動向客人攀談。

對原本就不是那麼關注時尚的柳井正來說，這種感覺不太自在；說得直接一點，那些店員讓他覺得很煩。被他們搭話、問些有的沒有的，有時不由得令人退避三舍。更重要的是，他認爲應該不是只有他這麼想。

那麼，大學又商店如何呢？沒有人會過來攀談，學生們得以自由挑選喜歡的東西。

此時的柳井正回想起自己生長的銀天街上，那間位在小郡商事斜對面、相隔一條小路的小書店鳳鳴館。

童年的他站在店裡翻閱書籍時，常看到老闆手拿著撢子清理灰塵，偶爾還能拿到沒賣完的少年雜誌贈品，這是他小時候一項不為人知的小樂趣。後來的他依然經常往書店跑，仔細想想，這與店面是大是小無關，顧客在書店裡能慢慢細品、隨心所欲地挑選想要的書，完全不會有店員硬是靠過來跟你搭話。

眼前的大學商店也一樣。

自己最喜歡的那家唱片行也是如此。沒有人招呼客人，店員只負責補充顧客需要的商品。雖然看起來像是服務不周，卻反而營造出一種讓大家都能輕鬆挑選的氛圍。

可以的話，他希望將來開設的不是像鳳鳴館這樣的小店，而是像當初和照代相約碰面的大阪梅田紀伊國屋那樣，只要去到那裡，一定能買到自己需要的東西，品項豐富齊

---

④「日本大學生活協同組合聯合會」的簡稱，如同臺灣過去學校裡的「消費合作社」。加盟成員包括大專院校、公共教育機構（例如科學館、天文臺）等，透過集體合作來保障校園生活，主要業務包括教學研究商品採購、食堂與書店的開設、校園紀念品規畫與販售，甚至還有汽車考照和保險等。

⑤原文是「DCブランド」，也就是「Designer's & Character's brand」，是日本時尚業過去的一個專業術語。山本耀司、三宅一生、川久保玲都是此時期知名的設計師。

全到簡直像倉庫的店。能不能用休閒服飾來打造一間像那樣的店？

經過反覆思考，柳井正最後定調的概念是「一個大家隨時都能挑選喜好服裝的大型倉庫」。

在煩悶的日子裡，柳井正找到了日後邁向成功的關鍵。如此一來，應該採取的行動就很明確了。在他的記事本裡有這麼一句話：

「Be daring, Be first.」

勇敢，率先。

光是用想的，不會讓人生迎來轉機；必須付諸行動，機會才會降臨——不，不是降臨，而是要伸出手靠自己的力量去抓住。

勇敢，率先，與眾不同。

雷・克洛克的這句名言，柳井正要將它付諸實現。從二十多歲到三十出頭，在黑暗之中持續探索靈感、面對無解難題的十年，現在終於要畫下句點了。

柳井正稱之爲「金礦」的優衣庫誕生了。開設在廣島鬧區次要街道上的「Unique Clothing Warehouse」，開幕當天就創下熱銷紀錄。

然而，這不過是柳井正與優衣庫這一路走來的故事序章而已。

第 3 章

礦脈

誕生於街邊的優衣庫

休閒服飾倉庫

「還有這種業態？」

據說柳井正第一次將「Unique Clothing Warehouse」這種新型店鋪的概念告訴大總管浦利治時，他還半信半疑的。事實上，柳井正興致勃勃描述的新店鋪形象，在當時的確是很新鮮的想法。

柳井正以他「在美國看到、類似大學生協商店的店鋪」為例。那裡就像書店或唱片行一樣，只陳列商品；店員不會上前攀談，只專注在整理貨架或收銀結帳這些事情上；顧客一手提著購物籃，自己挑選想要的商品購買。

雖然今天看來是再自然不過的景象，但對於中學畢業就到男裝店過著學徒生活的浦利治來說，服裝店要無微不至才是待客之道。「我們在店裡向來是以『請問您想看什麼衣服』為開場白來招呼客人。」對專程來到店裡的客人不聞不問，未免太荒謬了。如果這樣也能賣得出去，大家就不用那麼辛苦了。這就是他心中真正的想法。

隨著店面開始裝修，他的疑慮更深。

店內用來陳列服裝的，是閃著銀色光芒的不鏽鋼貨架。只用鋼條框架組裝的這種東西，就像餐飲店裡用來放碗盤的架子，顯得很廉價；而且這些都是自己組裝的。上面擺放著從岐阜縣及國外採購來的牛仔褲、襯衫等休閒服，塞得滿滿的。

這麼說來，確實很像擺滿了書籍或唱片的那種店。天花板的水泥就這樣裸露出來、盡可能挑高，整個表現出開闊感。由於走道也很寬敞，因此比起書店來說，更像倉庫。

將店裡設計得像倉庫一樣，固然是爲了營造出即使沒人招呼，顧客也能輕鬆挑選衣服的氛圍，不過柳井正其實還有另一個目的，就是「打從一開始就設計成不需要再重新裝潢的店面」。

過去 Men's Shop 小郡商事曾舉辦無數次清倉大拍賣，同時也常用「重新開幕」這一招。儘管只是當成藉口、稍微整修一下內部裝潢，但終究還是得花錢。於是柳井正才想到，是否有可能將店面設計成日後不必重新裝潢的樣子。

答案很簡單。「因爲店面會老舊，所以必須改裝。既然如此，一開始便設計成老舊的模樣就行了。」這也是柳井正的點子。

將某些懷舊電影或老照片剪報裝入相框做爲裝飾，也曾在店內擺放一部投幣式點唱機。總之，只要布置出復古的氣氛，日後顧客就不會覺得「店面變得老舊」了。早期的優衣庫，柳井正將自己所喜愛「古老而美好的美國」風格融入店面設計之中，這不只是表現出設計感，更是爲了節省裝修費用的迫切需要。

「Unique Clothing Warehouse」就這樣誕生了。這家店位於廣島的鬧區袋町，不過是在當地人稱爲「裏袋」的次要街道上，距離有拱廊的大型商店街稍微有點距離。如今這條商店街依舊人潮鼎沸，只是當時的小郡商事還沒本事把店開在那裡。

即便如此，這對柳井正來說仍是孤注一擲的大賭注。在開幕前幾週，柳井正便派了許多員工從宇部前來廣島，在附近的學校等地發廣告傳單，打算用人海戰術爲這家概念新穎的店鋪廣爲宣傳。

柳井正稱廣告傳單爲「給顧客的情書」，這次的傳單上也寫出了他對新概念的想法。

「像書店，又像唱片行，庫存滿滿的服飾店。爲什麼之前都沒有呢？」

主打店內即有三萬件商品，價格幾乎都是一千或一千九百圓；即使是高價商品，也不超過兩千九百圓，是十分便宜的價格區間——不只商品豐富齊全，更以便宜做爲這家店的賣點。

雖然是只在當地播放的電視節目，但他還是在《笑一笑又何妨！》（笑っていいとも！）這個節目時段推出了廣告。廣告中起用的是來自廣島的DJ小林克也，當時他因爲《Best Hit USA》這個音樂節目大受歡迎。除了傳統正規的廣告投放外，還增加了一個算得上奇特的策略，就是柳井正構思的「早上六點開門」。早上六點就開門營業的服飾店，應該連聽都沒聽過吧？但那麼早，到底有誰會來買衣服？據說連那些資深幹部都以爲自己聽錯了。

一九八四年，優衣庫一號店的早晨

「雖然我覺得這是一家有特色的店，這個想法也很有意思，可是眞的會有顧客上門嗎？當時的我是半信半疑。老實說，我認爲這應該行不通吧。」

被任命爲優衣庫一號店店長的森田生夫如此回憶。他於一九七〇年代進入小郡商事，在男裝賣場的他，一直跟在浦利治那些總管級人物後頭，學習如何爲顧客服務。到職後不久，他便對浦利治爲何能擁有許多固定客源，而且很快就能博得顧客好感與信賴感到好奇。他從旁觀察浦利治的待客之道，注意該在什麼時間點說些什麼話，試圖偷師。也正因爲如此，他心裡對這種不需要招呼客人，而且像倉庫一樣的服飾賣場抱持懷疑的態度。

就算再便宜，衣服怎麼可能這麼簡單就能賣出去？即使在街上發傳單，路過的行人看起來也沒有什麼很強烈的反應。

儘管森田生夫心中滿是疑問，但對小郡商事來說，仍是一場關乎公司命運的大賭注。身爲掌管現場的店長，壓力更是沉重。

一九八四年六月二日，星期六，進入梅雨季前的一個晴朗早晨。該說「不出所料」嗎？直到開門前三十分鐘左右，門口還是連個人影也沒有。因爲是一大早，所以還特地準備牛奶和紅豆麵包，要是有人排隊的話，就發給大家，看來好像用不到了。

「果然還是行不通嗎？」

森田生夫前一晚便爲了準備開幕而忙得團團轉，這時的他，望著清晨的街道，心裡有種既像是沮喪，也可說是預想成眞的複雜感受。另一位當天從山口縣趕來支援的老員工岩村清美則邊嘆氣邊對他說：

「六點，果然不會有人來吧。」

早晨的天空清新爽朗，唯獨今天顯得格外惹人厭。

然而隨著開幕的時間逼近，情況卻突然有了變化。也不知道是從哪裡冒出來的，路邊開始湧現人潮。急忙將準備好的牛奶和麵包發放出去後，兩人這才意識到：

「狀況也許會變得非同小可。」

接著，早上六點。

一打開巨大的玻璃門、迎接客人進店，人潮便由正前方一波波迎面而來。顧客蜂擁至賣場裡的貨架前，簡直就在搶奪似的將衣服拿在手中。商品瞬間一掃而空，店員們急忙補貨。「老實說，那之後的事已經記不清楚了。」森田生夫回憶道。

波濤洶湧的一天，就這樣展開序幕。

不過多久，收銀機前出現排隊人潮。買完東西的客人正打算從入口的大門走出去，卻因爲不斷有人湧入而無法離開。森田生夫連忙引導顧客前往二樓，從暫時做爲倉庫的房間後門離開。

「喂！誰去買條繩子來！」

有人對員工下了指令。店員試圖在入口前方的馬路用繩索整理隊伍、維持秩序，但事情早就一發不可收拾。剛開幕的一家店，卻讓小郡商事的所有人陷入不曾體驗過的混亂場面。

柳井正眼見這般景象，被迫做出痛苦的決定。儘管是重要的開幕日，但他認爲，再不管控人數，整間店都會癱瘓。剛好當地廣播電臺的人也在場，於是就在一樓通往二樓的階梯平臺處對聽眾呼籲：

「即使各位到現場排隊，可能也進不來。因此……實在非常抱歉，請不要再過來了！」

不知道是不是因爲這樣的聲明反而引發聽眾好奇心，反倒變成火上加油，柳井正的死命呼籲完全達不到效果，人潮不但沒有消退，反而越來越多。

「挖到金礦了！」

「廣島的新店面有點狀況，好像人手不夠的樣子。有誰能馬上過去支援一下？」

當天上午，山口的 Men's Shop OS 小野田店接到這樣的通知。「那我過去吧。」下之園秀志說完，立刻趕搭前往廣島的列車。

正納悶著究竟發生什麼事的下之園秀志一抵達廣島裏袋，便看到完全超乎想像的光景。不管有沒有限制入店人數，敞開的入口大玻璃門反正已經擠不進去。無可奈何之下，只好讓客人從廁所的後門進入店內。爲了讓顧客能從二樓充當倉庫的房間離開，還臨時設置了一個收銀檯。森田生夫和那些負責開幕工作的員工忙得不可開交，下之園秀志就算想跟他們說個話，也找不到空檔。

這是優衣庫在廣島裏袋掀起熱潮、踏出一小步的故事。即使是向來刻意在員工面前以淡定語氣說話的柳井正，此刻還是難掩內心的激動。幾天後的某次早會上，他對員工如此表示：

「挖到金礦了。各位，我們挖到金礦啦！」

優衣庫漫長的一天就這樣結束了。

這幢建築物的一、二樓是優衣庫一號店，三樓以上則是公寓。三樓有三間房，小郡商事租下了其中兩間。一間給從山口調派來此的森田生夫做爲住處，另一間則是員工休息室兼倉庫。當夜幕低垂，終於關店休息，遠從山口趕來支援的岩村清美和下之園秀志等人才一個個回到三樓，就地躺平，擠在一塊睡著了。

身爲店長的森田生夫獨自留在店裡，還忙著確認開幕第一天的營業額。看看時鐘，已經是半夜兩點多。隔天雖然是早上十點營業，不過一大早就得指揮員工，趕在開店前處理那些由卡車運送過來的商品。

「呼……。」

人群散去後，白天的喧囂有如一場夢境。他望著寂靜漆黑的店內，那種緊繃一鬆開，全身的疲憊便一湧而上。這麼說來，昨天也幾乎沒怎麼睡……簡直連爬上三樓的力氣都沒了。新手店長森田生夫搖搖晃晃地走向試衣間，當場「碰」的一聲倒頭就睡。

就這樣沉沉睡了兩個小時，新的一天又要開始。匆忙做好準備，營業時間一到，人潮又跟昨天一樣不斷湧來。身體早就在拉警報了，但不知爲何又有一股力量湧現，這或許就是被委以重任的店長天性使然吧？

二號店的失敗「算我請客」

柳井正歷經黑暗的十年，終於挖到「金礦」。優衣庫從此便展開飛躍性的成長……事實不是這樣的。

如同〈前言〉所說的，優衣庫的故事是加法與減法不斷堆疊的過程。有時以爲已經大幅度成長，卻又遇上阻礙走了下坡，然後再次向上攀升，而且每次往上爬的方式都有所改變。

一般常將這次顧客蜂擁而至、多到難以應對的成功紀錄視爲優衣庫的起點。但事實上，在一號店開幕後不久，隨即遇上一次小挫折。

從位於裏袋的一號店步行大約幾分鐘，有一處叫做「新天地」的鬧區。柳井正決定在這個人潮比裏袋更多的地方開設廣島二號店，地點就在寶塚會館這家電影院的二樓。雖然明知相較於就在街邊的一號店來說，這個位置很不利，不過柳井正在著作《永遠懷抱希望》中回憶道：「因爲租金很便宜，當時我心裡盤算著，要是能賣得好，就能大賺一筆了。」

結果，事與願違。他在接受我的訪談時更坦率地表明：

「算我請客，我買單。原本以爲店鋪只要照自己的構想去做，絕對會受歡迎，沒想到跌了一大跤。」

正如他所說，比起一號店，廣島二號店呈現出更濃厚的柳井正個人喜好與色彩。面積三百坪左右的寬闊賣場中，有將近一半設置了漢堡店和撞球酒吧。

店名叫做「Rock'n Roll Café」。也許是模仿來自倫敦、在美國也很受歡迎的「Hard Rock Café」吧？根據下之園秀志的說法，他與柳井正一同前往美國西岸考察時曾去的一家餐酒館「Johnny Rockets」也是二號店主題設計的參考。

順帶一提，漢堡售價爲三百五十圓，熱狗是兩百八十圓。果然是將柳井正熱愛的美國文化融入於設計之中，不過在顧客看來又如何呢？

被任命爲二號店店長的，是當初一號店開幕時前往支援的下之園秀志。當時他就這樣直接搬到一號店樓上，負責協助店長森田生夫和其他人。由於柳井正說「二號店還要增設餐飲部門」，爲了盡可能累積相關經驗，下之園秀志還到廣島的儂特利（Lotteria）和咖啡連鎖店打工，爲開店做準備。

只不過，這個在服裝店內兼營漢堡店和撞球酒吧的新穎構想卻徹底失敗。當時小郡商事的年收益爲七千萬圓，這次挫折幾乎賠掉了一整年的收益。

「可眞是腦子一片空白呀。」

但柳井正隨即補充道：

「可是呢，事情不做看看是不會知道的。當我意識到失敗的時候，會深入思考原因何在。」

只要將失敗時的領悟轉變爲下一次成功的契機就行了，這就是柳井正的思考模式。比起同時開設餐飲店，這次的「領悟」主要是他低估了地點的重要性。除了不在街邊這個缺點之外，當時新天地這一帶的餐飲店漸漸開始比服飾店還多，一間開在電影院樓上的服飾店終究難以吸引顧客上門，失敗的原因，實在再簡單明瞭不過了。「算我請客」，如同他所說的，因爲租金便宜而蒙蔽雙眼的這件事，至今他仍當成自我反省的教材。

郊區店鋪的成功

雖然「Unique Clothing Warehouse」看似金礦，不過裏袋的一號店在華麗的開場過後，也面臨了一些異樣的徵兆。一九八四年六月，開幕大約半年後左右，元旦剛過不久，店內開始出現一些國、高中男學生，相當引人注目。他們一直待在店裡閒晃，幾乎很少購買商品。鄰近熱鬧街區的一號店漸漸成爲他們群聚的地點。

當時正是校園暴力演變爲社會問題的時期。現在或許很難想像，但當時有越來越多「不良少年」混在顧客裡：他們穿著改得鬆垮垮的制服，只要有人跟他們對上眼，就死瞪著人家看。森田生夫等人略帶怨氣地稱這群少年爲「烏鴉族」。對店家來說，這些身穿黑色制服的少年是不受歡迎的不速之客。

繼一開張就失敗的二號店後，原本氣勢驚人的一號店竟也開始出現陰霾。宣稱「我會不斷思考爲何失敗」的柳井正，立刻對這樣的危機採取行動。

他認爲，優衣庫這種如同選購書籍或唱片般「便宜的休閒服飾倉庫」的概念應該是沒問題。問題在於地點。那麼，眞正能讓優衣庫發揮潛力的地點應該去哪裡找？就像這樣，他一一分解「失敗的原因」，以研擬下一步行動。

柳井正心想，鬧區不行的話，試試郊區如何？剛好，在山口縣下關郊區有個地點，過去是汽車用品店，後來他租下來開了店，反應還不錯。

「比起鬧區來說，優衣庫的概念在郊區似乎更受歡迎。」

驗證這個說法的機會馬上就出現了。廣島一號店成立一年多後，他們在隔壁的岡山縣分別於市區和郊區找到兩處能同時展店的地點。

結果郊區門市大獲全勝。

當年的時空背景或許也帶來相當重大的影響吧。一九八五年，正逢泡沫經濟的顛峰，回想起來，那也是日本經濟歌頌最後榮景的時候。同時期，日本汽車因爲「省油又耐用」而在美國市場飛速成長。度過一九七〇年代的兩次石油危機之後，汽車普及化的浪潮也進逼日本各地方城市。

在這樣的背景下，一些生活無虞、有兒有女的家庭紛紛開車前往優衣庫位於郊區的門市。相較於大多數顧客只是閒逛的市區店鋪，專程開車來到郊區的人通常會明確意識到「今天打算買這個東西」，而且平均客單價（購買金額）高，營業額更是立見眞章。

對柳井正來說，這才是眞的發現了「金礦」。透過在廣島成功與失敗的經驗，這次他確實挖到貨眞價實的金礦了。

之後，柳井正便將目標鎖定在郊區車流量大的幹道沿線，陸續開設優衣庫的郊區型店鋪。藉此，柳井正在黑暗十年的最後階段，讓優衣庫這座金礦慢慢步上了軌道。

對快時尚的疑問

如同第2章所說的，身為經營者的柳井正渴求新知、不斷追尋能邁向成功的線索。在對他進行訪談的過程中，他曾如此說明優衣庫成功的祕訣：

「最大的關鍵，應該還是在於我當初是待在宇部這種資訊受限的鄉下地方吧？因為那樣，我才會想要去探求，不是嗎？就是往外找。如果是在東京，各式各樣的資訊都會自動送上門來。」

「還有，很重要的一點，就是要先設想自己說不定會非常成功。至於成功之道，去世界各地找就行了。我一向都是這麼做的。」

邁向成功的線索並不只藏在書本中。柳井正從銀天街這個堪稱時尚界邊陲地帶的地方，不斷放眼世界。之前雖然提過，優衣庫的靈感來自於美國大學內的校園商店，然而此時的優衣庫與如今我們所知道的優衣庫卻不盡相同。

當時以「休閒服飾倉庫」為形象的店面裡擺放的，是從其他公司進貨的衣服。包括自國外進口的Adidas、Nike、Levi's、Edwin……國內的商品也是由岐阜、大阪、名古屋等地供貨。

大量採購大眾喜愛的服裝，再大量銷售。這樣的商業模式在二〇〇〇年後被稱為有如速食店的「快時尚」，此時的優衣庫正是典型的例子。

雖然柳井正稱這樣的優衣庫爲金礦，但並未因此而滿足；相反的，他很早就察覺到（日後被稱爲）「快時尚」這種商業模式的極限。

以快時尚來說，如何將每季大量進貨的商品都賣完，是勝負關鍵。要預測流行趨勢、採購可能熱賣的商品——總而言之就是要銷售一空——對當時資金有限的小郡商事而言，季末仍留有大量庫存，就等於虧損，有時甚至會成爲致命傷。

在這樣的商業模式裡，負責規畫服裝款式的是製造商，小郡商事之類的零售商再透過批發業者採買製造商所做的衣服。如此一來，製作服裝的主導權便在製造商或批發商，零售業者無論如何都只能被動地確保自己挑選的商品賣得出去。此外，價格也取決於製造商或批發商，就連最重要的品項齊全與否，都只能視情況而定，缺乏一貫性。

另一方面，如果要將「可能暢銷的衣服」照單全收都放在店裡，種類就會變得太多太雜；而且爲了盡快賣出去，就會把價格訂得很低。

這種情況並不只限於休閒服飾，即使是小郡商事最早經營的男士西裝也一樣。換言之，這就是所謂的業界常態。再換個方式說，如何中止這種讓零售商永遠處於不利地位的常態，該如何斬斷這種負面的連鎖？柳井正儘管摸索出優衣庫郊區店成功的頭緒，仍不滿足於這種小小的榮耀，持續探索解決之道。

在香港看到的 Polo 衫

當時爲尋找新靈感而前往的地點，是香港。因美國大學商店的啓發而在廣島裏袋創設優衣庫一號店，是一九八四年的事；岡山的郊區型店鋪則是在一九八五年開設的。緊接著，隔年，他爲了尋求「擺脫快時尚」的靈感來到了海外，則是一九八六年的事。

那是位在香港舊街區、人潮擁擠的一家小店。

柳井正一行人晃進這家位於馬路旁、叫做「佐丹奴」（Giordano）的店，並因爲一件 Polo 衫而訝異地瞪大雙眼。雖然不是特別高級的東西，作工卻很扎實，更令人訝異的是它的價格：一件港幣七十九元。以當時的匯率計算，大約是一千五百圓，而優衣庫店內銷售的 Polo 衫則爲一千九百圓。佐丹奴商品的售價，遠比柳井正自認爲「無法賣得更便宜」的價格還要低。

「爲什麼？要怎麼做才能賣這種價格？」

柳井正很驚訝，當場買了好幾件 Polo 衫帶回宇部。當時在場的還有廣島二號店店長下之園秀志，他回憶道：「雖然以設計來說，就是普通的 Polo 衫，不過令我感動的是縫製的工夫。」連一般消費者不會注意到的細節，作工都很精細。

這樣的東西，爲什麼可以只賣一千五百圓？

調查後發現，佐丹奴是直接從工廠進貨，不經過批發商；而且不是只有採購，他們還會自己設計服裝款式。

佐丹奴在香港執行的這種商業模式，正是所謂的「製造零售業」（ＳＰＡ）。這不只是單純分成製造端與販售端，然後「省略中段」、不經過批發商的意思，而是連設計都由販售端自己來，再向工廠下訂單。藉由承擔「全數買下大量生產的服裝」的風險，以換取壓倒性的低價。而這種方式也讓零售商得以掌控製作商品的主導權。

「ＳＰＡ」是美國服飾零售商ＧＡＰ在一九八六年時用來解釋自家商業模式的用語。完整的說法是「自有品牌專賣零售業」（Specialty store retailer of Private label Apparel），縮寫就是「ＳＰＡ」。

如同字面上的意思，ＳＰＡ裡的「Ａ」代表服飾（Apparel），但這個構想並不只限於服飾業使用。後來在資訊科技產業實際運用這個想法的，應該是美國的蘋果公司吧。賈伯斯用 iPhone 所實踐的，正是製造零售業的商業模式。

早期的 iPhone 背面有「Designed by Apple in California」、「Assembled in China」（加州的蘋果公司設計、於中國組裝）的標記。iPhone 由蘋果公司設計，並由臺灣的鴻海精密工業在中國的工廠大量生產，因爲國際分工體制的確立，得以成功地將產品推向全世界。

然而賈伯斯不只是讓 iPhone 這樣的硬體獲得成功，他的厲害之處，在於透過硬體創造出「ＡＰＰ經濟圈」這樣的軟體生態系統。至於很早便察覺賈伯斯試圖以 iPhone 引發資訊革命的本質、考慮讓製造零售業進化並使優衣庫轉型爲「資訊製造零售業」的，正是柳井正。有關這部分的細節，後面再爲各位詳述。

與黎智英相識

一旦發現「這就是」成功的線索，便即刻採取行動，是柳井正一貫的作風。柳井正透過朋友安排，與他在香港見到的品牌「佐丹奴」創辦人會晤。

對方指定見面的地點是在香港市區的某餐廳。佐丹奴創辦人黎智英搭了勞斯萊斯前來赴約。

黎智英，可以說是白手起家的人物。他出生於中國廣東省廣州市，據說他七歲時，父親逃亡到香港，母親則被送去勞改。十二歲，他搭上偷渡船離開廣州，再經由澳門前往香港。在香港這個「自由的地方」，他還小的時候就在手套工廠工作，後來也待過假髮工廠等地方，歷經艱辛苦難的日子，終於成立了佐丹奴這間服飾公司。

黎智英的故事還有後續。一九八九年天安門事件期間，他因爲發送大量支持民主化運動的 T 恤而開始投入政治活動。也因爲這樣的活動，使得自己被中國共產黨盯上，並禁止佐丹奴在中國本土販賣。最後，黎智英不得不放棄佐丹奴的經營權。

黎智英退出服飾業界，創辦了香港的民主媒體《蘋果日報》。二〇一四年，他因爲涉及反政府示威的「雨傘運動」而遭當局逮捕。其後，香港民主化運動再次受到嚴厲打壓，黎智英於二〇二〇年再次被捕，《蘋果日報》也被迫停刊。

與柳井正見面，是在投入政治活動之前，當時他在香港被視為服飾業界成功的風雲人物。黎智英也將自己從難民身分成功崛起的半輩子故事說給柳井正聽。

「當年逃亡，最後是游過大海才到香港的喔。」

「我家養了熊當寵物。下次來我家玩吧。」

聽著這位在動盪時代倖存的男子膽識過人的故事，柳井正心裡卻是這麼想：

（如果這傢伙辦得到，我應該也可以吧？）

黎智英出生於一九四七年十二月，與一九四九年二月生的柳井正算是同一個世代。柳井正一邊對那豪邁的奮鬥史點頭稱是，一邊思考著要讓優衣庫引進這種商業模式。為此，他試圖藉由與奮鬥故事的主人翁會面來找尋靈感。

如同黎智英小時候的經歷，在中國，自一九四九年共產黨革命以來，有許多資本家逃往香港或鄰近地區；據說，其中以上海近郊的紡織工廠經營者最多。開始於一九六六年、持續了十年的文化大革命，更加快了他們外移的腳步。

黎智英創辦的佐丹奴所仰賴的，正是這樣的紡織業者。美國服裝品牌GAP或The Limited早就發現這一點，並開始藉助這些業者的力量。黎智英的佐丹奴也因為承包The Limited的毛衣生產業務而有了卓越成長，畢竟光是一筆訂單的量就很驚人。一問之下，竟說曾有單一商品生產高達三百萬件的紀錄。

柳井正仔細聽完實際狀況後，重新認識到所謂「商場無國界」這種在戰後普及並深入西方世界的資本主義社會遊戲規則。國際社會早已經從過去那種藉由貿易交換物資，也就是大航海時代之前慢慢建立起來的古老分工體制，轉變爲製造與銷售緊密結合的水平分工體制。

自己置身的服飾業界正掀起改革的浪潮，而具體展現出這般活力的人物就在眼前。雖然是與自己同一世代的傳奇人物，但自己與他的差距眞的有這麼大嗎？

不，我應該也做得到才對。

在香港的這場餐敘，柳井正「發現」到這些事。但不能僅止於發現。

「Be daring, Be first, Be different.」（勇敢，率先，與眾不同。）

這是當初找尋靈感時，從美國麥當勞創辦人雷．克洛克那裡學到的一句話。仔細想想，日本還沒建立像佐丹奴這樣的製造零售業模式，而且自己應該辦得到。如果要做，那就要勇敢地、比別人更早一步去做。

好不容易找到的金礦——優衣庫才剛開始步上正軌、腳步還不太穩的這個階段，柳井正打算轉變爲完全不同的商業模式。要從一家網羅全世界各大品牌服裝的「休閒服飾倉庫」變成眞正的製造零售業。

將原本向製造商大量採購「可能暢銷的衣服」並低價販售的商業模式，改變爲自己設計製作「會暢銷的衣服」。爲此，要以香港爲中心，與國外有能力生產製造的業者合作，以建立國際分工體制。儘管後來這種模式常被誤解爲快時尚，但它們可說是截然不同的兩件事。

這段期間，小郡商事的總公司依然位於宇部銀天街旁一幢小小的四層樓建築內。這幢建築物狹窄到連公司內部都稱它爲「鉛筆大樓」。這麼一家彷彿風一吹就會倒的中小企業，竟然打算開始行動，以全球爲目標，創立新的商業模式。

這一切，都在摸索中起步。

打擊率低於〇・〇一

「你去香港吧。」

柳井正下令的對象是下之園秀志，也就是擔任附設「Rock'n Roll Café」但業績不彰的廣島二號店店長。這是一九八七年的事。下之園並不會說英文或中文，在香港也沒有什麼人脈之類的，完全從零開始。

到了香港，下之園秀志前往位在香港島北部灣仔地區的準政府機構——香港貿易發展局（HKTDC）。如今這一帶高樓大廈林立，許多行政機關和辦公室聚集在此。下之園秀志在貿易發展局不認識任何人，他的目標不過就是放在那裡的宣傳手冊。拿起來一看，上面一整排都是紡織相關的工廠名單。他心想，不如靠著這本冊子，親自到有可能合作的工廠徹底訪查吧。

下之園秀志就這樣踏上了他的工廠尋訪之旅。平均一天拜訪五家左右，從日出到日落，不停地找工廠。大多數工廠都位於香港島對岸的九龍地區，也就是以龐然且雜亂無章的貧民窟社區而爲人所知的九龍城寨所在地。據說下之園秀志共拜訪了一千五百間工廠，但簽訂合約的不到十間。幾乎絕大多數工廠都未達標準，無法進一步商談。

建築物外表看起來破破爛爛的，一推開門，先是一股熾烈的熱風襲來，接著是難以形容的異味。

一踏入建築物裡，眼中盡是赤裸著上身的男性工人；地板上，碎布和線頭散落一地。觀看他們用縫紉機車縫的狀況發現，規定的布邊寬度爲一公分，但怎麼看都是一．三公分，而且縫線歪七扭八的。室內沒有空調，許多工廠甚至連電風扇都沒有；工廠裡設置的廁所不過就是在地上挖個洞，散發出強烈的惡臭……。

「幾乎所有工廠都不能用，一百家裡面找不到一家能簽約的。談成的機率很低，但因爲沒有其他資料可以參考……。」

下之園秀志手中的資料，只有貿易發展局的那份名單。他認眞仔細地調查，老老實實地先從牛仔布工廠開始，再找針織或襯衫工廠。優衣庫引進製造零售業模式的起點背後，隱藏了不爲人知的艱辛。

與華僑之間的情誼

一九八七年，來到香港的下之園秀志一步一腳印訪查潛在合作廠商的同時，柳井正則遇上了一次重要的會面。地點是在大阪。下之園秀志所仰賴的香港貿易局主辦了一場與紡織相關的展覽會，帶領有意進軍日本市場的香港紡織業者來到大阪。柳井正來到一家叫做「永泰」的公司攤位，他們以香港為起點，在新加坡和馬來西亞都有工廠，接待他的是創業者家族成員之一——鄭文彪。彼此互換了名片後，柳井正發現上頭還寫著擁有美國威斯康辛大學MBA學位之類的字樣。

（喔——名片上竟然還寫了學歷。）

簡短寒暄後，柳井正開始針對永泰的展示品提出疑問。

鄭文彪表示，他清楚記得當天的經過。起初柳井正以英語發問，但結結巴巴的，剛好鄭文彪的妻子是日本人，因此中途便主動協助翻譯。柳井正接連拿起襯衫、牛仔褲、毛衣等商品，一件件問了起來。

「為什麼做這麼多產品？」

「都銷往哪裡？」

「為什麼每間工廠要製作不同的東西？」

從類似這樣的問題，到縫製的種類和使用的線材等細節都不放過。還不只如此。鄭文彪回憶道：

「柳井先生不只是仔細詢問我們的產品，還對我們公司成立的經過與背景非常有興趣。由於沒有其他人問過這樣的事，讓我印象深刻。」

柳井正一度離開永泰的攤位，但在展覽會即將結束時再度出現，並繼續提出問題。即使結束時間已過，仍不打算離開。

「於是我心裡很明白，這個人是認眞的。」

永泰這家公司也是一樣，在中國內部動盪不安時逃往香港，並由鄭文彪的父親創立了公司。太平洋戰爭結束後的一九四〇年代後期，由於國共內戰逐漸白熱化，他們於是逃往香港，成為紡織品貿易商。當時原本是以宗主國英國爲貿易對象，沒多久，隨著管制日趨嚴格，便在新加坡和馬來西亞設立工廠，開始發展美國市場。來到日本的這個時候，他們已經大量供貨給Levi's，相較才創立優衣庫的小郡商事來說，地位簡直是天壤之別。

在永泰打算正式進軍日本市場的此刻，他們遇上的是來自山口縣宇部市這個不曾聽過的日本鄉下、一間無名小公司的經營者。

另一方面，柳井正也表示，他第一次見到鄭文彪時，就覺得「這個人似乎跟其他人有些不同」。事實上，當時柳井正爲了尋找能幫公司生產自行設計的服裝（他稱爲「訂製服」）的工廠，曾前往韓國和臺灣。但他所見到的，就與同一時期下之園秀志在香港見到的景象不相上下。

「去到工廠一看，只有身爲老闆的大叔很有活力地不斷向我推銷。但一見到現場的員工，馬上就知道工廠並不珍惜這些人。那些年輕人面如死灰地工作著。我心想，這樣的地方不會有將來。」

至於鄭文彪，連比都不用比，柳井正認爲他「不是一般的業務員，是個確實可以好好談生意的人」。

大阪的展覽會一結束，柳井正立刻飛到香港。他前往鄭文彪的辦公室，完成一筆三千件牛仔夾克的訂單合約。

事實上，永泰內部曾爲了該不該接這筆訂單而意見分歧。主要是因爲當時永泰的最低訂購數量是一萬件，柳井正的訂貨量不只低於這個底限非常多，還希望分成三種顏色，更別說在品質上的要求還特別嚴格。

儘管如此，鄭文彪依然接受了這家無名小公司的訂單。他回想當時接受的理由：「因爲我覺得柳井先生不是個謀求短期利益的人，他擁有更宏觀的視野。」

鄭文彪的觀察是正確的。在那之後，每見到柳井正一次，訂貨量就大幅增長。到後來，兩家公司還共同經營優衣庫在新加坡的事業，雙方關係緊密。

對柳井正來說，與鄭文彪的相識，對日後的業務發展意義重大。二〇〇〇年代大受歡迎的緊身牛仔褲，或是在GU成爲關注話題的九百九十圓牛仔褲，都是在永泰的協助下，才得以成功開發的商品。

除了找到企業夥伴，更重要的是，因爲與鄭文彪相識，柳井正在這段期間一舉拓展了香港、新加坡等亞洲地區的華僑人脈。

柳井正至今依然表示：「鄭文彪先生是我在香港最信任的人。」不只是鄭文彪，其他像是南洋針織廠，儘管現在已沒有生意上的往來，但與經營者曹其鏞的私人情誼仍在。離開動盪不安的祖國，這些有本領的華僑商人憑藉個人才華和智慧，在新天地揚名立萬。他們身上有一種渴求、進取的精神，是日本經營者所欠缺的。

「我從他們那裡學會了做生意。」

仔細想想，過去在日本學到的「零售業觀念」顯得有些可笑。對於他們那些以亞洲爲舞臺、與歐美大型企業激烈交鋒的人來說，心裡根本沒有日本所謂的「製造、批發與零售共存」的「常識」。無論如何，他們的生命力充分展現了商場無國界的事實。

「感覺這些人是在做全世界的生意。」

確實很了不起。不過這絕不是發生另一個世界的故事，自己應該也辦得到。在這些充滿動力、活躍於亞洲的華僑感染下，柳井正下定決心，要徹底改變剛誕生不久、仍在蹣跚學步的優衣庫的商業模式。如果將腳步停留在宇部或是日本，想必不會有這樣的視野。

鼎盛時期的大榮成爲負面教材

暫且說個題外話，當柳井正開始轉型爲製造零售業時，他用來做爲負面教材的公司就在日本，也就是堪稱日本零售業代表的大榮。一九五七年，柳井正還是個小學生，中內㓛在位於大阪舊街區的千林商店街創辦了「主婦之店」，是爲大榮的前身，也是日本綜合超市的先驅。

大榮以「價格破壞」（削價競爭）爲口號，進軍關東地區，勢如破竹，並在一九八〇年代後期進入鼎盛時期。然而，已經放眼世界的柳井正卻給大榮這個在日本受歡迎的時代寵兒嚴苛的批評。

「就像車站前的小餐館一樣啊。什麼都有，然後便宜。就這樣而已。」

雖然是很不留情面的說法，不過柳井正不只是針對大榮。他繼續嚴厲批評：

「那就是日本的零售業啊。從不認爲商品是自己的東西，就像是代替廠商保管販賣而已；說起來就像代銷吧。雖然也有PB（private brand，自有品牌）之類的東西，但他們並沒有想在品質上超越供貨商，對吧？我認爲這樣是不行的。」

柳井正又接著說：

「消費者終究還是想跟最了解商品的人買東西吧？就是從商品的策畫到販售一手包辦的人。應該會想從他們那裡購買商品，不是嗎？」

早期的優衣庫正如同大榮，逐漸趨向於「服裝的綜合超市」，柳井正當初還稱之爲「金礦」。事實上，如果優衣庫依照原來「休閒服飾倉庫」的概念去發展，在日本說不定也會成功。

只是柳井正隨即放眼亞洲市場，認定這種做法沒有前途，於是很快就決定放棄。

柳井正倒也不是完全否定大榮的成就，他認同「中內先生是零售業的改革者，是創新者」。但他分析大榮之所以會衰退，正是因爲他們沒有改變思維並試圖成爲「最了解商品的人」。

如果當初經營的只是一家網羅暢銷品牌的服裝店，優衣庫總有一天會成爲「服飾業的大榮」。或許有可能像當時的大榮贏得一時的成就，但終究會面臨阻礙。

既然如此，應該立刻邁步向前。

柳井正在發現優衣庫這座金礦而感到興奮的同時，馬上從認識的華僑那裡獲得更進一步的啓發，然後迅速付諸行動。

就這樣，剛誕生不久的優衣庫，開始從一間「休閒服飾倉庫」轉變爲兼具生產製造功能的「製造零售業」。這是一九八七年的事，優衣庫創立不過三年。

不過實際上，當時香港完成的衣服還無法完全符合規格書上的要求（而且是從宇部寄到香港的手寫規格書），後來才漸漸提升整體品質，而所謂「訂製服」的自家設計產品比例也逐年增加。

藉由認識那些活躍於亞洲舞臺的華僑，才剛誕生的優衣庫即將轉變成如今我們所熟知的樣貌。來自宇部這座小城市商店街的小郡商事，正要展翅高飛，在全球各地尋找成功的線索。

「經營管理的三句箴言」

然而，在柳井正看來，此時的成功不過是個目標還不夠明確的商人，每天被眼前的任務所驅使的結果。他如此回憶道：

「我單純覺得，只要每天努力去做，前方必然有些什麼成果等待著我們。」

在旁人看來，他是個年輕有爲、成功打造優衣庫這間新概念商店的經營者，而且是從山口縣宇部市這種地方嶄露頭角的新一代經營者。事實上，這段期間，當地媒體已如此定位他的形象。

大多數經營者也許在這個階段就開始細細品嘗成功的滋味了吧。柳井正卻不一樣。他回顧當時，淡淡地表示：「那時候我還沒確定目標，所以沒什麼顯著的成長。」

事實上，柳井正說自己當時認爲，要是能以中國地區的山口、廣島、岡山等地爲中心，擴展到三十家門市左右，就已經算是相當成功了。若能眞的做到那種程度，相信也是一生安穩，在地方名流之間占有一席之地吧。不過，有個際遇正等著徹底顚覆他的想法，那是讓柳井正由「商人」轉變為「經營者」的契機。

倒也不是什麼戲劇性的遭遇，指引柳井正的，同樣是一本書。愛讀書的柳井正偶然在宇部一家書店翻看的書，是美國經營者哈羅德・季寧所寫的《季寧談管理》。一般人應該完全沒聽過這個人吧。柳井正回憶：「當時在宇部，會飢渴地讀著那本書的，應該只有我了吧。」就是這樣的一本書改變了柳井正。以結論來說，柳井正學到了兩件事。

第一件事，是第２章曾經提到的一句話。

「不該將目標設定在現實的延長線上。」

我曾多次用加法和減法為例來說明優衣庫的經營狀況。如同起步後在廣島經歷的阻礙，在那之後，這樣的減法曾反覆出現無數次。另一方面，關於加法的部分，柳井正之後將不斷追求遠超過一般加法所能企及的成果。這正是因為他設定的加法規模「不在現實的延長線上」，並依據自己所描繪的路徑付諸實踐的結果。

因此，事後回顧那些軌跡時，會覺得根本不是加法，而是有如乘法般的飛躍式成長，但我個人依然認為那是加法。有時，因為設定了極高的目標、一躍而上，總給人一種看起來像乘法的樣子，但事實上，就是跳躍到現實狀況延長線以外的地方。

然而這些跳躍仍是踏實的，也在可能實現的範圍內，只是躍起的幅度大到令人難以置信罷了。柳井正與優衣庫在這個階段之後所追求的是「雖不在現實的延長線上，但有可能實現的進程」，而這樣的過程有時是旁人所不能理解，甚至會產生誤解的。即使在公司內部，也有人因為「實在跟不上腳步」而選擇離開。儘管如此，柳井正自此不曾再改變過信念。本書也將在後面為各位闡述他的軌跡。

其次，柳井正從《季寧談管理》一書學到的另一件事，正是導出「不該將目標設定在現實的延長線上」這項原則的根據，同時也是畫出能達到如此目標所需路徑的方法。最直接的說法，就是季寧所提倡的「經營管理的三句箴言」：

讀書的時候，你會從頭讀到尾。
但經營企業正好相反。
你必須從終點開始，並且用盡心力去做能到達終點的事。

也就是逆向思維。於是柳井正為當時的優衣庫設定了一個不在現實延長線上的「終點」：

成為世界第一。

正值草創期的優衣庫，即使在日本國內，也只是個無名小卒。別說關東地區了，就連在關西也沒人知道，是間鄉下地方的中小企業，擁有的分店還不到三十家。然而這樣一家公司的少東家，已經開始極為認眞地描繪通往世界第一的道路。

但柳井正這麼異想天開的思維，並不那麼容易爲世人所接受。

這個時期，泡沫經濟崩潰的腳步聲正逐漸逼近，日本經濟即將一口氣墜入「失落的時代」。

終於發現優衣庫這座金礦的柳井正，就在要讓它大步躍進的時候，發現阻隔在前方的是一堵名爲「常識」的高牆。那是一個許多日本人開始受限於狹隘思維的時代。

第 4 章

衝突

不被諒解的野心

優衣庫的陪跑員

「安本先生，『Ogori Shoji』這家公司的人打電話找你。」

一九九〇年九月的某個傍晚。在東京創立了「Brain Core」管理顧問公司的會計師安本隆晴接到一通電話，對方來自於一家從沒聽過的公司。

（Ogori？商事？到底是什麼公司？）

原本正收拾東西準備下班的安本暫停手邊工作，一拿起話筒，一位自稱姓浦的男子很客氣地如此表示：

「我們公司是販售休閒服飾的連鎖店，總部在山口縣宇部市。其實，我們社長讀了您的著作《熱鬥！股票公開》，無論如何希望能與您見上一面。」

「啊……謝謝你們。」

對方讀過關於公開發行股票的書，意思是打算要上市嗎？只是既沒聽說過這家公司，也沒去過宇部，根本沒概念。不過，既然對方的老闆讀過自己的著作，也沒道理隨便就拒絕人家的邀請。

「那麼，下下週的話如何呢？」

就這樣，安本隆晴決定前往宇部，拜訪經營服裝店的「Ogori 商事」。即便如此，終究是家完全沒聽過的公司，爲了愼重起見，他翻閱了《公司四季報》①中的未上市公司資料，但沒找到「Ogori 商事」這家公司。這到底是怎麼回事？

據說在那個當下，安本隆晴對這件事的興致不高。他與另一位在會計師事務所工作的夥伴創立 Brain Core 大約兩年後，爲了提升知名度而寫下《熱門！股票公開》（暫譯）這本書。雖然接觸過幾個「讀過那本書」而前來諮詢的案子，但確實了解公開發行股票——也就是從私營企業變成「上市公司」的意義，並有雄心與洞察力、認眞以上市爲目標的經營者，卻連一個也沒有。

應該又是類似的案子吧？

安本隆晴突然想到，公司裡正好有位出身山口縣的員工。問他是否知道 Ogori 商事這家公司，他也說沒聽過，不過他有親戚在當地市場調查公司工作。

試著請對方調查了一下，一週後接到了一份傳眞：「資本額四千萬圓，營業額二十七億圓，本期淨利兩千萬圓的一間家族企業。」正確的公司名稱是「小郡商事」。另外還寫到，社長柳井正和安本隆晴同樣畢業於早稻田大學，興趣是打高爾夫球和閱讀，年齡是四十一歲。和當時三十六歲的安本隆晴應該能算是同一個世代吧。

---

①《公司四季報》（会社四季報）是一本歷史悠久的雜誌，創刊至今已近九十年，一季發行一冊。內容涵蓋日本所有上市公司，並提供每家公司的詳細簡介、股票相關資料和盈利預測。

（原來如此，確實是有這家公司……好吧，反正很久沒搭飛機了，而且也沒去過宇部。）

眞槍實彈一決勝負

就這樣，安本隆晴一到宇部，先前打電話來的浦利治已在小小的接機大廳等候。接過他的名片，頭銜是「董事暨總務部部長」。

搭上浦利治的車，大約十分鐘左右，便抵達中央銀天街盡頭的一幢四層樓建築物。不愧是員工號稱的「鉛筆大樓」，又小又窄。雖然有電梯，卻不好用，員工都直接走樓梯。安本隆晴同樣爬樓梯到最頂樓的社長室，一看到眼前的景象，不覺目瞪口呆。

三十坪左右的空間裡，有一張大辦公桌，四周的書架則放滿了書，而且都是關於企業和經營管理的書，其中以沃爾瑪或IBM等外國企業的相關書籍最爲醒目。這些書並不是用來裝飾的，許多書的封面已經磨損得很破舊，一看就知道是一讀再讀的結果。與其說這裡是企業經營者的辦公室，再怎麼看都更像是專門研究經營管理或相關領域的學者研究室。

「歡迎您遠道而來。」

開口迎接安本隆晴的，是一名身材矮小的男性。他身穿淺藍色短袖Polo衫和卡其褲這類休閒服裝，腳上穿的也不是皮鞋，而是運動鞋。對方個子雖小，聲音卻很宏亮，讓高中曾參加啦啦隊的安本隆晴留下深刻的印象。

這就是安本隆晴與柳井正相識的經過。安本隆晴後來以優衣庫的「陪跑員」身分，協助公司上市，讓一間商店街上的家族經營公司轉型爲「企業」。

安本隆晴默默聽這位商店街上的經營者說明來龍去脈。

對方說，小郡商事原是父親創立的公司，在銀天街這條小商店街販售西裝。身爲兒子的他，大學畢業後無所事事，在父親催促下回到老家並被賦予重任。只是他在接手後意識到，如果繼續以這種地區型的男裝店經營下去的話，前途黯淡；反覆試誤的結果，他以「休閒服飾的倉庫」爲概念，創立了一個新的連鎖店品牌，叫做「Unique Clothing Warehouse」。

創立「優衣庫」後，他立刻開始展店，截至當下，共有十八間直營店和七間加盟店，合計二十五間門市。以一家從地區型商店街起家的連鎖店來說，或許已經可算是成功的範例吧。

結束這一番說明，柳井正開始滔滔不絕說起休閒服飾連鎖店具備的潛力。說到激動處，柳井正不斷彎曲又伸直右手手指的動作，安本隆晴至今仍記得。

依照柳井正的說法，休閒服飾無關性別。光是這一點，顧客群就已是絕對偏向男性的西服兩倍之多。而且不受年齡限制，也不太受時尙潮流影響。相較於男裝，市場規模差距之大根本不言自明。

由於店面以倉庫爲設計概念，類似大學生協商店或書店那樣採取自助式購物，針對顧客的接待服務可以做到極精簡的地步。

柳井正的話題並不局限在小郡商事創立的休閒服飾品牌「優衣庫」，兩人也聊到了環繞四周的那一大堆書籍。柳井正毫不諱言，他的目標和基準點並不是日本同業。

柳井正提及美國 GAP 或英國 Next 這種已然成爲大型企業的歐美服飾品牌。不只是服飾產業，他另外也提到在美國成爲超大型連鎖企業的沃爾瑪，還有在日本堪稱便利商店先驅的 7-Eleven；甚至還聊到了矽谷電腦產業的話題。

聽柳井正說得越多，安本隆晴就越能感受到眼前這位宇部商店街上沒沒無聞的公司經營者相當熱衷於全球企業的研究，他具備的知識更是非同小可。

他不只是像學者般進行客觀的研究，柳井正的言詞中，透露出一股強烈的危機感。

「GAP 應該很快就會進軍日本了吧。到時候，要是還繼續維持現狀的話，日本的服飾業會全部完蛋唷。」

實際上，在那四年後，GAP 成功進入日本市場，掀起一波狂潮。

沒道理坐以待斃。柳井正表示，爲此，他希望能夠上市，以加速優衣庫的發展。上市的目的是要籌募這筆資金。他明言：「上市，不過是我目標裡的一個階段性任務。」

柳井正的這番話讓安本隆晴爲之折服。

起初，安本隆晴以爲這人應該只是當地商店街裡小有成就的老闆，爲了掌握大筆財富，才想要公開發行股票；又或是將上市視爲受到認可的證明，並將此當成獲得名聲的最終目標而已。不可否認的，他當時的確小看柳井正了；話說回來，那樣的經營者他也確實看多了。不過眼前這位衣著隨便的社長如此充滿魄力的口吻，與那些人大不相同。

「有一種突然被逼著要眞槍實彈一決勝負的感覺。只要稍有懈怠，就會被一拳打倒。就是像這樣的緊張感。」

安本隆晴回想起初次面對柳井正時感受到的氛圍。他立刻察覺到，開玩笑或言不由衷的奉承，在這個人身上似乎是沒什麼作用的。

安本隆晴試圖緩和一下氣氛：「首先要整頓一下經營計畫、每個月財務報表的管理，還必須建立內部控管機制。」儘管心裡知道這些話用不著他講，他還是接著說道：

「總之，請再多讓我了解一下貴公司的狀況。給我大約五天的時間。希望能藉此提出相關的建議或改善方案。」

目前的他只能這樣說。當天傍晚，當他準備再次前往宇部機場踏上返途時，柳井正遞了一張紙條給安本隆晴，上面寫著其經營理念，最下方有這麼一句話：

「一九九七年成爲代表全日本的時尚企業。」

另外還註記，爲此要以年成長率三〇%爲目標。

竟然說要代表日本？總公司位於這種鄉下地方的寒酸建築裡，還是間無名企業，口氣也太大了吧——神奇的是，安本隆晴並沒有這麼想。當他離開宇部時，心裡反倒想著：

（下次來這裡時，可不能帶著竹刀，得要眞槍實彈才行。）

還不成熟的優衣庫

沒多久，第二次拜訪宇部的日子到了。安本隆晴先從「眞槍實彈」開始準備起。若要跟柳井正及小郡商事正面對決的話，必須先深入了解這家公司。除了積極與幹部進行訪談，他也努力收集相關資料。

小郡商事的年度結算日爲每年八月底。第二次拜訪宇部是一九九〇年十月初的事，安本隆晴手邊只有前一年（一九八九年）八月結算的數據。營業額爲四十一億六千四百萬圓，經常利益②是四千八百萬圓。

「原來如此，那剛結算的這期呢？」

一問到最近的數據，「都比去年好啊。」卻回答得很含糊。這是因爲公司沒有徹底執行月度管理的緣故。

安本隆晴還到柳井正表示要與世界列強競爭的「Unique Clothing Warehouse」門市

視察。雖然自己對服飾業並不熟悉，但拿起陳列的商品一看，他嚇了一跳——仔細看，有好幾處縫線已經脫落。

（這種東西真的賣得出去嗎？）

確實便宜沒錯，但只會讓人覺得「便宜沒好貨」。柳井正還自豪地說：「這是全數買下訂購的服裝、全數銷售一空的商業模式。」實際看到商品時，不免讓人覺得這句話有些空泛。當時優衣庫的製造零售業模式還在發展階段，生產與品質管理都不嚴謹，常常沒有完全按照規格書的要求生產。

（還真是前途堪慮。）

該說是意料之中嗎？這位勤奮好學的社長心中描繪的優衣庫理想形象，與現實果然相距甚遠——安本隆晴不由得這麼想。待在這裡的第三天早上，他再次爬上樓梯，來到鉛筆大樓四樓的社長室。柳井正劈頭就問：「可以跟我們會長見個面嗎？就是我老爸。」安本隆晴還來不及回答，柳井正已經開始往外走。似乎是個性子很急的人。

兩人直接在銀天街上了車，來到位於高地上的柳井家自宅。山坡上兩間房屋並立

---

② 意指「公司經常性（穩定並持續）產生收益能力」的數值，不僅包含公司透過本業賺取的獲利，也將財務活動相關收益或成本（如借貸、利息或投資等）納入考量。

著，前方是會長柳井等的住家，後方則是兒子柳井正的住處。

開門進入會長家，柳井正的母親喜久子身著和服前來迎接。一進到玄關旁的客廳，柳井正便畢恭畢敬地跪坐在坐墊上，安本隆晴也跟著跪坐在他身旁。緊接著，身著和服便裝的柳井等走了進來，手上還拿了根拐杖。

「什麼事啊？」

柳井等問話的聲音低沉而有威嚴，柳井正向他說明：「接下來要積極展店，打算讓公司上市，只是想事先跟您報告一下。」並介紹身旁的安本隆晴是專程由東京請來的顧問。柳井等簡短回應：

「小郡商事，照你想做的去做就行了。」

一聽到這句話，柳井正鬆了一口氣，轉頭便對安本隆晴簡單說了聲：

「回公司吧？」

父子間的對話未免也太冷淡了。安本隆晴感到訝異的同時，正準備隨著柳井正起身，柳井等卻對他說了句：「小犬的事，還請多多關照。」

離開那氣氛緊張到不像父子相會的現場，直到再次搭上返回銀天街的車，才彷彿有種回到現實的感覺。安本隆晴早就聽說小郡商事是父親柳井等在銀天街創立的，兒子柳井正則是曾在東京度過一段無所事事的生活，回到家鄉幾年後，才接手父親的事業。

他不由得感覺到，這對父子之間有著他人無法窺見的距離感。

父親的反對

柳井正很早就在實質上接手小郡商事的經營了。二十五歲那年，從接下印章和存摺那天起，他便在心裡發誓「不會讓它倒」，並爲了找尋從銀天街崛起的出路，度過黑暗的十年。

他所找到的出路，就是優衣庫。一九八四年六月，在廣島裏袋開設了一號店，不過柳井等卻在開業前兩個月因腦溢血而倒下，也才因此正式將社長職位交給柳井正，柳井等則位居會長。

優衣庫誕生之際，兒子柳井正名副其實地接下了小郡商事的所有職權。事實上，父親柳井等一直反對優衣庫發展成連鎖店。在他那個年代，身邊那些商店街大叔都是憑著一間店面養兒育女，靠店裡賺的錢供孩子念大學。因此柳井等認爲：「這樣不就夠了嗎？根本不必那麼輕率地拓展門市、自找苦吃。」

不論是兒子長期以來徹底研究國內外產業後發現的「休閒服飾連鎖店」，或是自行設計服裝，再委託亞洲的工廠大量生產，以國際分工體制爲前提的製造零售業概念，父親都無法理解。或許應該這麼說：一家開在商店街上店面兼住家的男裝店，要展開如此飛躍式的進展——期待父親理解這件事的本身就很荒謬吧。

不過，如同他將印章和存摺交給兒子時說過的：「要失敗的話，就趁我還活著的時候。」除了表明自己接受兒子做出新的嘗試與挑戰，對於兒子在「發現」優衣庫後所推動的擴張策略，也堅守了不干涉的立場。

即使在多年後，柳井正仍回憶道：「這方面，我認爲我父親相當了不起。」一旦表明「交給你全權處理」後，縱使兒子在經營公司的理念上與自己完全不同，也絕不發牢騷；就算兒子報告下次要在哪裡展店之類的，他也只是說：「啊，是嗎？那樣到底可以賣出多少？」如此而已。

儘管柳井正心裡明白，關於小郡商事的狀況，父親不會問自己，而是經常透過完全信任的浦利治進行了解，他這個做兒子的也不會刻意主動接近父親。雖然在同一塊土地上比鄰而居，父子之間相處的時間依然就這樣淡然流逝。

相隔一段時間後的某一天。

安本隆晴調查完小郡商事的現狀，完成了一份長達二十四頁的「審查報告」。這才是安本隆晴心目中的「眞槍實彈」。

主軸是有關會計與經營管理現狀的課題及需要改善的部分，還有未來開設新門市時應建立的相關制度。儘管表面上看來只是爲股票上市做準備而統整的項目，不過換個說法，也能視爲一家商店街自營店要「蛻變」成爲企業的簡要藍圖。

安本隆晴依報告內容，花了兩小時向柳井正說明。說明完最後一項「資金策略上的課題」時，柳井正開口便說：「下次過來時，可以請你準備管理顧問合約和執行計畫書嗎？」柳井正對安本隆晴的「眞槍實彈」表示認可。

安本隆晴便將事先準備好的「待辦事項清單」遞給柳井正。上面列舉了審查報告中各項「成爲上市公司前需要解決的課題」，並具體寫出該由小郡商事內什麼人負責執行；甚至連社長柳井正都被分配了工作。

獨裁式經營

從此，安本隆晴開始了往返東京和宇部的日子。他最先著手進行的是製作組織架構圖。在說明緣由之前，得先從小郡商事的企業文化說起。

小郡商事所採用的多半是「單桌會議」，也就是柳井正召集員工一起開會。但與其說是開會，還不如說是上對下發號施令更貼切：柳井正提出「請這麼做」的那些事項，在場的員工則去執行。小郡商事所謂的「決策」，其實就是柳井正的命令。

有一份文件彙整了柳井式的經營管理風格，那就是共計十七條的「小郡商事經營理念」，以精煉的文字列舉出柳井正在研究古今東西的企業經營哲學後，心目中理想的經營理論。

例如第一條：「經營要回應顧客的需求，以創造顧客爲目標。」其核心概念來自柳井正所景仰的世界級管理大師彼得．杜拉克在《彼得．杜拉克的管理聖經》一書中所說的：「要了解企業是什麼，必須先思考企業的目的何在。（中略）唯一有效的企業宗旨，就是創造顧客。」

順帶一提，關於這十七條經營理念，「未免也太多了吧。」安本隆晴曾這樣提出勸告，認爲應簡化爲四條。不過柳井正表示：「每一條都有它存在的意義。」沒有接受建議。而且這十七條到後來不減反增，變成目前的二十三條。不過頭一條依然沒變：

「經營要回應顧客的需求，以創造顧客爲目標。」

唯一的變化是「回應」這個詞從「こたえ」改成了漢字「応え」。乍看之下，這似乎是理所當然的理念，然而關於該如何實踐這種「理所當然」的事，柳井正會隨著時代變遷進行更深入的探究。即使是後面章節將詳述的ＡＢＣ改革、資訊製造零售業的轉型等算是總結柳井正經營者生涯的這些改革，也都可說是爲了具體展現這項理念所採取的行動。

總之，這十七條對柳井正而言，是身爲經營者不可妥協的理念，在此尤其要強調的是第八條。

「以社長爲中心，全體員工齊心協力，建立各部門互相帶動的管理架構」，意思是以社長爲頂點，徹底執行由上對下發號施令的組織架構。其實這句話中的「以社長爲中心」後來改成了「公司效益最大化」，或是更常使用「全員經營」這樣的說法，也就是將由上而下的經營架構，徹底改爲由下而上。有關這部分的來龍去脈，留待下一章說明。柳井正是在一段時間過後，爲了謀求優衣庫的飛躍性成長，才開始摸索該如何擺脫獨裁式經營。

這段引言雖然略顯冗長，不過當時的小郡商事就是一家自稱「以社長爲中心」的典型獨裁式中小企業。

全權在握的柳井正發號施令，全體員工唯命是從。安本隆晴認爲，問題不在於獨裁式經營，而是這些員工接受柳井正下達的命令後，彼此之間聯繫的狀況。如果不明白由誰擔負哪些責任，事態隨時有可能產生變化。

如此狀況下，無論怎麼看，組織經營都很快就會陷入僵局。安本隆晴這樣想著，攤開了紙面，親手畫了一張組織架構圖。

他具體畫出社長底下的四個部門：業務部、商品部、管理部、展店開發部，明確標記了各部門由誰負責什麼職務、應該承擔哪些責任。例如，業務部負責門市營運和促銷活動等職務，再分別寫下每位員工需達成的營業額、來客數、產能、商品損耗率等目標數字。

這不只是縱向進行組織分工。透過明確標記各部門具體的功能與責任，得以窺見安本隆晴對組織架構的想法。

「所謂的組織架構圖，就是依各項功能分解經營管理策略的說明書。」

這是安本隆晴一貫的主張。他畫在紙上的圖，正有如從一份以「組織架構圖」爲名的「公司營運說明書」抽絲剝繭而成。

「目前這樣的規則並不明確。雖然現在各有各的職務，今後一旦增加人手，勢必需要組織運作的規則。所以要分配好各項工作由誰負責哪些部分。」

柳井正也贊同安本隆晴所說的組織架構觀點。畢竟當時的柳井正參考麥當勞的經驗，已經具備「零售業就是一種系統」的想法，只要依循事先設定好的系統，讓員工確實做好各自該做的事，不論門市數量增加多少、組織規模如何擴大，都能維持同步成長。他原本就是以這種系統化商店的營運模式爲目標。

「只不過呢……組織架構圖這種東西，從完成的那一刻起就會開始崩壞，對吧？所以我會不斷想調整它。」

柳井正同時也如此表示。實際上，後來的優衣庫儘管隨著成長不斷調整組織架構，但「零售業就是一種系統」的核心理念至今不曾改變。

標準店鋪模型與會計思維

與「展現經營管理策略的組織架構圖」同等重要，由安本隆晴爲謀求上市的小郡商事所帶來的另一個概念，是「會計思維」；簡單來說，就是必須經常以「獲利」與「現金流」這兩項做爲判斷的基準。

最能直接呈現出這些概念的，就是標準店鋪的設計。先設定今後要在全國拓展的門市標準模型，訂定從中可獲得的利潤與現金流的目標值，再落實爲具體的數字。也就是說，最初先確定一個在一般經營條件下能產生一定利潤與現金流的店鋪雛型，然後再大量複製的意思。

具體來說，像是「郊區道路邊，占地五百坪，賣場面積一百五十坪，預估年營業額三億圓」。

這裡實際用數字來說明一下。

假設這家店的營業額是一百二十。現實中，由於換季時會打折出售，所以提前把折扣部分的二十加在一百上面。若成本價爲六十，即使打折後，仍有四十的毛利。再扣除銷售、管理費用的三十，則淨利剩下十。

實際上，這些數字還會因爲衣服是否暢銷、門市所在區域和地點的影響而有所改變；而且也不是任何地方都能依照標準店鋪的規格去展店。不過，將這些季節、地區、地點等各種條件平均化之後，設定應達成的目標數值，再制定門市拓展的策略，正是標準店鋪模型的核心目標。

實際上，三年後的優衣庫表現與安本隆晴此時勾勒的標準店鋪模型極爲接近。根據一九九三年八月的結算，此時優衣庫門市爲九十家（直營八十三家、加盟七家），營業額兩百五十億圓，平均單店營業額二．八億圓。扣除各項費用後，營業淨利爲二十二億圓，相當於營業額的八．八％。

這些數字並非偶然的結果，而是一開始就以此爲目標去設計。如今雖然已是許多連鎖店採用的策略，卻是當時的小郡商事不曾有過的構想。此時所設定的標準店鋪是以郊區型店鋪爲基準。在這之後，歷經公司上市，直到郊區門市以刷毛（fleece）外套這樣的「熱銷商品」爲武器反攻東京都心的一九九八年左右，都一直延續著這樣的模式。

「傲慢的分行長」

小郡商事的上市計畫正式啓動。

同年（一九九〇年）十二月中旬，安本隆晴與柳井正一同前往銀天街附近的廣島銀行宇部分行。這是爲了能讓公司上市，而向分行長提出相關經營計畫並進行說明。小郡商事當時的主要往來銀行是廣島銀行。

出現在兩人面前的分行長柳田和輝一屁股重重坐在沙發上，接著立刻高高地翹起二郎腿，開始翻看資料。柳井正開始說明後沒多久，柳田和輝整個人就慢慢陷進沙發裡，沒特別表示什麼意見，就只是「嗯，嗯」漫不經心地聽著。

雖然安本隆晴早就從小郡商事的員工那裡聽說「新任分行長是個傲慢又難相處的人」，但對方的態度還是讓他不由得感到不安。他回憶道：「印象不太好。不過我決定把他當成一個沒有惡意，只是帶著點大哥脾氣的人物。」

沒想到這句話正好暗示了後來出現在柳井正與柳田和輝之間的對立。

接下來，將提及兩人在優衣庫的擴張策略和上市過程中所發生的對立；至於所謂的「對立」，雙方當然各有說法。爲求公平起見，不能只聽小郡商事的片面之詞。因此，在編寫本書時，曾爲了了解事情原委，而向廣島銀行表明目的，並提出採訪申請。遺憾的是，對方以「無法回答有關單一企業的問題」爲由拒絕了。只不過，我認爲此階段正是優衣庫的轉捩點，此事是也不可迴避的主題。因此在這裡事先聲明，將基於當時小郡商事這一方的證詞與資料，重現事情經過。

一九九一年開春，元旦才剛過不久，蘇聯入侵立陶宛、波斯灣戰爭爆發，各地接連傳來血腥的新聞報導。國際上，此時正是蘇聯解體、結束冷戰的歷史關鍵時刻；至於日本國內，正值泡沫經濟崩壞，開始進入平成大蕭條③。

昭和年代結束的一九八九年，空前熾熱的好景氣終於落幕。從這一年開始，日本經濟墜入谷底。如此沉重的氛圍，最先開始擴散蔓延的，就是像優衣庫總部所在的銀天街這種地區城市的商店街。宇部市的人口數最多曾有十八萬人，接著便停滯不前，隨後逐漸減少。曾經興盛繁華的銀天街，也確實感受到人潮明顯消退的現象。

就在不景氣步步逼近的時刻，柳井正卻打算採取激進的擴張策略。爲了展店所需的資金，不得不依靠主要往來的廣島銀行，於是一九九一年六月，柳井正偕同安本隆晴帶著「請求信」拜訪宇部分行，請求廣島銀行同意成爲「洽特定人認購」④之認購者。當天接待他們的是分行長柳田和輝。難得他心情還不錯，親自爲兩人泡了咖啡，開始閒話家常。

「要說來到宇部之後什麼事讓我最困擾，應該就是沒有（大型）書店了吧。」

柳田和輝總是把想看的書列成清單，再請人從廣島寄過來。柳井正也有相同困擾，對此深表同感。安本隆晴在一旁看著，鬆了口氣。只不過一進入正題，柳田和輝又開始話中帶刺：

「是說，可別讓它們變成廢紙，加油吧。」

柳井正只能苦笑。總之，似乎順利取得了對方的同意。在安本隆晴的記憶中，這兩人對同一個話題有共識，這天應該是絕無僅有的一次。

公司改名與危險的計畫

這一年（一九九一年）的九月一日，柳井正召集了總公司的員工，把他們叫到鉛筆大樓四樓的社長辦公室，正式宣布：

「各位，從現在開始，小郡商事要改名爲迅銷（First Retailing）有限公司。」

公司改名雖然出乎意料，不過「迅銷」是柳井正經常提到的一個詞彙。儘管當他被問到這是什麼意思時，他會直譯爲「迅速銷售的零售業」，但真正的用意，是希望能像麥當勞那樣，以高度系統化的零售業模式爲目標。

對多數員工來說，比起公司改名這件事，更讓他們吃驚的是柳井正爲剛誕生的迅銷公司所擬定的計畫。

「此後將正式在全國拓展優衣庫連鎖店，每年開設三十家新門市，三年後將達到一百家以上，屆時目標則是公開上市。」

此時的優衣庫，包含加盟店在內，也才不過二十三家門市。即使加上創業初始的男裝店等，也只有二十九家。自廣島裏袋開設優衣庫一號店到現在，已過了七年多。過程中，先是發現了郊區型店鋪這座「金礦」，接著不滿足於平價休閒服飾店的定位，並迅速與那些從中國逃難到香港的華僑建立關係，就這樣一家又一家地展店，才終於有了目

---

③「平成」（1989-2019）是日本明仁天皇所使用的年號，由於這個時期的日本面臨泡沫經濟崩潰與隨之而來的經濟衰退，因此也有人稱這段時期為「失落的三十年」。

④公司募資的方式之一，意為授予特定第三方（無論是否為股東）認購新股的權利。

前的二十三家門市，這是在場許多員工的親身體驗。但現在竟然說要在一年之內開設遠超於此的三十間店鋪，而且還要每年持續成長。

「簡直就是要生下一個體積比媽媽還大的嬰兒。」

在安本隆晴指派下，全權負責行政管理的菅剛久對柳井正這麼說，柳井正則不以爲意地回應：「嗯，這樣不是很好嗎？」意思就是說，那又怎樣？

柳井正確實執行了這項計畫，也正好在三年後的一九九四年七月，成功在廣島證券交易所公開上市。但這同時是一項危險的賭注。

像優衣庫這樣的服飾店，只要開了店，每天就會有現金進來。進貨的款項通常是以三個月的遠期支票支付，在這段期間內，只要銷量好，就會額外多出一些可供周轉的資金。

但要是超出現有規模、每年新增三十家門市的話，結果會如何呢？當然，展店所需的資金將遠超過可周轉資金，如此一來，就得靠銀行貸款；店開得越多，債務就越多。只要優衣庫維持穩定成長，就不會有問題；不過一旦停滯下來，就會留下龐大的債務。

換句話說，一停下來就完蛋了。爲了避免這種狀況發生，只能不斷踩著踏板，而且要踩得比昨天更用力、更快。

銀行提供融資時所要求的擔保品不只是公司資產，也包括柳井正的個人財產。資金周轉要是不靈，父親柳井等口中「一張張疊起來的鈔票」，就是累積下來的資產也可能全數被奪走。不只柳井家父子會失去一切，公司將近一百位員工和他們的家人也會流落街頭。

柳井正的宣言，意味著一場絕不能停下腳步的比賽即將開始。出口只有一個，就是透過股票上市，從市場募集足夠的資金。

「不能上市，就是倒閉。在那樣的關鍵時刻，我把自己逼到了絕境。」

採訪中，回顧往事的柳井正如此對我說道。想必是毫無保留的眞心話。

如果當時選擇讓優衣庫門市維持在三十家左右，以區域性休閒服飾連鎖店的型態去發展，至少在那當下是很穩當的，只要專注於穩健經營，確保周轉資金不虞匱乏就可以。既然如此，爲何寧可冒這樣的風險，採取所有人都認爲莽撞的激進擴張行動？

原因之一是柳井正「盡可能及早形成寡占狀態」的策略。他認爲，在出色的競爭對手出現前，如果沒有發展到「一提到休閒服飾連鎖店，就是優衣庫」這種深入大眾認知的程度，總有一天將被捲入激烈的競爭中。柳井正所設想的，不只是GAP進軍日本的問題，國內也可能隨時出現難纏的對手。他打算在那之前一口氣把所有問題都解決。

另一方面，柳井正也曾表示：

「一路走來，我一直在努力，卻沒有太多成長。爲什麼？因爲我沒有先決定好方向。」

關於創立優衣庫之前的自己，柳井正在自己的著作中也回顧道：「那時候，日本可能有好幾萬家男裝店、洋服店，不過我認爲自己比任何人都更認眞在做生意。」（《永遠懷抱希望》）。在《一勝九敗》中，則坦言自己強烈感受到「單純當個愛做生意的人是不夠的，必須蛻變爲經營者」。可以說，過去那個曾被叫做「睡太郎」的懶散青年，如今已消失得無影無蹤了。

不過，柳井正認爲那一切都是毫無目標的努力，完全是黑暗的十年。相對於此，一九九一年在鉛筆大樓的宣言中，他暗藏了一個未對員工說出口的雄心壯志。

「我已經決定方向。既然要去，就去到終點，也就是成爲世界第一。爲了達成世界第一的目標，我決定去做這項工作。」

這就是柳井正想到達的地方，正如同前面提過的，他在遞給安本隆晴的紙條上寫著「一九九七年成爲代表全日本的時尚企業」。柳井正說，他決定在拿下日本第一的寶座後，一刻也不喘息地以世界頂尖爲目標，一舉攀上高峰。當我問及理由時，他的回應是：「贏得全國賽之後，接下來當然是以奧運金牌爲目標啊。」可以說，「日本第一」不過是奪得金牌的階段性目標而已。

這絕非成功後才刻意爲之的說法。只要看到小郡商事與優衣庫發展的時間軸，就能明白這一點。

柳井正在一九七二年結束無業遊民生活，進入小郡商事。從那時起，歷經上市，然後直到一九九八年進軍服飾業主要舞臺——東京爲止，經過了四分之一個世紀。柳井正以「刷毛外套」這項劃時代商品爲武器，成功打入東京市場，進而取得「代表全日本的時尚企業」這個寶座。

之後，以三年的時間拓展國際市場。這不是先開個分店試試水溫的程度，而是一口氣在倫敦開設四家門市，緊接著進軍中國和美國。相較於從宇部到東京耗時三十年來說，往海外擴張只花了三年，而且是在刷毛外套熱銷、公司爲了日本各地門市營運人手不足叫苦連天的那段期間。

即便如此，仍堅持向海外拓展，正是因爲柳井正早在一九九一年這個時間點，就已經明確立下了要成爲世界第一的目標。

「我爲這件事訂定了一個時程表。成爲日本第一的話，年營業額大約是三千億圓，屆時就要進軍海外。經營事業最重要的是計畫和準備。只憑膽量是絕對不行的。」

不該將目標設定在現實的延長線上

容我重申，此刻的優衣庫還只有二十三家門市，所在範圍也只限於西日本地區。別說是東京了，就連大阪也還沒開店。之所以無比認眞地訂下一個任何人聽了都會覺得魯莽的「世界第一計畫」，契機便是來自於前面所提過、哈羅德·季寧所寫的《季寧談管理》一書。

其實這本書的一開頭，季寧便斷言：「經營無法依靠理論。」、「我們總是在追求某些伴隨著誇大宣傳的靈丹妙藥。即使在商業界也不例外，一般稱這種妙藥爲新理論。」季寧一語道破，認爲那些橫行於世的經營法則，簡直就像兒時在馬戲團裡看到的魔術似的。

季寧先說明沒有所謂成功的祕密、公式或理論，再介紹他以自己的方式所掌握的經營訣竅「經營管理的三句箴言」：

讀書的時候，你會從頭讀到尾。

但經營企業正好相反。

你必須從終點開始，並且用盡心力去做能到達終點的事。

毫無疑問，柳井正此刻才第一次明確設定了季寧所說的「終點」，也就是世界第一。爲此，柳井正從季寧那裡學到的便是「不該將目標設定在現實的延長線上」。過去他一直相信，每天付出的努力，總有一天會開花結果。即使在黑暗的十年之中，仍堅信只要一步一腳印持續努力下去，終將獲得回報。但季寧卻說，在努力前必須先決定好「終點」，然後「用盡心力去做能到達終點的事」。

這是一種逆向思維。據說柳井正一讀到這段話，便深切感受到自己的想法有多天眞，更因此產生一百八十度的轉變。

花了七年，好不容易拓展到二十三家門市的小郡商事，現在改名迅銷有限公司，揭示了中期計畫是「三年內展店一百家」，並開始以世界第一爲目標。

問到當時的心境，柳井正如此回答：

「其實，我原先以爲開個三十家店、年營業額三十億圓左右就好，而且自己應該也只能做到這樣。不過後來覺得，只要一切順利，說不定有〇・〇一%的機率能成爲世界第一。於是便下定了決心。」

順道一提，季寧在提出三句箴言的《季寧談管理》一書第 2 章結尾寫著：

「說起來容易，做起來卻很困難。關鍵在於執行。」

此刻起，柳井正將朝著「世界第一」展開行動，優衣庫則開始描繪完全不同維度的成長軌跡。然而，能理解柳井正的雄心壯志與時程表的人，可以說一個也沒有。

「做起來卻很困難。」

季寧的這句話宛如預言，柳井正很快就面臨了讓他深有此感的狀況。

與主要往來銀行的對立

柳井正在鉛筆大樓四樓召集員工，宣布公司改名和以上市爲目標後沒多久，局勢開始有了變化。與廣島銀行宇部分行長之間產生嫌隙的導火線，是迅銷公司為了「三年內展店一百家」，打算在第一批先開設三十家，並向銀行申請八億圓貸款。

銀行則要求提供融資擔保品。原則上，優衣庫都是租借的店面，實際擁有的房地產很少。廣島銀行便要求柳井父子以個人資產為擔保。

此時，柳井正提出的擔保品，是宇部市郊一處名為「Sun Road」的高爾夫練習場土地。這是會長，也就是父親柳井等與當地友人一起創立的，柳井家是大股東。

雖然以此為條件借到了四億圓，但廣島銀行隨後提出了要求：「擔保品遲遲沒有交付的意思，請遵守約定。」這個要求很合理，但柳井正無法馬上提供擔保品是有原因的。因為當時這塊地與周圍土地之間的地界問題尚未解決。由於接鄰的土地是山坡地，所有權人是高齡長者，又住得很遠，很難親自配合參加土地鑑界。

說起來，柳井正也對銀行的抵押原則不太信任。因為優衣庫的銷售狀況良好，前面提到的可周轉資金也完全沒問題，為什麼銀行不把這部分列入考量呢？到底為什麼，公司的借貸還必得把個人資產也拿出來做為擔保？

「既然如此，那我就先還四億圓，再重新申請八億圓的貸款吧。」

「如果有其他銀行能更公正地評估優衣庫的成長潛力，向他們申請應該比較合理。」

看到柳井正的強硬態度，宇部分行長柳田和輝也不甘示弱。

「從銀行借錢，要依照規定去借眞正需要的金額。貴公司根本不懂怎麼跟銀行打交道。」

到了這種地步，已經是針鋒相對。柳井正認爲：「既然是主要往來銀行，爲什麼沒辦法理解優衣庫成長的潛力呢？不，應該說，除了不願意去了解之外，爲什麼還硬是要用死板的規定來處理？」另一方面，柳田和輝這邊也有銀行端的考量，這是很自然的。

雙方就這樣僵持不下。終於，一九九一年這個象徵優衣庫轉捩點的這一年即將要過去。年底的某一天，安本隆晴撥了通電話給柳井正，而且他很罕見地因爲感冒而待在被窩裡、拿著話筒。

「沒有銀行會扛這個責任、替我們償還目前所有的貸款唷。社長，請千萬不要跟廣島銀行起衝突。」

對於安本隆晴直言不諱的忠告，柳井正雖然表示「知道了」，但似乎沒有打算認眞聽勸。安本隆晴一開始大咳，「感冒好像會傳染，我先掛電話了。你保重。」柳井正說完，還眞的就這樣把電話掛了。

就在他決定好世界第一這個「終點」、準備意氣風發地實踐自己雄心壯志的時候，該說果然不出所料嗎，完全得不到大家的認同。柳井正帶著這分不安，與優衣庫一起迎接新的一年。

「想騙我嗎？」

年一過，一九九二年到來。年號從昭和改爲平成已經第四年。對日本人來說，泡沫經濟早已完全成爲過去的記憶，這一年起，開始的是所謂的「就業冰河期」，整個日本徹底走進「失落的時代」。

柳井正與柳田和輝在擔保品上的齟齬對立越演越烈，雙方各執一詞。對柳井正而言，「邁向世界第一」這個目標的首要關卡就是上市，而「日本第一」的位子也絕不能拱手讓人。對柳田和輝來說，日本在經濟大蕭條的籠罩下，根本不可能輕易相信一間從宇部起家的男裝店，具有拓展休閒服飾連鎖店這種新商業模式的實力。

如果只依後來的結果，便輕率地認爲柳井正的說法才正確，事實上有失公允。唯一能說的是，這一年，雙方互不信任的程度已達最高峰，讓迅銷公司面臨危急狀態。我想追查這件事的眞相。

「你們是想騙我嗎？」

房間內，柳田和輝的怒吼才剛響起，手上才剛在菸灰缸裡按熄的菸蒂已經丟了出去。

柳田和輝面有慍色地看著菅剛久帶來的經營計畫書。菅剛久在小郡商事——也就是現在的迅銷公司擔任經營企畫常務董事。他因爲被菸蒂扔中而過於震驚，整個人呆若木雞。

在經濟大蕭條浪潮日益加劇的情況下，迅銷公司仍執意要進行「一年開三十家門市」的計畫。不僅如此，在「三年內展店一百家」這個魯莽的規畫上，甚至還有個長期計畫。

如果達成一百家門市的目標，營業額預估可超過三百億圓；資料上還標示長期計畫是一千億圓。到了這種地步，已經不是「魯莽」兩個字可以形容。至少就柳田和輝的立場而言，面對這麼隨便的計畫，主要往來銀行不可能只說聲「這樣嗎？好」，就把錢借出去。他對迅銷公司的疑慮又更深了。

七月初的某一天，安本隆晴在東京的辦公室電話聲響起。是柳田和輝打來的。

「我聽說，店裡的業績變差了，眞正的情況到底是怎樣？只說接下來還要開新的門市，就叫我再借錢給你們，未免也太任性了吧。已經借了至少十億圓給你們了欸。你自己也是會計師，應該懂吧？」

很明顯，迅銷公司的融資額度已經遠超過分行長所能處理的權限範圍。

「明天我會去宇部，屆時再過去拜訪您。」

安本隆晴只能如此表示，結束了對話。

兩天後，安本隆晴偕同已完全算是爲迅銷公司上市做準備的工作夥伴菅剛久，來到廣島銀行宇部分行。他們總是從後門進去。仔細想想，一直都沒有從正門進去過。

這一天，柳田和輝親自爲他們泡了咖啡，臉上表情比平時更加嚴肅。然後，他終於攤牌了。

「對於這麼荒謬的計畫，我們已無法再提供融資了。有關原先預定在八月進行的『洽特定人認購』，我方正在討論是否要接受。」

簡單來說，就是無法繼續合作了。接著，柳田和輝開始長篇大論，簡直就像老師在訓斥表現不佳的學生似的。感覺他叨念了好久，坐在安本隆晴身旁的菅剛久聽得背脊發涼。

事實上，優衣庫這一年的展店計畫集中在四月、五月，還有準備搶占冬衣銷售的秋季。開設新門市需要一大筆資金，款項的支付則靠三個月的遠期支票去解決，這樣的話，主要的資金需求將集中在九月底。因爲除了票據結算，秋季要開新門市之前，也得先準備一筆預付金。

「照這樣下去，一定會不夠。」

柳井正瞬間在腦中估算出那個金額。雖然不到五億，但不管怎麼算，大概都有個數億圓。柳井正後來在著作《一勝九敗》中寫道：「完全就像『如履薄冰』字面上所說的感覺。」不過接受我的採訪時，他更坦率地回顧當時的情況：「那時候，我眞的氣到哭。」菅剛久也證實：「（當時）就這麼一次，我覺得『該不會玩完了？』。」

憤怒的信

廣島銀行以停止提供新的融資爲要脅。以世界第一爲目標的柳井正剛要起跑時，卻突然面臨一決生死的困境。一旦停下腳步，就意味著滅亡。

不過，柳井正有個疑問：廣島銀行眞的考慮停止提供支援嗎？換句話說，這會不會是分行長柳田和輝個人的獨斷專行？

眼前的危機不能坐視不管。柳井正決定跳過宇部分行這個窗口，直接找廣島銀行總行交涉。

以結果來說，這次的越級交涉拯救了柳井正和迅銷公司。總行的常務對柳井正所說的擴張策略表示理解與認同，更安排他與廣島銀行子公司「廣銀租賃」社長松本惣六會面。松本惣六聽完這位來自宇部、血氣方剛的社長一番說明後，當場承諾會伸出援手。

「只要認眞工作，一定會有人了解你。」

柳井正後來如此回憶道。有一段時期，來自廣銀租賃的融資金額甚至遠超過廣島銀行所提供的。

但柳田和輝在得知柳井正越級交涉後，大發雷霆。他向柳井正施壓：「你們那種做法不符合與銀行往來的規矩。」不過柳井正充耳不聞。到後來，柳田和輝甚至威脅要撤回融資，也曾放話：「既然如此，你們去找別家銀行吧！」於是，「既然如此」與其他銀行聯繫的結果，日本長期信用銀行同意他們貸款，三菱信託銀行與西日本銀行也承諾願意提供融資。

尤其是日本長期信用銀行，他們答應以當初柳井正與柳田和輝發生爭執的那塊高爾夫練習場「Sun Road」土地爲擔保品，提供八億圓的融資。

「因爲這樣，所以想取回部分擔保品交給三菱信託銀行和長期信用銀行，請您體諒並配合。」

柳井正這麼一說，柳田和輝的憤怒達到了前所未有的頂點。對方在盛怒之下所說的話，柳井正至今仍記得一清二楚。

「應該沒有人會自己跑去找壽險公司說『請讓我投保』吧？」

起初柳井正並不懂這話是什麼意思，後來才知道柳田和輝要說的是，如果要向其他銀行申請融資，應該要透過主要往來的廣島銀行去進行才合道理。

柳井正根本不予理會。於是被叫去銀行的，換成了那個從學徒時代就一直在小郡商事服務的浦利治。一進入分行長辦公室，柳田和輝已經在那兒等著，接著突然開始火冒三丈。

「你知道我爲什麼生氣嗎？」

不容分說的怒吼聲響起。從越級找總行交涉，以及找其他銀行的事開始砲轟，一直延燒到「你們到底把銀行當成什麼東西」之類的話題。

「總之，你們這些人根本連一塊錢的價值都不懂。」

從少年時期開始，浦利治就在前東家柳井等「看見一塊錢掉在地上，想都不用想，去撿起來。做生意就是這樣一塊錢一塊錢累積而成」的耳提面命下磨練成長，儘管心裡很想反駁對方「你到底在說些什麼東西」，此刻也只能忍耐，默默聽著柳田和輝訓斥。

「我們手上可是一直拿著你們的『爛股票』！結果呢，你們在搞什麼？」

「你們這些人根本不懂銀行的工作是怎麼一回事！」

浦利治只能低著頭，在怒罵聲中等待暴風雨停歇。

那一天，回到鉛筆大樓的浦利治只在記事本上寫了一句話。

「今天掉淚了。」

將過程告訴柳井正後，換他激動了起來。對自己來說，這位夥伴就像哥哥一樣，從小一起生活，甚至在男裝店人去樓空後，仍與他攜手重新出發，並一直支持自己到現在。他被人那樣羞辱，自己無法默不作聲。

於是柳井正提筆寫信給柳田和輝。從這封寫在B4紙的信中，可以看出柳井正的憤怒。

開頭寫著：「十分感謝貴行一直來對敝公司在融資上的協助，並於此次出資大力支持敝公司股票的認購，特此致上十二萬分謝意。尤其，這一切完全仰賴閣下在貴行爲了敝公司盡心盡力，以及您的人望所賜，實在感激不盡。」是一些讓人覺得貌似恭維，實則諷刺的客套話。接著他又寫「一事想表明如下」並進一步敘述（以下引用原文）：

「儘管敝公司或可算是貴分行主要往來客戶，但既非貴行子公司，亦非關係企業。誠望日後勿再視敝公司業務負責人如稚兒般呼來喝去，或以言行限制其進出貴分行。有關敝公司員工未能嫻熟於與銀行交易一事，謹此致歉，然敝公司員工於各自崗位之表現確實優良傑出。」

柳井正當時是什麼心情，想必不用多加說明了吧。這樣的內容，實在不像是要寫給主要往來銀行擔任連絡窗口的分行長。柳井正甚至寫到，想解約融資擔保部分以外的定期存款。

至此，柳井正與柳田和輝之間的對立已經無法修復。

「全面撤資也在所不惜」

安本隆晴聽完事情始末後，爲了調解雙方關係而感到焦慮。在這次事件後不久，一九九二年十一月二十日，他提交了一份「對比前期財務分析」資料給柳井正。如同標題所示，內容是關於一九九二年八月結算的財務分析總整理——而且這次好不容易才度過跳票的危機。

報告的最後一行，安本隆晴加了一句話：

「社長，請絕對不要與廣銀起衝突。　安本隆晴」

這句話與財務報告毫不相干，但爲要醒目，還特別在它外面加上方框。不過柳井正依然堅持己見：「他要是充分了解我們公司的經營，應該就會懂吧。」看來，柳井正與柳田和輝之間的爭論永遠不會有共識。事實上，雙方也早已陷入無法正常對話的狀態。

柳田和輝自己應該也察覺到了吧。他不再找迅銷公司的柳井正或菅剛久，而是多半直接找上在東京的安本隆晴。

在安本隆晴勸告柳井正「不要與廣銀起衝突」的十天後，柳田和輝特地打電話給人在靜岡的安本隆晴。

「說什麼現在要收回我們這邊的擔保，改到其他銀行去，簡直太荒謬了，根本不合常理。如果在股票公開上市後，決定跟四、五家銀行同時進行融資的話，還能理解。現在跟主要往來銀行鬧翻，根本沒好處不是嗎？」

儘管看不到表情，但從語氣裡就聽得出柳田和輝極爲憤怒。終於，他發出最後通牒。

「如果一定要收回擔保，那拜託把我們手上的股份全都買回去。要來這招的話，我們就算全面撤資也在所不惜。」

「哎呀……好啦，別說得那麼嚴重嘛。」

由於氣勢逼人，安本隆晴只能在安撫對方後掛上電話。隨後，安本隆晴的辦公室收到三張傳眞，日期是一九九二年十二月十日。

柳田和輝親筆寫下自己的想法。首先是對他們魯莽的硬體投資，也就是開設新門市予以規勸。接著，針對他們無視於主要往來銀行的立場，直接與其他銀行交易的行為提出警告：「銀行交易的根本是以信用為基礎，請各位務必有所認知。」

接著，附註的部分是這麼寫的，這裡同樣直接引用原文：

「我們銀行對貴公司而言並非提供現金的供應商。長期以來的交易都是以互信為基礎，背棄約定、無法以誠相待，我認為這在金融的世界裡是行不通的。對於不講理的行為，尤其是一再出現這種情況，更是無法容忍。」

這段話強烈傳達出柳田和輝的激憤，以及對柳井正的極度不信任。

「現在可不能跟主要往來銀行產生紛爭。」安本隆晴心想。五天後他飛往宇部，隨即與菅剛久一同前往拜訪柳田和輝。

接著便是連續兩個小時的斥責。當菅剛久因為與他人有約而先行離開分行長辦公室後，柳田和輝立刻站起身來，把門鎖上。

「這下子，可沒那麼容易放我走了是吧？」

就這樣，又是連續一個鐘頭的責備。

（如果是個銀行家，應該能將生意的本質看得更透徹，並賭上一把才是。）

（你都已經是個分行長了，稍微站在我們這邊替我們著想一下不好嗎？）

安本隆晴想歸想，卻不能說出口。儘管已爭取到「廣銀租賃」的協助，並將交易擴及長期信用銀行等其他銀行單位，但主要往來銀行關鍵的窗口還是宇部分行長。可不能在這時候斷了理智線。

雙方的對立最後在互不退讓的狀況下落幕。一九九三年六月，柳田和輝調任了。柳井正曾在著作《一勝九敗》中提到，資金短缺的不安一直持續到一九九三年六月，其實就是在說宇部分行長柳田和輝任內的事。儘管姑隱其名，依然看得出這件事讓柳井正有多痛苦。

在那之後，與廣島銀行的關係也恢復正常，尤其是準備上市的過程，得以平順地進行。

有關當時的對立，即使現在再次請教柳井正，他依然措詞辛辣：

「明明已經獲得比原本約定還要好的成績，為什麼不能繼續融資？是分行長的判斷有問題吧？主要往來銀行與地方小企業之間的關係竟然變成『是我讓你們存活下來的』，沒這個道理。」

如前面所說的，由於廣島銀行拒絕接受採訪，在此只能提供柳井正單方面的說法。

就結果而論，優衣庫後來可說是達到爆炸性成長，當初柳田和輝斷然指稱「你們是想騙我嗎？」的那個經營計畫，則是以超乎預期的速度，更快達成了進軍世界的目標。

那麼，是否能因此斷定柳田和輝就是個缺乏先見之明、無法洞察優衣庫潛力的銀行家呢？回顧有關雙方對立的狀況時，曾數度提及當時的日本經濟正開始急速下滑。那是一個誰也無法預料到底會衰退到什麼地步、充滿不確定性的時代開端。不論規模大小，各金融機構都不得不轉爲防守的姿態。

也正是在這樣的時間點，眼前出現一位在泡沫經濟時期乘勢而起的休閒服飾連鎖店社長。他肆無忌憚地表示，將以上市爲跳板，以成爲日本第一，進而以世界第一爲目標。然而，選擇對他這番言論照單全收，還默默在背後支持，難道就是一家地方銀行分行長得以被容許的決策與判斷嗎？

從各方證詞來看，我認爲那些傲慢的言詞與態度確實是過分了，當今社會想必是無法容許的吧。只不過，在日本整體經濟都進入漆黑隧道的那個時代，柳田和輝的主張應該也頗具正當性。我想再次重申，這場對立雙方確實各執一詞。這是爲了顧及柳田和輝與廣島銀行的名聲，必須特別提出來說明的一點。

上市的日子

話說，後來還有這麼一段故事。這件事發生在一九九四年七月十三日晚上。終於，隔天要在廣島證券交易所上市了，安本隆晴與菅剛久提前一天來到廣島，與主辦的證券承銷商相關人員一起參加了事先慶祝酒會。當他們走在熱鬧的街區——也就是當初附設撞球酒吧但業績不佳的廣島二號店所在地附近，打算找續攤的場地時，正好遇見了柳田和輝。

「我聽說囉，要上市了是吧？」

柳田和輝一見到安本隆晴，便走上前來，伸出雙手與他緊握，接著把手搭上他的肩膀。這是柳田式的祝福。

「我覺得，他也爲我們感到高興吧。仔細想想，雖然他也有冷酷的一面，但裡面有一半應該是愛惜之情。雖然他當初是那種態度，但還是替我們操心，對吧？就像個（笨拙的）父親。」

安本隆晴回顧那一夜重逢的景象。

第二天。柳井正一早就從宇部趕來，與安本隆晴還有菅剛久會合。他們走進廣島證券交易所附近的一家咖啡館，卻怎麼都坐不安穩。柳井正連咖啡都還沒喝完，就說：「走吧！」然後站起身來。

說到這個，在宇部鉛筆大樓對面一家員工常去的咖啡館「鳩屋」（Hatoya）吃午餐時也一樣，每次都是柳井正先吃完，還曾很難得地對慢慢吃飯的安本隆晴開玩笑說：「你這樣可是當不了生意人唷。」順帶一提，柳井正的性子急，從以前到現在都沒變。

八點半進入證券交易所，開始上市掛牌典禮。公開申購價是七千兩百圓。交易一開始，立刻有五百萬股的購買委託；另一邊，賣方則是一萬五千股。買方明顯強勢，無法滿足交易。時間就這樣一分一秒過去。當早盤交易時間即將結束時，根據資訊供應商的終端機顯示，股價已超過一萬圓。

結果，當天買方持續強勢，最後就在無交易的情況下收盤。自從取消上市首日價格的漲跌幅限制後，廣島證券交易所就不曾出現這種上市首日無成交紀錄的異常狀況。

記者會上，柳井正被問到有關上市第一天這種異常現象的感想時，他說：

「雖然很驚訝，但也覺得滿符合我們的風格。讓我想起十年前在廣島推出目前這種形態的第一家門市時，曾因爲客人大量湧入而採取進店人數管控的往事。」

這麼一想，自廣島裏袋的優衣庫一號店開張以來，已經整整十年過去了。那是柳井正度過黑暗的十年後發掘的「金礦」。在那之後，又是十年流過。

柳井正從與香港那群華僑談的話中獲得啓發，讓優衣庫從一間單純只是網羅各大品牌休閒服飾的倉庫，發展成爲擁有國際分工的製造零售業。接著，遇上了季寧的「經營管理的三句箴言」，正準備奔向世界第一的目標。

接著，所有的一切遭到否定。柳井正可說是撞上了「常識」這堵牆。但即便如此，他還是擺脫了資金短缺的惡夢，總算迎接這一天的到來。

第二天早上，終於在九點二十五分成交，確定了值得紀念的初次成交價：一萬四千九百圓，超出公開申購價的兩倍。透過這次創紀錄的股票公開發行，柳井正募集到一百三十四億圓的資金，再也不必以個人財產爲擔保、四處籌錢了。

爲了上市這個目標，公司從小郡商事改名爲迅銷公司，也終於迎來這個關鍵的日子。這時候的柳井正在想些什麼呢？他對身邊的人表示：

「這下子可以一口氣開兩百家門市了！」

在那個旁人無法理解、以世界頂尖爲目標的進度表上，具有重大意義的「股票上市」也不過是個起點。如同柳井正所說的，他用這筆上市募得的資金將優衣庫往東邊繼續推進。

首先，目標是日本第一。過程中，會再一次徹底讓自己從父親那裡接手的公司改頭換面。在那之後，當全新的能量叩門進入優衣庫的同時，也會有許多過去一路協助柳井正的人離去。優衣庫就是這樣一步步接近如今我們熟知的樣貌，也依然是周而復始進行加法與減法的過程。

有關這部分的歷程，將在後續章節中說明。在那之前，柳井正即將面臨對自己而言最重大的離別，也就是他與身爲經營者、「既是老師也是反面教材」的父親柳井等的永別。

與父親永別

如同前面提到的，一九八四年，也就是優衣庫一號店在廣島裏袋開幕前，柳井等因腦溢血病倒，並從社長的位子退下來，擔任會長。但那時候，距離他將公司全權移交給兒子柳井正已有十年左右，因此公司並沒有特別發生什麼變化。

在那之前，他經常關注小郡商事的狀況，時不時會到店裡露個臉，問問過去曾住在家裡當學徒的浦利治，有關店裡的銷售情況。

即使因腦溢血病倒後，柳井等也屢次叫浦利治到家裡來。每當浦利治恭敬地跪坐等候時，柳井等的妻子喜久子總會以京都腔對他說：「浦先生，請放鬆地坐吧。」然而面對如同自己父親般的柳井等，浦利治從不曾放鬆地隨意盤腿而坐。

柳井等向來反對兒子擴充門市數量。他的想法是，只要向下扎根，在自己目光所及的範圍內做生意就好。像過去那樣養活家人和幾名員工不就行了？然而他的想法與以「世界第一的優衣庫」爲目標的兒子，可說徹底不同。

儘管如此，做父親的並不曾出手干預兒子對公司的經營管理，只是親情使然，難免還是會掛心吧。據說，每當他把浦利治叫到家裡來，總是會交代同一件事：

「每次見面時，他總會說：『浦，店裡就靠你囉。阿正的事也拜託了。』前當家把店面交給身爲社長的兒子，所以不再干涉；但可能因爲面對的是我，所以比較容易開口吧。」

柳井等在一九九九年二月過世，那是在廣島證券交易所成功上市的迅銷公司，終於成功在東證一部⑤上市的五天後傍晚。

那天是星期六，浦利治參加了員工的婚禮。在開車回家的路上，手機響了。是會長夫人喜久子打來的。

「我家那位倒下了，已經叫救護車送去醫院。浦先生，你方便過去看一下嗎？」

浦利治連忙調頭，趕往宇部興產中央醫院。病房裡，只見柳井正一個人靜靜看著病床上戴著氧氣面罩的父親。柳井正臉上的表情是前所未見的死寂。請教醫生病情後，只得到「很遺憾……」這樣的回覆。據說原因是晚餐時吃麻糬噎住了。

「最後一刻來得太快了。什麼都來不及做。就連最後說話的機會都……。」

這位如同父母般照顧浦利治的男子，就此告別了世界。

柳井等嚥下最後一口氣時，柳井家的人陸續趕到醫院來。柳井等有四個孩子，柳井正上面有一個姊姊，下面有兩個妹妹。姊姊廣子大聲哭著，柳井正卻勸阻她：「這種時

---

⑤ 東京證券交易所第一部，在第一部上市的所有股票，都屬於規模較大的企業。

候不要哭。」結果廣子反駁：「這種時候不哭，什麼時候要哭？」柳井正一語不發，不再回應。

妹妹幸子茫然地在一旁看著。這個哥哥對家人依然如此淡漠。即便在父親臨終之際，她仍忍不住這麼想。

三週後，以公司的名義在宇部市立殯儀館舉行了告別式，並由浦利治代表員工致悼詞。強忍住心中的百感交集，他念出已準備好的告別話語。

「會長，請容許我以『會長』稱呼您。此刻依然無法相信要與您道別。自從三十多年前第一次接受會長教誨以來，您以身作則教導我從商時需要面面俱到的各項細節，還有爲人處世之道。這一切，至今仍烙印在我腦海裡，不曾遺忘。」

說到一半，他不禁悲從中來。打從中學畢業那天起，就一直待在銀天街那個熱鬧的大家庭，學習有關做生意的各項基礎，日子也在繁忙中一天天過去。

當會長將店交給了兒子、除了自己以外的其他資深元老相繼離開後，也只有自己知道這個父親對兒子和公司有多牽腸掛肚。

許多回憶在腦子裡縈繞。浦利治接著說：

「迅銷公司有今天，多虧有會長奠定的基礎。唯一遺憾的是，當公司終於獲得社會肯定，正準備大顯身手的此刻，卻不得不與您告別。

「儘管心中有無限哀傷，但一直沉溺於過往的回憶，將違背會長的教誨。因此我在此立下誓言，將遵守會長的教導，與全體員工團結一致，爲使公司發展成全球一流企業而努力。請您在天國守護我們。」

柳井正的淚水

隨後，柳井正代表喪家致詞的模樣，讓所有出席者感到詫異。他一開口，便結結巴巴的，語言難以連貫，沒過多久，變得像是在啜泣似的，淚水不斷從眼中滑落。

以前他曾在人前掉淚嗎？小時候遭到父親嚴厲斥責時，也許曾低聲哭泣過。然而眼前柳井正的這副模樣，是任何人都沒見過的。

「父親是我這輩子最大的競爭對手。」

說到這裡，柳井正就再也說不出話來。

妹妹幸子看在眼裡，不禁回想起醫院裡的那一幕。

「啊——我心想，原來那時候最想哭的人是哥哥啊。」

當時的柳井正到底在想些什麼？請教他本人後，他回答：

「老爸走的時候，我想到的是他過去開心的模樣。那是我考上宇部高中和早稻田大學的時候吧。尤其是進了早稻田，他還驕傲地四處向人炫耀。」

「做什麼都好，就是要拿第一。」柳井正從小接受父親嚴格的教育，不由分說臭罵一頓，甚至伸手就是一巴掌都是家常便飯。那些行爲的背後其實是一分期許，只是做孩子的往往似懂非懂……。

進入青春期後，就一直躲著父親，有段時期甚至沒來由地就是討厭他；然而最終出現在自己腦海裡的，仍是父親開心的模樣。二十五歲時，父親將印章和存摺託付給自己，表示：「要失敗的話，就趁我還活著的時候。」當時那股重擔壓在身上的感覺，至今仍難以忘懷。

如此想來，一直對身爲兒子的自己充滿期待的，莫過於父親。而自己在情感表達上的笨拙，現在想想，果然像極了父親。

這是父子之間的事。身爲外人的我無法介入，所以就此打住。

我認爲，迅銷公司和優衣庫這個在日本誕生的全球化企業創辦人，確實是柳井正沒錯。然而一切的開端，仍源於一名由中國返回日本、有些拙於表達的男子所開設的小小男裝店。

所有故事都有個起點。記得優衣庫故事起點的人，如今所剩無幾。故而特地在此記錄對柳井正而言「最大的競爭對手」人生的最後時刻。

第 5 章

飛躍

進軍東京與刷毛風潮

國立競技場

他持續等待背號十號的球員接球的瞬間。因爲這是比賽前早已鎖定的目標：「先把這傢伙撂倒吧！」玉塚元一從五公尺外的距離猛然衝刺、拉近距離，瞄準十號球員，接著使出全身力氣擒抱攔截。

十號球員弓著身子，彎成了「く」字形。就在倒地前一刻，他將橢圓形的球傳給快速由左側接近的男子。

（糟了！）

才想著，已經慢了一步。

衝上來攔截的玉塚元一連忙轉身，右手抱著球的平尾誠二已經邁開大步，突破敵我交錯的重圍，背上大大的數字「12」瞬間便消失在玉塚元一眼前。後來人稱「橄欖球先生」的這名男子，以一記華麗的達陣爲這場堪稱傳說的重要比賽揭開了序幕。近六萬名觀眾的歡呼聲響徹全場。然而在玉塚元一聽來，那樣的歡聲雷動竟顯得格外遙遠而不眞切。

一九八五年一月六日，國立競技場。

進入全日本大學橄欖球冠軍爭奪戰的，是創下前所未有三連霸紀錄的衛冕者同志社大學，以及出乎眾人意料、一路挺進的慶應義塾大學。

同志社大學這邊，除了平尾誠二，還有當時大四、後來活躍於日本國家代表隊的大八木淳史等眾多明星選手。至於慶應大學，十五名先發球員裡，就有十三人出身於附屬高中。

過去四年裡，雖然也曾被對手瞧不起、毫不留情地戲稱爲「少爺隊」①，但經過不斷持續的艱苦訓練，終於來到了最高殿堂。他們將自己逼到極限，往往累到昏厥，還得在頭上潑水才能回過神來。已是大四生的玉塚元一，這種情況早就不知道經歷過多少次了。

平尾誠二在比賽上半場開場五分鐘時，透過爭邊球②達陣，原以爲比賽將由同志社大學占上風，卻就此陷入膠著。相較於衛冕者同志社大學的制敵機先，慶應大學則是以漸進的方式挽回頹勢。比賽進入下半場，兩隊屢次逼近彼此的達陣線，但緊要關頭卻都未能達陣。

傳頌於橄欖球迷之間的傳奇畫面，就發生在這場緊張對決即將進入尾聲的時刻。慶應大學在鬥牛③過程中，隊長松永敏宏突破對方防守，將球傳給後衛村井大次郎。

---

① 慶應大學是日本知名私立大學，本身擁有從小學到大學的完整教育體系，能從附屬學校讀到大學的慶應學生，多是企業家的子女或有錢人，所以球隊才會被戲稱為「少爺隊」。

② 在橄欖球賽中，球出界後，擲球員會再從邊線將球投入，雙方選手可在規定範圍內爭搶。

（衝吧！）

玉塚元一在後方看著，心中高喊著，不，感覺更像是某種超乎言語的吶喊。抱著球的村井大次郎終於越過了達陣線。

場上歡聲雷動。時鐘顯示，比賽時間還剩一分鐘。

這次達陣追平得分，起死回生。而且村井大次郎衝入的位置就在球門柱旁，慶應接下來的加踢④幾乎不受角度影響，要成功得分應該不是什麼難事。只要成功，就是慶應的逆轉勝。

是世紀大逆轉。

當所有人都如此認爲的瞬間，無情的哨聲響起。裁判宣布，慶應大學因爲拋前（throw forward，用手向前傳球）而違規。

關於那一球是否眞的算拋前，後來在橄欖球迷之間持續熱議了很久。此處雖不再進行相關討論，但可以確知那是個十分微妙的判決。

只不過，橄欖球賽中的裁判判決具有絕對性，這個達陣不算數，慶應無力回天。

（因爲我才輸的……。）

這個念頭，不只在比賽結束的哨聲響起時出現，即使在日後，玉塚元一仍不斷自我追問。

玉塚元一的位置是側衛，要比任何人更快進入混戰區，封殺對手進攻的機會。儘管不是耀眼的角色，但爲了整個團隊，就算總是滿身泥濘，也奮不顧身。他對這樣的角色感到無比自豪，因此，總是能戰勝遭對手粗壯的大腿彈飛的恐懼，挺身向前衝撞。

只是，當時的狀況又如何呢？至今他依然在想。難道自己只是因爲想著「要把那傢伙摺倒」而做出了任性的選擇？是否因爲內心的自私導致判斷錯誤？

如果說，側衛的職責就是要替隊友化解危機、防患未然，當時應該要瞬間洞察對手的動向，打消飛撲擒抱的念頭，將目標轉爲由後方挺進的平尾誠二才對。儘管在那當下自認爲做出了最佳判斷，然而隨著時間流逝，那懊惱卻不斷湧現。

（因爲我而輸了。）

因爲自己的過失，害得王冠從手中溜走。沒錯，不得不承認。對於沉浸於橄欖球運動的玉塚元一來說，這是在國立競技場這座「夢幻殿堂」上的一段苦澀回憶。多年後，玉塚元一回顧那一天的事：

「當時跟隊友眞的都感到很遺憾。我時常在想，要是贏得了那場比賽會怎樣？哪一

---

③ 列陣爭球（scrum）的俗稱。當比賽因故進入死球狀態時，使比賽重新開始的方法。雙方各派八名前鋒列陣，並以規定的姿勢互推，爭搶球權。

④ 在橄欖球賽中，達陣後可進行加踢，踢進得兩分。球落地前，只要能從從 H 型球門橫桿與兩支立桿中間過去，就算成功。

種結果對日後的人生更有幫助？覺得那場比賽說不定是上天對我的考驗。」

或許正因爲曾有這樣的失敗經驗，因爲不斷想著要挽回那次的失敗，才能比任何人更充滿熱忱，向前邁進。即使在有如大哥般的前輩引導下進入優衣庫，並歷經高峰與低潮，這樣的信念依然沒有改變。

玉塚元一後來在柳井正指名下繼任社長，但實際上，僅僅三年就遭到撤換，離開了優衣庫。塑造出他內心這分信念的，正是在腦海裡揮之不去、迴響在遠方的國立競技場上如雷的歡呼聲。

目前爲止，優衣庫的故事都是以柳井正爲主角，描寫一位天性內向、不善與人交際的年輕人如何突破重重阻礙，從區區一名男裝店少東家成長爲經營者的歷程。後來，在他邁向世界第一的道路上，集結了眾多過去商店街時代並不存在的青年才俊，齊力將優衣庫推向世界舞臺。

因此，接下來將描寫環繞在柳井正這個中心人物身邊的新生代人才，了解他們如何在全球市場上奮戰。

只不過，所謂的「人才」並非專指什麼擁有特殊能力的人，他們原本也只是隨處可見的普通年輕人。這是一個集結了「普通年輕人」，集思廣益、努力克服難關的故事。過程中有成功，也有失敗，與先前爲各位所描述柳井正一路走來的歷程並無二致。

體育社團出身的拜把兄弟

在那天之後，三年過去了。玉塚元一沒有進入社會人球隊（業餘成人球隊），而是選擇成為一名敬業勤奮的企業戰士。他進入旭硝子（現為AGC株式會社）任職，一開始在工廠，後來被調到位於東京丸之內的總公司，隸屬化學品海外業務部門。他就是在那裡遇見令他景仰如大哥般的人物。

那名男子總是穿著寬鬆的雙排釦夾克，邁開O型腿，在公司的走廊上昂首闊步。不過據說，他並非旭硝子的員工，而是伊藤忠商事的職員。這個人就是澤田貴司。

澤田貴司在旭硝子公司內部小有名氣。身為伊藤忠商事的業務員，突然出現在過去不曾往來的旭硝子，而且不論如何被人冷眼對待，隔天仍一副若無其事的樣子，面帶笑容出現在公司裡。據說，他甚至曾突然登門拜訪某位部長位於吉祥寺的住家。

旭硝子的創始人是三菱財閥創辦人岩崎彌太郎的姪子。雖然公司名稱並未冠上「三菱」的字號，但被視為三菱集團的知名企業之一，於是如同其他綜合商社⑤，按慣例由

⑤日本的綜合商社除了從事各種產品和材料的買賣，也從事物流、工廠開發、國際資源勘探等業務，與一般專門從事某類產品交易的貿易公司不同。極其多樣化的業務線可說是綜合商社獨有的業務模式。

三菱商事主導一切交易活動。突破這道厚實圍牆的，就是伊藤忠商事的業務員澤田貴司。一次偶然的機會，他接下了一筆旭硝子出售五百噸聚氨酯原料庫存的訂單，並以此為契機拓展業務。

（那位就是澤田貴司先生嗎？）

玉塚元一很快就認識了這位比自己年長五歲的業務高手，因為玉塚元一被調到總公司後，負責的職務就是伊藤忠的連絡窗口。

澤田貴司學生時代曾是上智大學的美式足球隊成員，出社會後仍繼續參加美式足球隊。難怪，他的背雖不是特別厚實，但即使隔著寬鬆的外套，也能明顯看出體格結實；而且不論何時見到他，皮膚總是曬得黝黑。至於澤田貴司，據說也早就知道玉塚元一這號人物。

「我心想，這應該就是那個玉塚元一吧。再怎麼說，他可是慶應橄欖球隊黃金時期的隊員呢。」

從學生時期就充分受到體育社團文化薰陶的兩人，立刻成為意氣相投的朋友。據說，玉塚元一在某天打給澤田貴司的一通電話，更是快速縮短他們之間的距離。

「澤田先生，我現在跟慶應的人在六本木喝酒，有空的話，要不要過來？」

澤田貴司匆忙來到店裡，現場聚集了一群慶應大學橄欖球隊的校友，大家開始喧鬧狂歡。此後，這兩人跨越了公司的藩籬，成為經常相約飲酒的夥伴。

說個題外話，化學品部門絕非伊藤忠商事的主力單位，甚至可以說是邊緣中的邊緣，但有個比澤田貴司晚兩年進入該部門的人石井敬太，日後成爲伊藤忠的社長。石井敬太當年就讀早稻田大學附屬高中時，也是橄欖球隊的一員，曾有在東大阪市的花園橄欖球場出賽的經驗。再順道一提，他和玉塚元一同樣是側衛。對石井敬太而言，當時在公司內已經名聲響亮的澤田貴司，是他景仰的前輩。

「澤田先生的口頭禪是：『你給我聽好了，絕對不能輸喔！』」至於澤田貴司一直以來的座右銘，則是「幹勁與毅力」。雖然隸屬於公司裡不起眼的部門，但年紀輕輕就達成眾人認可的實績，以無人能敵的熱情在公司內外贏得了一群「澤田粉」。看著前輩的風采，「我也想成爲這樣的人。」石井敬太如此回憶道。

如同字面上的意思，澤田貴司與玉塚元一兩人徹頭徹尾地展現了體育性社團的性格。成爲拜把兄弟的他們，後來在優衣庫以西日本一帶爲中心並擴大勢力範圍的「第二幕」中，扮演了主要角色。

直接寫信給伊藤忠商事社長

時間來到一九九〇年代中期。首先推開職涯大門的，是老大哥澤田貴司。

「你那麼興致勃勃，直接寫封信給社長如何？」

向澤田貴司提出建議的，是時任伊藤忠商事社長——室伏稔的祕書。「零售業最了解顧客的需求，因此，零售業掌權的時代總有一天會降臨。我認爲，商社應該更加積極涉足零售業。」極力主張這一點的澤田貴司當時三十七歲，正是一名商社職員即將開始大展身手的時期。

澤田貴司果眞接受了祕書的建議，認定「這樣沒錯」後，便立即採取行動——這正是從基層鍛鍊出來的男子漢作風。

澤田貴司的報告內容以「零售策略：徹底改造ＩＴＣ獲利結構的挑戰」爲題，收件人位置則寫上「室伏社長鈞鑒」。順帶一提，這裡的ＩＴＣ指的是伊藤忠商事。澤田貴司眞的直接寫了篇報告給社長。

一九九五年十二月二十七日，年關將近的星期六。澤田貴司的報告開頭是這麼寫的：

「本報告（中略）旨在提出建議，雖屬個人見解，期能爲今後ＩＴＣ應如何涉足零售業範疇一事帶來啓發，特此呈報。」

這份三張Ａ４紙的報告，內容就是一名社員直接向社長提出進軍零售業的建言。以化學品買賣建立起名聲的澤田貴司，爲何突然主張應該進入零售業？爲了說明這部分的來龍去脈，必須讓時間稍稍往前回溯。

那是澤田貴司投書給室伏社長將近四年前的事。

某天，他辦公桌上的電話響起，來電顯示是公司的內線分機——常務董事山村隆志打來的。一拿起話筒，山村隆志便說：「有件事要說，你來一下。」

值得注意的是，山村隆志除了常務董事之外，還有一個業務總部部長的頭銜。所謂的業務總部，長年來扮演伊藤忠商事指揮中樞的角色，也是一個與各項重要決策息息相關的菁英部門。

順帶一提，將業務部培育成指揮中樞的，是前陸軍軍人瀨島龍三，他因爲在戰後被拘留在西伯利亞長達十一年才終於得以返國而廣爲人知。後來瀨島龍三不只在伊藤忠商事，甚至在日本政界也發揮了潛在的影響力，人稱「昭和的參謀」。據說他是以戰爭時期所隸屬的參謀總部爲範本，打造了業務部。

在公司內率領這樣一個菁英團隊的實力派人物，找自己過去到底所爲何事？山村隆志向澤田貴司透露的，似乎是業務總部暗地進行中的最高機密。

「其實，我們與伊藤洋華堂開始推動一項計畫。」

就在前一年，伊藤洋華堂集團收購了創立 7-Eleven 的美國南方公司（The Southland Corporation）。不過當時的南方公司正因爲經營不善而陷入困境，於是伊藤忠商事也出資五%，以協助伊藤洋華堂的形式參與了 7-Eleven 的營運計畫，也就是重新打造美國 7-Eleven。

「這件事想交給你去辦。」

山村隆志指名負責化學品買賣的澤田貴司擔任美國 7-Eleven 重建計畫的負責人。對於自己這樣一個門外漢竟然會被指名，澤田貴司難掩驚訝的表情。但話說回來，先不提便利商店⑥了，當時的伊藤忠商事內部，幾乎沒有能稱得上流通業專業人才的人。這是因爲那時候的伊藤忠商事已數度放棄正式加入流通業的機會。

那，我應該怎麼辦？

澤田貴司當下便開始思考。仔細想想，闖入一片未開發的領域，總是一種刺激的體驗。就像當初明知不可爲而爲之，每天到旭硝子報到一樣。澤田貴司決定接受這突如其來的工作指派。

等待他的，是與一名男子相識的機會，也就是當初將便利商店引進日本的鈴木敏文。一九七三年，參與了伊藤洋華堂和南方公司的合作談判，讓 7-Eleven 成功進軍日本的人，就是鈴木敏文。

另一方面，凡是曾在美國生活的讀者應該可以理解，同樣是 7-Eleven，美國的和日本的就是截然不同。我在駐美期間也曾到過當地的 7-Eleven，很明顯的，當地便利商店的商品周轉速度一看就知道不一樣；不論怎麼說，食品的質和量就是不同。那時我經常想起日本 7-Eleven 貨架上琳琅滿目的食品，非常懷念。

便利商店在日本以自己的方式進化，甚至掌控了美國老東家，目前更是以亞洲爲中心擴及全世界。如果說鈴木敏文這位經營者就是這一切發展的關鍵人物，應該沒有人會表示異議吧？

血氣方剛的商社職員澤田貴司與鈴木敏文相遇時，7-Eleven 已經進入日本市場將近二十年，便利商店早已完全融入日本人的日常生活中。這一年，鈴木敏文同時也就任爲母公司伊藤洋華堂社長。

能夠如此近距離見到「便利商店之父」，澤田貴司大感震撼。鈴木敏文的經營手法是徹底執行「現場決策」，直接在現場聽取店長的意見與不滿。只要一聽到「麵包變得有些皺巴巴的」，立即找麵包工廠溝通；要是知道問題出在距離太遠，就會針對建設新工廠進行協商。

關係到便當、三明治、飯糰品質的，不只有食品製造商，對於配送網絡的要求也必須精益求精，甚至連送貨用的卡車輪胎磨損程度都要列入考量。

澤田貴司學到，日復一日在現場進行詳細的計算的結果，正是日本成爲便利商店大國的原因。

徹底的「現場主義」，是高度系統化的現代連鎖店的經營支柱。這就是澤田貴司所見到的便利商店成功之道。

⑥ 伊藤忠商事目前是日本全家便利商店的最大股東。

「等得了十年嗎？」

不知不覺，澤田貴司已對流通業涉入頗深。他認爲，「眼前是伊藤忠商事理當加入流通業的時機。」於是直接對時任社長的室伏稔投書建言，也就是前面提到的一九九五年年底。室伏稔看過澤田貴司的報告後，在新年致詞時對全體員工宣布：「今年，我希望果決地籌畫參與零售業相關事業，藉此增加營收。」

伊藤忠商事終於要進軍流通業了。澤田貴司懷抱著這樣的想法，召募公司內部志同道合的同事，成立一個爲了進軍流通業而準備的部門。

然而，後來卻遲遲沒有進展。與此同時，泡沫經濟崩壞後的不景氣日益惡化，日本開始籠罩在金融恐慌的陰影下。不論澤田貴司的團隊提交了多少次企畫案，始終沒有獲得高層首肯。得到的回覆千篇一律，只有一句「時機尚未成熟」。

後來的某天，某個企畫案再次遭駁回，當時的主管像是安撫似的對他說：

「等個十年吧。再過十年，你的夢想就會實現了。」

主管也許是站在體諒澤田貴司的角度，才會給出這樣的建議，澤田貴司卻在心裡咒罵著：「等得了十年嗎？」現在回頭再看，「我當時應該是著急得不得了。」他如此回憶。「想立刻在零售業界一決高下」的想法，無論如何都揮之不去。

一九九七年四月，三十九歲的澤田貴司決定離開伊藤忠商事。

澤田貴司決定告別伊藤忠商事後，還發生了一段小插曲。最後一天上班，他正在收拾一些物品，接到室伏社長來電，問他要不要一起共進午餐。在伊藤忠商事總部附近的一家日本料理店裡，兩人並肩坐在吧檯前，喝得相當盡興。

「請您拭目以待，我絕對會站上流通業界的頂點。」

澤田貴司一這樣表明自己的決心，室伏稔便喃喃自語說：「你這傢伙果然很有意思啊。無法讓你在伊藤忠實現夢想，對不住了。」

一年後，伊藤忠商事收購了全家便利商店。知道此事後，遠離東京、來到宇部的澤田貴司分外感慨地說：「伊藤忠終於要來眞的了嗎？」此刻的他，在柳井正要讓優衣庫進軍東京的願景圖中，所擔負的正是前線指揮官的角色。

再來，又是一段多年後的小插曲。澤田貴司後來離開了優衣庫。過了很長一段時間的二〇一六年二月三日，

全家便利商店公布了一項驚人的人事命令——澤田貴司接任新社長。距離他深受7-Eleven經營手法的啓發，而向社長室伏稔提出加入零售業的建言，已然過了二十年。澤田貴司再次回到便利商店的世界。

就在這個高層人事命令拍板的一週前，八十四歲的室伏稔離開了人世。兩人年紀相差懸殊，簡直有如父子，不知這位長年守護這個熱血晚輩的老將，是帶著什麼心情到天

國的呢？

「是個小老頭」

澤田貴司決定離開伊藤忠商事之後，瑞可利（Recruit）公司⑦西日本地區的負責人與他接觸。對方表示，山口縣宇部市有一間叫做「迅銷」的公司，經營了一家名爲優衣庫的服飾連鎖店。

「宇部？有衣褲？啊，是優衣庫……。」

澤田貴司從沒聽過這個品牌，也算情有可原。雖然優衣庫在西日本地區的門市數量穩定成長中，也進軍關東一帶，不過一九九四年開設的關東一號店（千葉綠店），從一開始來客數就不盡理想。雖然後來也在環繞東京都心、號稱「郊區大動脈」的國道十六號線外圍零星開了一些門市，但是在東京都內，幾乎可說毫無知名度。

然而瑞可利公司的這位負責人卻格外熱心地遊說他。

「認識一下這家公司的社長柳井先生，不會吃虧的。只要見個面就好。您能否和他見上一面呢？」

事實上，澤田貴司已在這段期間敲定了下一份工作——星巴克創辦人霍華・舒茲（Howard Schultz）招聘他爲日本星巴克咖啡株式會社高層。他心想，「既然你都這麼說了」，便考慮會一會那個名叫柳井正的男子。

當時的優衣庫才剛把總公司從銀天街附近的鉛筆大樓遷離。一抵達面向瀨戶內海的宇部機場，澤田貴司所搭乘的車輛立即穿過市區，左右兩旁皆是農村風光。過了一會兒，開始進入人煙稀少的山區。就那樣行駛了三十分鐘左右。

迅銷公司的總部是一間孤零零的平房，位在一條小河畔的單線車道旁。馬路對面只有一塊像是堆放物料的荒涼空地，其他區域則被鬱鬱蔥蔥的樹林環繞。總公司所在的那間平房就建在山坡上。

澤田貴司覺得自己來到了一個難以置信的地方，有些不知所措。一進入社長辦公室，穿著卡其褲和毛衣，一身休閒裝扮的柳井正已在那裡等著。當時的柳井正四十八歲。

（什麼嘛，是個小老頭。）

澤田貴司才這麼想著，柳井正便開始滔滔不絕，說得口沫橫飛。

「服飾業擁有十五兆圓的市場規模。而且，日本的流通業是僅次於美國的第二大市場喔。」

⑦目前為日本國內最大的人力資源仲介公司，主要經營求職廣告、人力派遣、行銷等業務。

「然而現在沒有哪一家公司是認眞在經營的，對吧？用正確的經營方式，將最頂級的商品以最好的服務和最低的價格提供給消費者。只要做得到這些理所當然該做的事，絕對可以拿下這個市場。」

才不過幾分鐘前，澤田貴司心裡還瞧不起這個「小老頭」，現在卻不可思議地被柳井正這番熱情十足的說詞給吸引。接著，柳井正透露了他這段期間所醞釀的一個構想：他想將自己一直以來視爲標竿的英國服飾品牌「Next」引進日本市場。

「我希望由澤田先生來做這件事。」

雖然這個構想後來並未實現，不過當時澤田貴司的目標，確實是總有一天要在流通業獨當一面。事實上，他們第一次見面時，澤田貴司就已告訴柳井正：「我就算決定進來這裡，也不打算一直待下去。」

澤田貴司發下「我絕對會站上流通業界的頂點」的豪語，離開了伊藤忠商事。儘管他嘴上說沒打算一直待在優衣庫，卻開始思考，如果是在這個說起話來滿懷熱情的「小老頭」帶領下，倒是想試試看這份工作，輕易地完全推翻原先「在見到柳井先生前，我絲毫沒有考慮過要進他公司工作」的想法。

「星巴克的霍華．舒茲也一樣，他會充滿熱情地說『我想把公司打造成這樣』之類的話。我覺得那樣眞帥啊，這是在伊藤忠商事不曾見到過的。原來一個創業家和上班族竟有如此大的差異。我想，倒不是說哪一種好或不好的問題，單純只是我希望自己成爲這樣的人罷了。」

於是澤田貴司婉拒了星巴克的邀請，打算在這間位於窮鄉僻壤、從沒聽過的新興服飾公司上頭賭一把。加入公司時，他向柳井正提出兩個條件。

第一個是「請讓我當店長」。柳井正向來主張店長是優衣庫的關鍵角色，澤田貴司也認爲，不了解現場狀況，就無法成爲頂尖人物。

另一個則是「只要一年就好，請保證我的年薪能與在伊藤忠商事工作時一樣」。當時澤田貴司的年薪是一千六百五十萬圓。很顯然的，他並沒有指望一間位於偏遠山區的無名公司能給出商社職員水準的高薪。不過澤田貴司又補充說明：

「我會在一年之內證明自己能做多少事。如果您覺得不滿意，屆時請開除我。」

沒想到柳井正很乾脆就答應了。而且別說是和伊藤忠商事一樣的高薪，澤田貴司進公司短短半年後，便晉升爲高層幹部，年薪立刻翻倍。

澤田貴司之所以被優衣庫吸引，應該不只是因爲感受到柳井正這位經營者的熱誠。澤田貴司還在伊藤忠商事工作的期間，雖然曾提出「應進軍零售業」的建言，但事實上，零售業的範圍很廣。

在他寫給室伏社長的報告中，明確指出日本接下來應該投入的戰場，是美國正不斷興起的「品類殺手」⑧。柳井正則提議應該著力於發展特定領域的事業，而不是成爲像大榮或百貨公司這種「什麼都有的商店」，簡直就跟「車站裡的賣店」沒什麼兩樣。

這段時期的優衣庫，正是以日本休閒服飾的「品類殺手」寶座爲目標。如前面所說的，澤田貴司在接受邀約時，並不認識優衣庫或迅銷公司。之所以能毫不猶豫地加入這間把總公司設在宇部郊區山坡地的無名企業，想必是因爲他持續不斷追求的那塊「品類殺手」的璞玉，就在眼前。

在美國村目睹的現狀

澤田貴司就這樣來到了優衣庫。如他所願，他被指派到位於大阪南區、熱鬧繁華的「美國村」門市。然而在那裡見到的實際狀況，卻與柳井正熱情述說的理想相去甚遠。

對澤田貴司來說，最震驚的莫過於店內員工竟然沒人穿著優衣庫的衣服。經過一番詢問，得到了犀利的回應：

「該怎麼說……設計太土了。」

「這個，一洗就掉色，而且還會縮水欸。很糟糕吧？這種東西我才不想穿。」

賣場裡沒有人對優衣庫的衣服感到自豪，甚至一開口就大肆批評。

擺脫「便宜沒好貨」的形象，是優衣庫一直以來的課題。大約兩年前，他們曾在全國性報紙上刊登一則「批評優衣庫，送你一百萬」的廣告。原本是打算透過客訴來確認服裝的品質，但事實上，直到現在，就連賣衣服給客人的店員仍滿不在乎地批評優衣庫。

突然被迫面對這樣的現實，澤田貴司無法再坐視不管，於是他拿起筆來。

「這個商品的鈕釦很容易鬆脫。」

「現場員工表示，目前的電視廣告看起來很丟臉。」

「各款式的品質不一，或許是因爲中國工廠的水準參差不齊？」

澤田貴司將自己在優衣庫現場所見到應改進的部分，寫成密密麻麻的報告，再傳眞給人在宇部的柳井正；而且是每星期持續在做。

結果柳井正連絡了他：

「你的傳眞我看過了，我認爲你說的沒錯。」

他不只是聽取了澤田貴司的建議，還表示：

「讓你去負責解決。公司整體的經營管理，你看著辦。」

就這樣，柳井正把澤田貴司召回宇部，擔任經營企畫室主管。隨後，當澤田貴司指出商品的缺陷時，柳井正便說：「那你也負責管理商品的問題吧。」於是又兼任了商品

---

⑧ category killers，指營業面積大，且專精於某類商品的專賣店。

部部長。

兩個月後，柳井正又說：「我們會在下次的股東大會上選你出來。」就這樣，澤田貴司晉升爲常務董事。對澤田貴司的重用還不只如此，一年後，他被任命爲副社長。進入公司僅僅一年半，就從培訓店長升格爲副社長。

如此快速的破格晉升，據說是因爲柳井正一開始就對澤田貴司寄予厚望，打算讓他成爲自己的得力助手。這一點，從柳井正試圖向澤田貴司灌輸自己的經營哲學來看，也是很顯而易見的。

澤田貴司一進公司，柳井正立刻給他一本書，正是柳井正認爲改變了自己一生的《季寧談管理》。

翻開這本已經讀到破爛不堪的書，上面到處畫滿了線。澤田貴司決心要徹底學習柳井正的思維，將畫線的部分全都抄在筆記本上。

ABC改革

有了澤田貴司這位得力助手，優衣庫開始進行改革。

澤田貴司進入公司的隔年，也就是一九九八年六月，正式啓動了「ABC改革」。

ABC是「All Better Change」的縮寫，意思是「將一切變得更好」。自從在廣島袋町俗稱「裏袋」的區域起步以來，已經十四年過去了，這樣的改革意味著要讓優衣庫煥然一新。

促成這一切的契機，是澤田貴司持續傳送給柳井正的那些傳眞。這項ＡＢＣ改革對一九八四年誕生的優衣庫而言，可說是正式揭開了第二幕。

一開始是從其他公司大量進貨的「休閒服飾倉庫」。很快的，便因爲在香港得到的啓發而發展爲製造零售業，隨即將國際分工的商業模式引進了才誕生不久的優衣庫。

不過要是就此停下了腳步，也只能算是尾隨美國的ＧＡＰ等已確立製造零售業模式的品牌罷了。如何靠自己的力量，將這個在日本還鮮有人知的製造零售業再往前推進一步？柳井正不斷自問自答，並著手展開「優衣庫的進化」，也就是這個在一九九八年啓動的ＡＢＣ改革。

那麼，具體上來說，要如何改革優衣庫？若用一句話彙整各項改革目標的話，就是「不是想著如何販售做好的衣服，而是如何做出暢銷的衣服」。爲此，柳井正表示：「要在賣場展現出商品暢銷的理由。」

讓商業模式從販售已做好的商品，轉變爲製造暢銷的商品。

這完全可說是商業活動的理想境界，也想必有許多人覺得「說起來容易，做起來難」。在後面的章節也會提及，柳井正揭示了「最終改革」是從製造零售業轉換爲「資訊製造零售業」，但它的本質其實與這次的ＡＢＣ改革並無不同。針對「該如何製造出暢銷的商品？」持續探究的結果，便是製造零售業與數位革命的融合。

有關資訊製造零售業，第11章會再詳述；而此刻展開的「ABC改革」才是早期的優衣庫進化到如今眾人所熟知優衣庫樣貌的轉折點。

如果從「製造暢銷的商品」這種理想狀態去反推，該採取的行動便會一一浮現出來。範圍不只限於服裝的設計。該怎麼做、如何販售，改革行動將關係到整個公司。

以下舉出幾個代表性的例子。

首先，當務之急是整合近一百四十家中國代工廠。透過增加單一工廠的生產量，除了穩定品質，也能降低成本。更進一步是計畫派遣生產技術上的專業「工匠」，前往篩選後的代工廠，以提升產品品質。

另外，擺脫獨裁式經營也是一項課題。目標是藉由向外招募像澤田貴司這樣的人才，讓自小郡商事時期便由資深元老主導的管理架構汰舊換新。

柳井正開始宣揚「店長是主角」的理念，也是這時候的事。如同第4章介紹過的，他將自己的經營理念濃縮成十七條，其中第八條原本明確寫著「以社長爲中心」。柳井正察覺這種模式的局限性之後，從這個時期開始轉變爲以現場爲主導的經營方式。

順帶一提，柳井正此時將「以社長爲中心」修改爲「公司效益最大化，全體員工齊心協力」。這是效法他景仰的松下幸之助所倡導「全體員工共同經營」的理念。他認爲，管控現場的這些店長，應該要成爲驅動全體員工共同經營的力量，後來更致力於培育所謂的「超級明星店長」。

與大企業病對抗

促成這場改革的契機雖然是澤田貴司的報告，其實柳井正內心深處早已有了危機感。當時的優衣庫門市已經超過三百家，正準備向全國擴展。儘管優衣庫看起來乘勢而起，但據說公司內部已隱約出現一些微妙的變化，讓他怎麼也無法視而不見。在進入優衣庫第二幕的故事之前，想先說說關於這部分的經過。

第 4 章曾提到，柳井正當初打算讓公司上市時，曾交給擔任輔佐角色的會計師安本隆晴一張紙，上面寫著「一九九七年成為代表全日本的時尚企業」，正好就是這段時期的事。

儘管為了擺脫銀行的箝制而在廣島證券交易所上市，拓展門市的攻勢也逐漸步入正軌，不過此時的優衣庫仍無法說是「代表全日本的時尚企業」。

欠缺的那塊拼圖顯而易見，那就是必須在全日本最大消費市場、同時也是時尚訊息源頭的東京都心占有一席之地。目前為止，雖然已在國道十六號線外圍開設了一些門市，但在東京的知名度仍可說是零。為了改變這種狀況，柳井正終於準備好要在都心這個一級戰區決一勝負——要稱霸日本市場，就得進軍這個戰略要地。

柳井正受到哈羅德．季寧的「經營管理的三句箴言」啓發後，訂下了「世界第一」這個目標。從這一點來看，日本市場不過是個中途站，而此時的優衣庫也僅在地方上獲得成功而已。只不過當門市網絡擴及三百家之後，公司內部無可避免會出現一些「毛病」，也就是所有成功新創企業都會面臨的「大企業病」。

這絕非什麼精神層面的問題。優衣庫的失控，直接呈現在數據上。

柳井正透過上市獲得資金，並一舉加快展店的腳步，是一九九四年七月的事。經過兩年，仔細看看一九九六年八月的全年結算，營業額大約六百億圓，經常利益將近四十六億圓。光是看這樣的數字，感覺還不錯吧？但一般視爲零售業業績指標的，其實是扣除新門市業績後的「既有門市營業額」，竟然比前一個年度下滑了七％。

這是由於大舉展店而導致大量庫存，於是陷入降價出清的惡性循環所致。隔年的一九九七年，狀況依然如故。接下來，一九九八年八月，爲了避免折扣戰而減少訂貨量，反而造成缺貨。儘管淨利率⑨提升了，但因爲店內的暢銷商品缺貨，舊有門市的業績持續下滑。爲擺脫這種不穩定的經營型態，不能只是匯集「可能暢銷的衣服」，還必須自己製作「會暢銷的衣服」。

這樣的停滯感，不只呈現在可說是「企業成績單」的財務結算數據上。

一九九七年推出了「SPOQLO」（運動優衣庫）和鎖定家庭客群的「FAMIQLO」（居家優衣庫）兩種新型主題商店，不過對顧客來說，原本跑一趟就能買到的商品，現在要跑三家店才買得到，很麻煩。從一推出就飽受惡評。最後不過短短半年，這兩種型態的店面全部撤下，慘淡收場。

柳井正事後承認了自己的失敗，說這是一場「自以爲是的買賣」。但他爲什麼會變得自以爲是？

這一連串問題的本質到底是什麼？經過一番思索，他認爲，或許是「走在成功經驗的延長線上，未來應該也能成功」的想法不知不覺間在公司內部擴散的緣故。

「不要將目標設定在現實的延長線上」是季寧的教誨。結果呢？現狀又是如何？從其他角度來看，或許可以把「SPOQLO」和「FAMIQLO」解釋爲勇敢挑戰不怕失敗。但事實眞是如此嗎？這樣的結果難道不是因爲忽略了最重要的「顧客視角」所導致的嗎？

「這段時期開始，『大企業病』逐漸浮現。組織壯大後，果然還是會出現這種毛病。所以要將它擊潰。企業家就是要去做這件事。」

於是，柳井正開始埋首重新整頓這個原是「金礦」的優衣庫。

---

⑨ 指每創造一元營收，公司真正賺到的金額占比，是公司獲利能力的重要指標。

「幾乎都會失敗」

這裡想再聊聊柳井正選在這段時期改革優衣庫的原因。時間稍稍往回推，也就是澤田貴司還沒進公司之前的一九九五年九月。柳井正針對「ＰＢ開發」，將想法整理成四頁的報告。

第３章曾提到，所謂的「ＰＢ」是指自有品牌。當時優衣庫的店面仍會銷售如Levi's之類的名牌商品，柳井正考慮要全面轉換爲原先稱之爲「訂製服」的自家設計服裝。

這份報告一開頭寫著：「爲何必須開發自有品牌？因爲無法滿足於休閒服飾廠商製造的商品。」意思是說，其他公司的商品不符合需求。容我再次說明，這意味著優衣庫試圖從原本單純只是網羅國內外名牌服裝的「休閒服飾倉庫」轉變爲如今的樣貌。前面曾多次提過，在香港發現的製造零售業模式是這項轉變的開端，柳井正則在這段時期下定決心，不再銷售其他品牌的商品，全面轉換成自家產品。

令我更感興趣的，是這份報告第二頁的一句話：「要是失敗了怎麼辦？幾乎都會失敗。」

柳井正主動指出，自己所構思的「全新優衣庫」是以失敗爲前提。全新的優衣庫不再向代工廠大量下單，而是以全部買斷的方式大幅降低成本，也就是在香港見到的製造零售業模式。

只不過，這種商業模式伴隨著巨大風險。全部買斷，意味著沒賣完的部分要由優衣庫概括承受，變成庫存和虧損。

要去預測流行趨勢的話，就不可能避開產品賣不掉的風險；而且一旦判斷錯誤，就代表庫存會增加。

那麼，如果不像快時尚那樣試圖預測流行趨勢，而是自己製作出「長年暢銷的服裝」，又會如何？這麼做，是否就能盡量降低製造零售業以全部買斷爲前提而必然存在的風險「賣不完＝損失」，並提供顧客眞正需要的商品，並能更進一步，透過超乎常理的大量製造，設定其他公司無法仿效的低價格？

柳井正提出全新的優衣庫商業模式構想，然後分析這是一項以失敗爲大前提的挑戰。正如同他所敬重的管理大師季寧所說：「說起來容易，做起來難。」

季寧在這句話後面接著說道：

「關鍵在於執行。」

後來，柳井正在被問到爲何自己會寫下「要是失敗了怎麼辦？幾乎都會失敗。」這句話時，他表示：

「挑戰新事物確實會失敗沒錯，但問題不在失敗。（重要的）是要從失敗中獲得些什麼？身爲經營者，要探究失敗的原因，思考下次該如何避免失敗。所以，不經歷失敗，就無法開始。就是這麼回事。」

這段話正好濃縮了柳井正的經營哲學。優衣庫的故事，可以說是一路發現失敗，再加以修正的過程。雖然我說優衣庫的故事是加法與減法周而復始的歷程，其實正確來說，柳井正這位經營者持續思考並付諸行動的，是如何「創新與改變」，讓原本以減法告終的部分轉變爲加法。

當然，這不表示柳井正贊同輕率魯莽的行爲。他同樣強調：「爲了避免失敗，要深思熟慮。」然而，儘管已經思慮周全、盡最大的努力，仍無法避免經營上的失敗。既然如此，打從一開始就要有所覺悟，爲了在失敗中學到點什麼並成長茁壯，即使跌倒了，也得再爬起來。

雖然又是題外話，但柳井正所敬重的經營者之一——本田宗一郎在著作《我的想法》（暫譯）中也留下這麼一段話：

「若說現在是成功的，那麼我的過去種種便是一連串的失敗，如今的我就像是站在失敗的基礎上。即便是在研究室裡做現在所做的事，仍會面臨失敗。研究室裡所做的事，有九九％都是失敗的，其實那些才是研究的『成果』。」

「人坐著或躺著時並不會倒下，但如果爲了要做些什麼而站起來走動、奔跑，就可能被石頭絆倒或撞到樹之類的。不過就算頭上腫了個包，擦傷了膝蓋，還是比坐著或躺著的人更向前一步。」

本田宗一郎總喜歡說：「所謂的成功，是由九九％的失敗所造就的一％。」想必與柳井正的失敗哲學有同樣的意涵吧。

爲了破除逐漸蔓延在公司內部的大企業病，柳井正自己建構出「幾乎都會失敗」的商業模式。爲此而著手進行的，就是「ABC改革」。

「不是販售做好的衣服，而是做出暢銷的衣服。」

這樣轉念的結果，即將透過一款超熱門商品的誕生具體展現出來，也就是以打破常識的超破盤價格一千九百圓推出的刷毛外套。該如何讓世人都知曉以刷毛外套爲象徵的全新優衣庫？前言又略顯冗長了，接下來，優衣庫第二幕的推動者，即是眾所期待的得力助手澤田貴司。

邁向成功的反思

優衣庫爲了加快腳步，以成爲「代表全日本的時尚企業」，選擇在流行發源地——原宿一決勝負。其實在小郡商事時代，也曾考慮在此展店，但因爲租金太高而作罷。十多年後，終於準備好要在這裡見眞章了。

該如何在知名時尚品牌林立的原宿宣傳「優衣庫」？這裡所指的，不是如何呈現

「休閒服飾的倉庫」，而是基於製造零售業模式，也就是在海外生產自家設計的「優衣庫服飾」。換言之，就是柳井正在ＡＢＣ改革中提出的「如何做出暢銷的衣服？」與「要在賣場展現出商品暢銷的理由」。

雖然後面還會再提到，但只要回顧一下優衣庫的發展歷程，就會發現有好幾個時間點都出現了飛躍式成長。有趣的是，凡是在這種時候，幾乎都會經歷所謂「何謂優衣庫？」的自我省思，也就是重新定義優衣庫這家公司與優衣庫服飾。這樣的行動，總會在大幅躍進的時刻反覆出現。

我認爲，要深入了解優衣庫的故事，這是一個極其重要的關鍵。一九八四年開設一號店時，優衣庫就是那個「絕無僅有的休閒服飾倉庫」。然而隨著時代演變，「何謂優衣庫？」的答案也跟著改變。一九九八年進軍東京都心的這個時間點，正值優衣庫從一間單純匯集了暢銷商品的「倉庫」，進化成一家以無人能及的低廉價格提供暢銷服飾（也就是所有人都需要的服裝）的「公司」。

那麼，最關鍵的「優衣庫服飾」又是什麼？根據柳井正的「ＰＢ開發」報告書指出，它是「休閒服飾的標準」；用更簡單明瞭的說法，就是公司內部在這段期間也經常使用的「男女老少皆宜」。換句話說，是不分年齡、性別、體型、偏好，適合所有人的服裝，而且這些衣服的價格比其他任何一家都便宜。

光看文字敘述，似乎顯得平凡無奇，卻是顚覆一九九〇年代常識的驚人創意。曾任職於大榮西服部門、後來進入優衣庫服務的中嶋修一證實：

「當時並沒有『適合所有人穿的衣服』這種東西。在這個業界，縮小範圍、鎖定目標客群才是常理。」

依照服裝款式一一鎖定目標客群，意味著要設置許多品項，並分項少量製作。不斷生產許多衣服、頻繁更換款式成了一種宿命。所謂的快時尚，就是這種快速循環、連續不斷將流行趨勢反映在商品上的商業模式。

柳井正所追求的優衣庫服飾卻與這樣的常理背道而馳。適合所有人穿的衣服，而且是不受流行趨勢左右、可以穿很久的衣服。若想製作這樣的衣服，就必須減少品項，大量生產單一款式。

「說起來，是這個業界的常理認知有問題。因爲絕對有適合所有人的衣服。」

中嶋修一表示，那時候的柳井正常把這句話掛在嘴邊，令他印象深刻。如果減少品項，集中並大量生產同款服飾，確實能降低價格，也有辦法用更好的材質去製作。不過這同時也意味著巨大的風險：萬一銷售不如預期，滯銷品將變成龐大的庫存，導致高額損失。爲了避免這樣的狀況發生、爲了製作「暢銷的衣服」，要不斷付出應有的努力，這就是當時中嶋修一眼中所見的優衣庫經營模式。

「社長會反覆問好多次：『哪個部分和去年不同？』、『有哪裡跟其他品牌不一樣？』簡直跟審問犯人似的不停發問。總之，就是要掌握暢銷的理由。要將暢銷的理由一個個疊上去。」

柳井正試圖透過這樣的「審訊」，創造出以任何人都能理解的形式體現其特色的優衣庫服飾，也將是做爲勝負關鍵的原宿店最重要的賣點。

那會是什麼呢？

負責探究這些根源性問題、爲進軍東京都心（此役堪稱優衣庫生死存亡之戰）而研擬戰略的人，正是柳井正剛延攬不久的得力助手澤田貴司。這或許可說是新一代優衣庫的自我展現吧？

預定開幕日是一九九八年十一月二十八日。這一天步步逼近。

「在店門口貼滿電影海報如何？」

「要不要在店裡設置DJ臺炒熱氣氛？」

公司裡接二連三冒出一些新點子；關於優衣庫服飾的代表性商品，也出現各種不同的看法，其中以有望達到一定銷量的T恤和牛仔褲最被看好。

「原來如此，似乎挺有意思的。」儘管心裡這麼想，卻又懷疑這眞的足以展現「何謂優衣庫？」嗎？這樣眞的能打造出「展現出商品暢銷理由的賣場」嗎？澤田貴司不斷自問自答，卻找不到一個能讓自己認可的正確答案。

「那段時期我一直很煩惱，連做夢都在想這些事。」

用刷毛外套一決勝負

然後，有一天——

那天，澤田貴司一邊反覆思考有關原宿店的市場行銷策略，一邊在辦公室裡漫無目的地踱步。突然，他的目光停留在一位女性員工身上。澤田貴司走向她，坐在她辦公桌旁的一只大垃圾桶上，開始閒聊似的跟她搭話。

「我說阿部呀，你來到這麼鄉下的公司上班，眞的一點都不後悔嗎？」

澤田貴司開口搭話的對象是一位名叫阿部步子的職員，她才剛離開英國高級品牌「Margaret Howell」，進入優衣庫工作。儘管澤田貴司當初入職的情況跟她差不多，但還是半開玩笑地問她：「有必要專程來到宇部郊外的山區工作嗎？」沒想到阿部步子竟開始提到優衣庫的價值並沒有充分傳達給大家知道之類的話題。

「明明大家都很努力想做出好東西，結果還是沒能將這樣的心意傳達給顧客。該說是遺憾嗎？總之就是覺得很可惜。」

「喔？這樣啊？果然你也這麼想？」

澤田貴司在大阪美國村門市接受店長培訓時，也有這般深刻的體悟，因爲連優衣庫店員都對自家公司的價值一無所知。他專注聽著阿部步子的話。

「比方說，這款刷毛外套明明就很棒，我也有買來送給爸媽喔。」

據說阿部步子的父母很開心地穿上了。

「喔喔，這樣啊。」

（確實，刷毛外套很方便呢……。）澤田貴司一邊想著，一邊站起身來，又開始在辦公室裡慢慢踱步。

所謂的刷毛，是一種由聚酯纖維製成的紡織材料，主要用來製作上衣。過去因爲輕盈保暖，頗受登山或滑雪愛好者青睞，但一般大眾並不熟悉這種材質。美國的 Malden Mills 公司是最大的生產商，但因爲需求有限，一件通常要價超過一萬圓。

優衣庫也曾向這家公司訂購刷毛訂製服，後來轉由香港工廠擔任供應商，價格相對便宜，從四千九百圓起跳。儘管單價比優衣庫其他商品來得高，但還是熱銷達一年八十萬件以上，也是主力商品之一。

（原來如此，刷毛啊……。）

的確，這是一項好商品。不分性別、年齡，誰都能穿，正是「男女老少皆宜」，而且同樣的商品，其他品牌要賣到一萬圓以上。自己設計，再透過香港工廠製造的話，就能以將近半價的價格出售，完全是典型的優衣庫風格。再來，目前在日本還只有少數人知道，這種好東西如果能讓一般大眾多多穿著，不是很好嗎？冬天就要來了，以季節來說也很剛好……。

澤田貴司心裡盤算著，就這樣離開了辦公室。

隔天一早。

當時澤田貴司是獨自赴宇部任職，家人並沒有一同前來。他習慣每天起個大早，來到住家附近的常磐公園，並沿著公園裡的常磐湖慢跑。跑步的過程中，他依然掛念著原宿店的事。就在他打算上個廁所、正準備進入湖畔的洗手間時，腦中突然冒出昨天那番對話。

（就是它了。果然還是刷毛外套！乾脆大膽一點，把原宿店全部設計成「刷毛外套專賣店」如何？）

雖然不知道當下爲何會有這種想法，但澤田貴司心想：「這是唯一的選擇。」他立刻衝回家、跳上愛車，直奔辦公室。上班時間還沒到，辦公室裡一個人也沒有，環顧四周，後方的房間傳來一些聲響。是柳井正的社長辦公室。

「柳井先生，關於原宿店，請讓我用刷毛外套去決勝負！」

澤田貴司一跑進社長室就這樣表示。柳井正不發一語，示意他繼續說下去。

「我要鎖定刷毛外套系列。乾脆店裡全部擺滿刷毛外套，您覺得怎麼樣？」

柳井正沉默片刻後，簡短回應道：

「如果你這麼覺得的話，那就去試試吧！」

原宿店

一九九八年十一月二十八日，爲了觀察原宿店開幕狀況，柳井正和澤田貴司一早就從宇部機場出發。在狹窄的經濟艙座位上，澤田貴司瞥見身旁的柳井正帶著格外凝重的表情。

「澤田，不管怎麼說，這次眞的花得太超過了。」

柳井正語帶責備。全權負責原宿店開幕活動的澤田貴司所使用的經費大幅超出預算，花了七千萬圓。

「是，有點花過頭了。」

這種時候也只能低頭認錯。爲了在車站和電車上四處張貼標榜「我們對刷毛外套有信心」的海報，結果超出預算太多。

抵達羽田機場、轉搭電車在JR原宿站下車後，一行人沿著坡道向下，朝著店鋪走去。沒多久，便看見儂特利前面開始有人排隊。

（時間還這麼早，儂特利是不是在辦什麼活動啊？）

澤田貴司一邊想著，一邊朝隊伍前方放眼望去，才發現這條人龍連接到才剛開幕的優衣庫原宿店。

「澤田，在排隊了。」

柳井正走在澤田貴司身旁，喃喃自語似的對他說道。澤田貴司不禁盯著長長的隊伍瞧。

原宿店有三層樓，這一天，澤田貴司大膽地將一樓全部用來展示刷毛外套。色彩繽紛的刷毛外套，一一往上陳列堆疊到手搆不著的高度，豔麗多彩的貨架環繞著一整個挑高開放的空間。數量總共是七千件。這樣的陳設完美展現出「暢銷的賣點」。

貨架前人山人海。五顏六色的刷毛外套儘管疊得整齊漂亮，卻一件件彷彿消失般瞬間被搶購一空。店門口的大玻璃門外，擠不進來的客人還在排隊。

這樣的畫面忍不住讓澤田貴司看得出神。

因超出預算而被責備的事早就拋諸腦後。曾在公司內部引發不同意見的刷毛外套宣傳活動，很明顯地非常成功。

「太好了！」

澤田貴司不禁握緊拳頭。站在他身旁的柳井正看到眼前的景象，先是一驚，隨即恢復鎮定。

「這下子，庫存很快就要賣光了。立刻從關東地區各分店把刷毛外套全都調過來。」

他快速下達了一連串指示。

「人手完全不夠吧？馬上叫其他分店的人來支援。」

「保全人員也不夠。再這樣下去，會讓顧客遭遇危險，趕快去安排。」

對柳井正而言，眼前的景象或許讓他想起當初在廣島裏袋的一號店說著「挖到金礦了！」的經驗。那時候，雖然透過當地電臺廣播，請顧客「不要再過來了」，結果適得其反。這次不能重蹈覆轍。

就這樣，優衣庫在慌忙的原宿主要街道上揭開了第二幕。

挖角小老弟

離開人群喧囂的原宿店，柳井正和澤田貴司前往鄰近的一家餐廳吃午餐。一走進店裡，便看到一位體格比出身美式足球隊的澤田貴司更壯碩的男子等著他們。那張臉就如澤田貴司般曬得黝黑。這個人是玉塚元一。

「既然要進我們公司，就先從店長做起，學習一下店內的事務。可以吧？」

柳井正以公事公辦的口吻說道。玉塚元一回應：「好的。請多指教。」玉塚元一就這樣決定進入公司任職。在一旁看著的澤田貴司雖然鬆了口氣，卻難掩不安。

「我們公司正打算更新資訊系統，你來做個簡報吧。」

不久之前，澤田貴司曾對小老弟玉塚元一提到這件事。玉塚元一原先在旭硝子負責管理化學品出口事宜，後來調任新加坡，再到美國攻讀ＭＢＡ學位，接著轉職進入日本ＩＢＭ。即使在工作上已無直接關連，他依然與澤田貴司保持聯繫。

（澤田先生換工作到宇部的運動服裝公司？這究竟是怎麼一回事？）

據說當玉塚元一得知澤田貴司離開伊藤忠商事、轉職到優衣庫後，心裡確實感到納悶。他稍微調查了一下，發現這家「運動服裝公司」正來勢洶洶、積極拓展店面；也剛好在這個時候，他接到澤田貴司的邀約。當時玉塚元一才剛進入日本ＩＢＭ，算了一下，這是他的第四個案子。

玉塚元一趁此機會飛到宇部，抵達時，澤田貴司和柳井正已在會議室裡等他；同時在場的還有其他幹部，其中一人就是堂前宣夫。後來才知道，堂前宣夫曾任職於日本麥肯錫公司，才剛加入優衣庫。比玉塚元一小六屆的他，當時還不到三十歲，但因爲天生娃娃臉，看起來比實際年齡更年輕。

玉塚元一開始簡報，三人則靜默地仔細聆聽。

「由於今後貴公司將擴大在中國工廠的生產規模，爲了能更縮短與日本門市的距離，提高需求預測的精準度……。」

玉塚元一正根據事先準備的資料進行說明，堂前宣夫卻精細入微地一一提出質疑。

「這是基於怎樣的邏輯來推論的？請提供數據。」

他犀利的眼神與稚嫩的臉龐極不相符，步步進逼，毫不留情。玉塚元一變得語無倫次。柳井正雙手環抱胸前，不發一語，但他銳利的目光仍盯著玉塚元一不放。

「我自認爲已經準備得很充分，但還是太小看這件事了。現在回想起來，還是覺得自己的簡報太淺薄，很丟臉。需求預估什麼的，在那些天天爲這件事絞盡腦汁的人面前，我竟然用高高在上的態度，說得一副很了不起的樣子……柳井先生嘴上雖然沒說什麼，但一整個就是『少廢話，快說結論』的態度。」

玉塚元一如此回憶那天的事。總算結束一輪問答後，柳井正與堂前宣夫迅速離開了會議室。目送兩人離開後，始終保持沉默的澤田貴司嚴肅地丟出一句話。

「玉塚，你稍等一下。」

會議室裡只剩他們兩人，澤田貴司用嚴厲的口吻對這位小老弟說：

「我說你啊，去美國的商學院到底都學了什麼東西回來啊？就幾個外來語嗎？你說的東西根本讓人聽不懂。你眞的變成一個無趣的男人欸。喂，怎麼回事啊！」

儘管年齡和任職的公司都不同，但兩人都是出身體育社團的人。面對這個小老弟，澤田貴司說話毫不留情，玉塚元一則專心聽著。明明擁有壯碩的體格，此刻卻讓人覺得小了一圈。

「然後，你現在進了ＩＢＭ，接下來有什麼打算？你想做什麼？」

澤田貴司繼續追問。

「我將來想成爲一名經營者。」

「這樣啊……既然如此，我說玉塚……你來我們公司吧。」

萬萬沒想到澤田貴司會說出這句話，竟然要他辭去才剛到職的日本ＩＢＭ，加入迅銷。順帶一提，日本ＩＢＭ可是以高薪聞名的。

「優衣庫有股票期權⑩嗎？」

「笨蛋！怎麼可能會有那種東西？」

就這樣，話題從系統軟體的推銷，變成了挖角玉塚元一。

「這樣說定了喔！我去跟柳井先生說一聲，你就來我們公司吧。」

很顯然的，澤田貴司的態度非常認眞。

偏僻的日式饅頭店

澤田貴司主動提起挖角玉塚元一的事，卻遭到柳井正斷然回絕。

「他不行吧？簡直就像個少爺似的，不是嗎？」

多少可以理解柳井正爲什麼對玉塚元一評價不高。雖然主要原因可能是他明明身爲

⑩ 不論市場價値如何變動，持有人都能在一定期間內，按預定價格買入或賣出一定數量股票的權利。

日本IBM業務員，簡報卻做得毫無參考價值，但柳井正拒絕的理由似乎不只有這個。

玉塚元一的祖父是玉塚證券創辦人；再往前追溯，從曾祖父那一代起，就已在經營兌換業務，可說是不折不扣的金融世家。玉塚證券歷經合併改組，成爲今天的瑞穗（Mizuho）證券。當然，玉塚元一從小就生長在富裕的家庭裡。前面雖然提過，他過去是慶應大學橄欖球隊的一員，不過他同時也曾就讀「上流社會」子弟雲集的慶應義塾幼稚舍（即慶應大學的附屬小學）。

「他是有錢人家的少爺吧？那種沒吃過苦的人在我們這裡是做不來的。」

柳井正丟出這句話，想結束這個話題，澤田貴司卻不肯罷休。

「是這樣沒錯。雖然那傢伙看起來是這種德性，但確實是個好人；而且我還在伊藤忠商事的時候就認識他，他是個好學不倦、有能力的人。絕對應該僱用他。」

這麼一說，玉塚元一看起來確實像澤田貴司一樣，是個率性而爲的人。

這段期間正是優衣庫準備進攻東京都心的關鍵時刻，非常需要延攬優秀人才。更何況，眼前已面臨人手不足的問題。在這種發動攻勢的關頭，這個人看起來還不賴。

「好吧，既然你都說到這個地步……。」

僱用玉塚元一這件事就這麼定了下來。此時的柳井正完全沒想到，日後竟然會指名玉塚元一擔任自己的接班人；畢竟對他來說，心目中的理想人選是澤田貴司。

選擇從東京的大企業跳槽到這裡的澤田貴司和玉塚元一，就此揭開優衣庫的第二幕。澤田貴司在原宿店企畫的「優衣庫刷毛外套」活動，掀起了誰也料想不到的空前熱潮，讓優衣庫在全日本一舉成名，也讓柳井正在銀天街鉛筆大樓裡宣示「成爲代表全日本的時尚企業」這個夙願付諸實現。

不過，在原宿掀起的刷毛外套熱潮來得快，去得也快。不久後，優衣庫的進攻行動草草結束。

接著，柳井正與這對學長學弟之間開始出現裂痕。對柳井正而言，在這段繼「日本第一」後要實現「世界第一」的偉大航道上，可說是難以避免的雜音。

話說回來，玉塚元一在進入優衣庫前，除了澤田貴司之外，柳井正也曾問他：「你對未來的規畫是什麼?」

「將來我想自己創業，或是成爲一名經營者。」

玉塚元一如此回答後，柳井正先是說了一句「這樣啊」，然後接著說：

「你聽好了。在MBA學的那些東西或許很重要，但做生意可不是光憑你在那裡學到的理論就能應付的。」

接著，柳井正繼續舉出這樣的例子：

「比方說，你在一個偏僻的地方開了一家日式饅頭店。儘管你一邊想著該怎樣才能賣得好，一邊把拚命做好的饅頭放在店頭。不過等了老半天，還是沒客人上門。」

「於是你會想：是不是應該降價？還是因爲招牌太小，人家看不到之類的，然後試著發發傳單。漸漸的，開始有顧客上門了，可是沒有任何人買東西，沒有人掏錢出來。與此同時，你還必須要支付員工薪水。資金就這樣越來越少……。」

「結果呢……你一邊想著『照這樣下去會倒閉』，一邊開始胃痛。所謂的經營者，就算是在這種狀況下，還是得繼續想辦法。」

玉塚元一靜靜聽著，柳井正又說：

「你聽好了，沒有這樣的經歷，絕對無法成爲一名經營者。」

玉塚元一至今仍無法忘記柳井正當時的這番話。身爲一名經營者並切身感受那樣的胃痛，他在後來當上優衣庫社長時，也親自體驗到了。

第 6 章

挫折

「公司將瓦解」、新人才與離去的老將

在巴塞隆納遇見的競爭對手

那是在一九九八年八月初，原宿店即將開幕之際。柳井正利用暑假，和家人前往西班牙旅行，那裡同時也是他在學生時期與妻子照代相識並充滿回憶的地方。當時柳井正的長子一海剛從大學畢業，進入以職務繁重著稱的高盛證券公司任職，次子康治則仍是個大學生。

這段期間，正是兩名兒子即將踏入社會，也是優衣庫透過原宿店準備奪取「代表全日本的時尚企業」寶座的時刻。爲了在這緊張時刻稍作喘息而選擇的旅遊地點，就是西班牙。柳井夫婦相識於西班牙南部安達魯西亞的古城格拉納達，當時年輕的柳井正與照代搭上擁擠的夜間列車，前往位於伊比利亞半島正中心的首都馬德里。

這次的家族旅行，他們來到西班牙第二大城——僅次於馬德里的巴塞隆納。這是一座面向地中海的美麗城市，夏季則是觀光客特別多的季節。從石板路的舊街區到市區餐廳，不論哪裡都熱鬧非凡，徹夜喧囂。

即使來到這繁華熱鬧的南歐城市，柳井正的目光仍不免要向同業；或者應該說，就算不想看，路上來往的行人手上大大寫著「ZARA」的紙袋，仍會映入眼簾。

ZARA是一家源自西班牙的全球性快時尚企業，也是優衣庫日後挑戰世界第一寶座時必須面對的霸主品牌。孕育優衣庫的，是柳井正的迅銷集團；經營ZARA的，則是由白手起家的阿曼西奧・奧蒂嘉・高納（Amancio Ortega Gaona）所創立的印地紡集團（Inditex）。一般念成「扎拉」，但在該公司總部所在地、西班牙西北部的加利西亞地區，則念成「薩拉」。本書中一律以「ZARA」來標記。

後來，「印地紡的ZARA」與「迅銷的優衣庫」，或是奧蒂嘉與柳井正，經常被拿來做比較。儘管公司、品牌起源或彼此立足點完全不同，卻因爲兩者都是全球性的大型服飾連鎖企業，時常被拿來相提並論。

打造ZARA的男子

接下來，我想大略介紹一下這個優衣庫日後的競爭對手。奧蒂嘉出生於一九三六年，是四兄弟中的老么，成長於鄰近法國國境的巴斯克地區山間小鎮。這一年，西班牙內戰爆發，以日本的年號來說則是昭和十一年。他比柳井正年長十三歲。

奧蒂嘉的父親從事鐵路相關工作，家境貧困。十三歲時，因爲父親工作的關係，一搬到拉科魯尼亞這座城市，就爲了幫忙家計而中途輟學，開始到當地一家西服店工作。拉科魯尼亞，是位於西班牙地圖左上角的一座港口城市。

後來，奧蒂嘉換了工作，到哥哥和姊姊任職的西服布料店上班。他與在此結識的裁縫師——也就是後來的妻子一起創辦了一家生產女性浴袍和內衣的公司，這就是他創業的起點。那是一九六三年，奧蒂嘉二十七歲的事。從他十三歲就進入服飾業算起，當時資歷已超過十年以上。

在這個階段，公司主要是製作女性服飾並供應給零售商；後來之所以進入零售業，是因爲遭遇一次難以收拾的緊急狀況——最主要的原因是德國客戶突然取消大筆訂單。無計可施的奧蒂嘉試圖將商品販售給其他公司，但根本賣不出去。既然如此，只好自己來賣了。

另一個原因，據說是他對既有的流通系統產生疑問。他前往西班牙某大型百貨公司談生意，卻無法與負責採購的人達成共識。「女性消費者的需求是什麼？這些人眞的了解她們的心聲嗎？」他心中不斷湧現這樣的疑惑。從這時候開始，奧蒂嘉始終堅守著一個信念，就是直接傾聽消費者訴求，以辨明流行趨勢。要是陳設商品的百貨公司等零售商不認眞了解商品和顧客需求，那不如自己來賣！

奧蒂嘉因此而成立的品牌就是ＺＡＲＡ。當時是一九七五年，也正好是柳井正在宇部銀天街上與浦利治兩人重新出發的時期。

不過，即使是西班牙當地媒體，奧蒂嘉也鮮少露面，一般公認是個謎樣的人物。柳井正與家人造訪巴塞隆納的數年後，和歌山縣的針織機製造商——島精機製作所創辦人島正博，前往拜訪印地紡規模宏大的總公司時，第一次見到了奧蒂嘉本人，據說，這件事至今仍令他記憶深刻。

當時，島正博在會議室裡與ＺＡＲＡ的幹部進行會談，不料房內燈光突然熄滅。往門口方向看去，發現是一名身著老舊工作服的老人關了燈。

「現在還是白天，不需要點燈吧。」老人表示。原來這個人就是阿曼西奧・奧蒂嘉。透過翻譯明白這句話之後，同樣從戰後廢墟裡白手起家的島正博深受感動。

「一隻手掌握工廠，另一隻手接觸顧客」是奧蒂嘉的經營哲學。曾有這麼一段小故事，據說當ＺＡＲＡ勢如破竹進軍美國市場後，紐約時報馬上試圖採訪奧蒂嘉，卻遭他婉拒，說排不出時間。然而當他們拍攝工作現場畫面時，卻發現奧蒂嘉本人正與工作人員一起在做事。

即使成爲一家龐大的企業，奧蒂嘉依然厭惡階級主義。長年以來都將自己的辦公桌放在和大家一樣的辦公空間裡，並沒有設置自己的辦公室。

基於這樣的現場決策手法，奧蒂嘉以零售業爲目標所成立的ＺＡＲＡ，結合了位於當地拉科魯尼亞附近的自家工廠，建立起一套商業模式，將女性消費者所需的服飾一一送達門市。雖然更新的頻率依商品而有不同，但後來將汰換的時間調整爲三週一次。爲了維持這樣的速度，即使開始在全球拓展事業，大多數工廠依然設在西班牙境內，或是隔了一條直布羅陀海峽的鄰國摩洛哥。

相對於優衣庫以男裝起家，ＺＡＲＡ則以女性內衣爲起點。

優衣庫從零售店開始，ＺＡＲＡ則源自於製造商。
優衣庫專注於眾人皆能穿著的服飾基本款，ＺＡＲＡ則是迅速呼應潮流，不斷替換暢銷商品的快時尚。
優衣庫選擇國際化分工生產，ＺＡＲＡ則堅持國內製造，以掌控速度。
相信光是從以上幾點，就足以讓各位明白二者是完全迥異的兩家公司。要說有什麼共同點的話，大概就是這兩家公司都發跡於遠離時尚中心的小型港口城市，也都有一位從基層做起、經常探索世界以追尋靈感的創辦人。當然，雙方各有優缺點，這裡並不是想論斷孰優孰劣。
一九九八年夏季的巴塞隆納之旅，讓柳井正深切感受到自己不能忽視這個未來強勁對手的存在。ＺＡＲＡ賣的是怎樣的衣服？他進到店裡一看，意外發現了一件事。
儘管還是八月初陽光炙烈的時節，ＺＡＲＡ店裡陳列的卻幾乎都是秋冬服飾。他們已經提早換季，比其他品牌搶先一步。
說起快時尚，一般認爲就是提供因應潮流趨勢的服飾產品，但ＺＡＲＡ實際上推出的是超越潮流的服裝，甚至可說主動創造了流行。換句話說，也能解釋爲主動營造與設計「暢銷的賣點」。

ＺＡＲＡ的門市幾乎都集中在巴塞隆納的主要街道。這或許也是為了創造出時尚流行的氛圍吧；當然，也能提高品牌認知度。當時，從西班牙起家、向全球擴張的ＺＡＲＡ已經邁入第十個年頭。

相比之下，優衣庫又如何呢？——柳井正在ＺＡＲＡ門市裡隨手拿起一件衣服。對於自家商品的品質和價格，他有絕對的自信。

只不過，此時的優衣庫仍未擺脫「開在郊區的店」的範疇。進軍東京都心、攻占日本第一寶座的行動迫在眼前，一個遠遠走在自己前方的巨大強敵又清晰可見。異國的那個夏天，柳井正真切感受到那堵未來必須挑戰的高牆的存在。

「公司正在崩壞」

因原宿店一舉成名而引發的優衣庫刷毛外套熱潮，就此席捲全日本。延燒的火勢有多猛烈，只要透過數據來回顧，便一目了然。

原宿店於一九九八年十一月底開幕，刷毛外套在冬季狂銷熱賣，使得一九九九年八月結算的營業額首次突破一千億圓；那年冬天，又順勢賣了八百五十萬件刷毛外套，隔年二〇〇〇年八月結算的營業額跟著翻倍，達到兩千兩百八十九億圓。在熱潮未減的情況下，接下來的冬天賣出兩千六百萬件刷毛外套，二〇〇一年八月結算，營業額高達四千一百八十五億圓。

僅僅兩年，營業額飆升四倍，完全是爆炸性成長。全日本籠罩在金融危機陰影下，戰後支撐日本經濟的電子產業與汽車業同時走下坡而逐漸凋零之際，這樣的急速成長眞可以說是非比尋常。柳井正終於奪得了「代表全日本的時尚企業」寶座。

然而在檯面下，公司的營運狀態與所謂「發展順利的成長型企業」可說相距甚遠。

在原宿店開幕當天獲得錄取的玉塚元一，依柳井正指示完成店內培訓後，隨即被召回山口縣。他負責的雖然是業務行銷，但當務之急其實是確保人力資源。

「成長固然是好事，急速擴張卻會使公司的架構崩壞。物流系統怎樣都跟不上需求、資訊系統的容量馬上就不敷使用、拉鏈生產不及。爲了應付銷售需求而耽誤展店的進度，更沒有時間培訓那些掌管銷售現場的店長……。」

再加上柳井正的咄咄逼人。週一早上召開的幹部會議上，他因爲刷毛外套供應不及，導致各店陸續缺貨的現象而暴怒。

「再這樣下去，我們會因爲失去顧客的信任而倒閉。要從最根本的部分全部重新檢討。」

辦公室的空間也已無法容納這麼多人。澤田貴司初次造訪時仍位於小河畔的總公司，現在已經遷移到山林更深處的高地，這也是總公司目前的註冊地址，內部稱之爲

「校園」。除了設置在草地上的運動場，座落於此的數幢建築物也讓人聯想到大學校園。

玉塚元一開始過著平日在總公司工作、週末在東京的生活。一到東京，他便租下品川車站前的品川王子大飯店幾乎整整一層樓，召集近二十家人力仲介公司，從早到晚不斷進行人才招募面試。

只要聽到應徵者曾在麥當勞等知名連鎖店擔任店長，當場便會錄用。如果不這麼做的話，根本無法應付銷售量激增的情況。

儘管沒有什麼像樣的休假日，不過對玉塚元一來說，他認爲自己遲早會脫離優衣庫、自立門戶，因此就算工作繁重，也絲毫不以爲苦。

「每次在會議上，都會被柳井先生釘得滿頭包。他眞的很嚴厲，但自己也確實有了成長——我確實感受到這一點。這讓我深深覺得『自己是一條洄游魚』，如果不是一直游動就會死掉的那種。」

人才匯集

「我認爲這家公司只要經過琢磨，必會成爲瑰寶。」

澤田貴司對伊藤忠商事裡正考慮轉職的後進這麼說。「柳井社長正在招募青年才俊，準備打造一個全新的管理架構。」澤田貴司表示，尤其需要熟悉財務的人才。

「但我沒有零售或服飾業的相關經驗……。」

森田政敏才開口，澤田貴司便說：「完全沒問題。現在就是要建立一個不受固有零售、服飾業常規束縛的經營團隊，要徹底改變這個業界。」

其實，森田政敏不僅沒有零售業相關經驗，甚至連迅銷這家公司都不認識。他不過就是從前輩那裡聽說，澤田貴司這位過去在伊藤忠商事響噹噹的人物離職後，進入一家從沒聽過的公司工作。

這時候的森田政敏三十六歲，在伊藤忠商事擔任發電廠業務員，跑遍世界各地。這位菁英為了深入學習發電廠建設中不可或缺的財務理論，還取得美國名校芝加哥大學的MBA學位。只是，一九九〇年代後期的日本經濟因金融問題動盪不安，甚至還出現所謂的「商社無用論」①。森田政敏認爲，如果想挑戰其他新的領域，非得現在開始不可。於是下定決心跳槽到優衣庫。

森田政敏、已晉升爲副社長的澤田貴司、玉塚元一，還有來自日本麥肯錫、負責資訊科技相關事務與經營企畫的堂前宣夫，在當時以破竹之勢急速成長的優衣庫中，這四人是新世代代表人物，備受媒體關注，也經常被稱爲「ABC改革四人組」。事實上，除了他們四人，陸陸續續也開始從東京各大企業網羅儲備幹部人才，只是媒體將他們四人的存在視爲優衣庫邁向新時代的象徵。

森田政敏進入公司時，職稱是管理本部副本部長，但柳井正對他說：「我要把財務的部分全部交給你喔。」他就這樣成爲實際上的財務負責人，不久後便掛上財務長頭銜，柳井正還將財務專用的印鑑交給他保管。

據說這家公司的職場氛圍令他印象深刻。「校園」裡有個大房間，許多辦公桌一字排開，員工們在那裡默默工作，一天結束後各自回家。校園四周是茂密的森林，沒有可供同事下班後相約喝酒的那種店家；而且大多數員工都開車通勤，公司裡幾乎沒有聚餐小酌的習慣。

「簡直就像來到永平寺②。」

過去在商社上班時，總公司多位於東京青山之類的高級地段，經常與客戶或同事到銀座或赤坂交際應酬，和現在相比，生活步調完全不同。

「而且，柳井先生就像個修行僧似的。說到興趣，大概只有打高爾夫球，除此之外就是工作。」柳井正不喝酒，一早就會來到「校園」，並在傍晚前下班回家，在家的時間也多半在讀書。森田政敏表示，柳井正的身影宛如隱居在福井縣北部深山中的曹洞宗

---

① 鼓吹生產商應直接與客戶端進行交易，不透過綜合商社這個「中間人」。
② 永平寺位於福井縣，是道元禪師於一二四四年開創的禪修道場，也是曹洞宗地位最高的寺廟之一。

禪僧，專心一志地學習開山祖師道元的教誨並身體力行。

不過，對比開山後將近八百年，至今依然平靜一如往常的禪寺，這裡的氛圍完全不同。

「整個公司都陷入一種渾然忘我的氣氛。」

事實上，雖然曾聽澤田貴司提及「公司營業額到達一千億圓後就停滯不前，柳井先生對這件事有強烈的危機感」，但森田政敏才進公司，就遇到原宿店掀起刷毛外套熱潮。如同前面說過的，柳井正對公司內部開始隱約出現的「大企業病」徵兆有所警覺，但眼前事態的發展卻讓人無暇顧及那麼多。

不論生產多少商品、進了多少貨，從刷毛外套到其他優衣庫服飾全都狂銷熱賣。如此一來，現金流充足，不必擔心資金周轉的問題。森田政敏除了擔任統籌財務和會計的帳房工作之外，也負責展店策略的規畫，但後來發現，前者已成爲自己主要的職務。

從過去開始，優衣庫的展店一直與大和房屋工業有密切的合作。他們沿著幹線道路尋找適合街邊店鋪的地段，偕同大和房屋的業務員一起與地主交涉，開設新門市。這樣的模式行之有年，但自從原宿店開設、正式進軍東京都心後，這樣的模式已經無法應付需求了。

在東京都心，要找到理想店面的機會有限；另一方面，營業中的門市也不斷傳來哀號——完全無法應付目前的客流量。依照連鎖店的展店策略，原則上必須在既有店面以外的商圈開設新店，這是為了避免互搶客人（也就是「自相殘殺」）的狀況出現。但事情發展往往無法照計畫進行。

「商圈重疊的問題，我們已經做好最壞的打算。因為如果不這麼做，根本來不及。顧客蜂擁而至，店面幾乎要癱瘓。當下就是這種狀態。」

森田政敏證實了當時優衣庫的處境。

以原宿店為開端，優衣庫在東京都心展店的速度可說勢如破竹，營運卻處於疲於奔命的狀態。比方說，開設於池袋車站前東口的門市裡，連堆放庫存的空間都沒有，不斷有貨車停靠在店門附近的路邊，將商品搬進來。

某天早上，還沒開店營業，柳井正就已在人群中跟著排隊。他是私下前來視察的。督導訝異地出來迎接，並趁機吐露眼前的困境。

「這間門市每天的營業額高達一千萬圓，卻有個煩惱：我們沒有地方放庫存，所以無法及時將貨品上架。」

「有什麼辦法可以解決嗎？」

「隔壁大樓有閒置待出租的空間。」

「租金多少？」

「月租一百五十萬圓。太貴了，租不起。」

「沒問題。馬上去租下來。」

任何事都速戰速決。不這麼做的話，門市就難以維持正常營運。在東京都心，如果不將大樓裡可能做爲倉庫使用的空屋一一租下來，就會陷入供應鏈癱瘓的狀態。另一方面，郊區門市則是爲了「優衣庫塞車」現象叫苦連天，幾乎每天都有門市周邊的居民向優衣庫總公司投訴。儘管這樣的煩惱值得開心，但要是成爲常態的話，不只顧客會漸漸流失，也會招致各地區居民的反感。

「這種狀況不能持續下去。這完全是異常現象——我慢慢出現了這樣的想法。」

在這股熱潮下，負責總管財務且剛進公司不久的森田政敏，心頭立刻浮現不安。

遇見約翰·傑伊

論及優衣庫該階段的快速發展時，還有一個人不能忘記，就是創意總監約翰·傑伊（John C Jay）。上一章曾經提到，優衣庫每當面臨大幅度成長時，必然會經歷「何謂優衣庫？」、「何謂優衣庫服飾？」的自我省思與再定義。雖然在原宿店透過刷毛外套表達了「男女老少皆宜」的價值觀，然而光是刷毛外套，並不足以說明優衣庫整體的意涵。

何謂優衣庫？這件事要如何傳達給消費者？

柳井正爲了表現自家品牌所借助的力量，正是來自約翰·傑伊這位創意工作者。

傑伊出生於美國俄亥俄州哥倫布市，父母經營洗衣店，是華裔移民後代。據說他家中經濟貧困，從小就開始幫忙家裡的生意。

小時候的他不會說英語，唯一的樂趣就是看電視。儘管聽不懂汽車廣告裡的內容，但他一邊看著，一邊夢想自己「有一天也想過那樣的日子」。

「寬敞的客廳裡有張大沙發，自己悠閒地坐在那裡看電視。兒時心中描繪的美國夢，就是擁有那樣的生活。」

爲了實現夢想，他努力求學，在當地知名的俄亥俄州立大學主修平面設計。後來他進入紐約某出版社工作，再轉入全盛時期的美國布魯明黛百貨公司。從雜誌社藝術指導轉任百貨公司行銷主管，可說是一次罕見的轉職經歷。

「其他人或許覺得不可思議，但我只是爲了替自己打造全新的面向而全力以赴，只是爲了不要錯失人生中任何一個機會罷了。」

這樣的傑伊迎來了另一次機會：除了來自好萊塢工作室和倫敦設計事務所等眾多公司的邀約外，還有一家總公司位於波特蘭、多年來不斷向他示好的新興廣告公司——威頓與甘迺迪（Wieden+Kennedy, W+K）。

如今的W+K已經是全球知名的廣告公司，但當時也才創業十年左右。該公司因製作了同樣發源自波特蘭郊區的耐吉（Nike）廣告而聲名大噪；爲耐吉打造出「JUST DO

IT」這句企業標語的，也是W+K。

寬敞的房子和大沙發——傑伊在童年時期模糊描繪的美國夢已經實現。最後，他在一九九三年離開了那個生活充滿刺激，且自己「從沒打算要離開」的紐約，來到西岸的奧勒岡州波特蘭市。

當天一到辦公室，創辦人丹・威頓（Dan Gordon Wieden）便問他：「你懂運動嗎？」三天後，威頓不知在跟誰通電話：「我朋友約翰來了，所以我打算把這件事交給他。」電話那頭，正是耐吉創辦人菲爾・奈特（Phil Knight）。

就這樣，傑伊突然被指派去負責該公司最大的客戶耐吉，後來還陸續爲可口可樂、微軟等品牌提供廣告創意。他逐步累積成果，並贏得威頓的信任，當W+K於一九九八年進軍東京市場時，傑伊被任命爲分公司社長，據說目的是爲了在日本拓展與耐吉的合作。

只不過，單純維持與耐吉的合作關係有些乏味。就在傑伊考慮拓展與日本企業的合作時，透過澤田貴司一位朋友的介紹，認識了柳井正。「我覺得，柳井先生完全就是個充滿好奇心的人。」兩人第一次見面，柳井正就像連珠炮似的不斷發問，讓傑伊留下了這樣的印象。

儘管可能出於巧合，但W+K在波特蘭的辦公室一樓掛著「Fail Harder」這麼一句話，也就是「勇於失敗」。據說是丹・威頓期許這些創意工作者不要害怕失敗、盡情展現創造力而下的「戰帖」

我想說的是，這般理念正如同柳井正的失敗哲學。丹．威頓的哲學，是冒著失敗的風險大膽創新，承繼他這套思維的就是傑伊。如此看來，他與柳井正的價值觀契合，或可說是必然的結果。

傑伊就此成爲優衣庫的創意總監。在他眼中，嶄新的「優衣庫第二幕」是什麼模樣？傑伊是這麼說的：

「我認爲是服裝的民主化。」

這是他對優衣庫所製造「男女老少皆宜」的服裝所下的定義。那麼，該如何傳達「服裝民主化」的價值？

效法耐吉創辦人

時間稍微往前推，在柳井正飛往波特蘭、與丹．威頓會面並正式簽訂廣告合約前的一九九九年五月，約翰．傑伊對優衣庫高層做了一次正式合約簽訂前的簡報。

簡報一開始，傑伊先播放了一段影片。據說那是他和團隊以手持攝影機親自拍攝的內容，地點是紐約的華盛頓廣場公園。那裡緊鄰紐約大學，可說是曼哈頓一帶對時尚潮流敏感的年輕人聚集之地。他們邀請路過的行人拿起優衣庫的刷毛外套，並說出心裡的感想。

「眞輕便，很不錯。顏色也很酷。」

「您認爲這件衣服大概要賣多少錢？」

「嗯……大概七十五美元？不然，一百美元？」

「在日本，這只賣十五美元。」

一聽到價格，那些紐約客全都大感驚訝，臉上表情被攝影機一一拍了下來。柳井正看著這段影片看到入神。

影片結束後，傑伊說了下面這段話：

「各位應該明白吧？我們必須更尊重消費者的智慧。許多行銷人員自以爲比消費者還聰明，小看了消費者。這是天大的錯誤。他們甚至認爲人們很愚蠢，所以製作出愚蠢的廣告。」

傑伊透過這段影片想傳達的，並不是「紐約人也覺得優衣庫的刷毛外套很便宜」，而是「消費者對優衣庫價値觀的認知，比我們所想的更透徹」。

這樣一來，那些自說自話且強迫推銷的廣告根本無法傳達出優衣庫眞正的意涵——那種做法無法展現「服裝的民主化」。傑伊對柳井正和優衣庫高層如此強調。

說起電視廣告，柳井正有過慘痛的經驗。柳井正常說，廣告傳單是「給顧客的情書」，即使在優衣庫急速成長並開始擴張的階段，依然在這方面進行細微的檢視。但電視廣告卻出現過很明顯失敗的作品。

那是一九九四年播出的廣告：一位中年婦人提著購物籃來到收銀檯。「我說這位小哥，這些衣服穿起來跟個大嬸似的，也太老土了吧！」婦人一邊說著，一邊開始當場脫起衣服。「所以咧，你給我換一件！」除了喋喋不休，還帶著濃厚的關西腔；說到最後，連褲子都脫了下來。這段話在我這個生長於大阪的人聽來，顯得有些做作。影片結尾打出「優衣庫無條件接受退換貨」以標榜服務精神，不料招來大量投訴，不到三個月就停止播放。儘管公司內部在製作過程中意見分歧，不過據說當時柳井正認爲「這是個傑作」。

只是回頭想想傑伊的話，這確實是支「自說自話而且強迫推銷」的廣告沒錯。那麼，如果是傑伊，他會用什麼樣的廣告來傳達「優衣庫」的理念呢？

後來完成的電視廣告配合當年秋冬商品促銷活動播放，說不定還有許多讀者依然記得。

歌手山崎將義一邊彈著吉他，一邊自言自語似的說道：

「做這件事的時候，就算平常難以啓齒的事，好像也能開得了口；透過音樂的話，總覺得平時一直很難表達的東西，也可以輕鬆說出來了。算是個好辦法吧？」

畫面上顯示「音樂人　27歲」，結尾是「優衣庫刷毛外套15色」和「¥1,900」。仔細一看，山崎將義雖然穿了一件刷毛外套，卻是很樸素的灰色，不說的話根本沒發現；而且直到最後，才會出現優衣庫和商品名稱。一開始完全看不出是什麼東西的廣告，演出者所說的話也跟衣服一點關係都沒有。

像這樣的廣告，總共拍了十五個版本，有學者、藝人、插畫家，還有一般的小學生。廣告裡的獨白全都是跟衣服無關的內容，而且只會在結尾標示「刷毛外套15色」與「¥1,900」。

這是約翰．傑伊對「何謂優衣庫？」深入思考後所製作的廣告。其中蘊含了什麼樣的設計理念呢？

「不論文化界人士、音樂人或小學生都一樣，我們對任何人都抱持相同的態度。就讓對方述說自己的故事，說他們現在過著什麼樣的日子、未來想過什麼樣的人生，優衣庫則融入其中。我認爲這樣便傳達了一切。不必刻意表明『我們是一間民主化企業』，因爲這是一段訴諸觀眾智慧的內容。」

也就是透過這種一人獨白的方式，傳達出「服裝的民主化」得以讓任何人都享有同樣的穿著感受。「服裝本身不需要個性。透過人們的穿著來賦予它個性，才是所謂的服裝。」這樣的獨白可說具體展現了柳井正的信念。順便一提，當時的拍攝是一鏡到底。刻意讓說話者的本質與眞性情如實呈現。

該廣告如此傳達「嶄新優衣庫」的誕生，立刻引發熱議，效果也可從數字上清晰可見。前一年原宿店開幕時的暢銷商品刷毛外套，屆此已形成一股風潮。柳井正獲得約翰·傑伊這股新力量，成功地向全日本傳達了「何謂優衣庫？」、「何謂優衣庫服飾？」的品牌定義與理念。

然而這樣的廣告製作手法其來有自，也就是傑伊在W+K的第一位客戶——耐吉。「要讓人們穿上耐吉走在紐約街頭，需要什麼？」這是約翰·傑伊剛加入W+K時接到的課題。

傑伊找到的答案是「不做廣告」。爲了實踐這個想法，他拿起手持攝影機，拎著它走上紐約街上，逐一提問人們對耐吉的看法。

「一般來說，廣告公司會有策略規畫專員，由他們爲客戶解釋『爲什麼』，對吧？不過我認爲那並非正確解答。知道答案的，應該是置身其中的那些人才對。首先要深入了解當地與文化，藉此贏得大家的信任。」

傑伊稱這個方法爲「城市攻擊」（city attack），耐吉創辦人菲爾·奈特則是他在確立過程中效法的對象。

「行銷的精髓在於對文化的理解。這是我從菲爾身上學到的。能與他共事，我很幸運。」

說起W+K製作的耐吉廣告中，最具傳奇色彩的，莫過於邀請籃球巨星麥可·喬丹演出的那一支。廣告中，喬丹一邊走向比賽會場，一邊說：

「在我的職業生涯裡，我投籃失誤了九千次，輸了三百場比賽；有二十六次，我在致勝關鍵的那一球失手。我不斷經歷失敗，一次又一次……所以我會成功。」

最後的畫面，就只有耐吉的標誌和「JUST DO IT」的字樣。由於這支廣告也在美國以外的地區播出，相信應該有不少人還記得吧？優衣庫用來傳達「服裝民主化」的廣告，正是重現了這支廣告所採用的手法。

「不會游泳的就沉下去吧！」

柳井正身邊陸續聚集了一群新進人才，優衣庫的第二幕就此展開。擺脫過去「以社長爲中心」的架構，成爲專業的團隊。

但另一方面，在仍不穩定的銷售熱潮與急速成長中，資深幹部們卻失去了立足之地。

「岩村，我考慮要辭職了。」

一九九九年八月，約翰．傑伊正忙著爲「全新優衣庫」製作廣告時，優衣庫最資深的員工浦利治對長期以來和自己同樣很支持柳井正的岩村清美如此表示。

柳井正還是個小學生時，浦利治就已住進 Men's Shop 小郡商事並開始在那裡工作。

後來柳井正接手經營，也只有他不離不棄。對柳井正而言，與其說是員工，浦利治更像兄弟，是一直以來完全信任的人。而岩村清美，則是當年從銀天街男裝店時期，便跟在浦利治後頭偷師工作上的各種要領，對他而言，浦利治是自己最尊敬的人。

自己最敬重的前輩突然如此表明，岩村清美卻一點也不意外，因爲他在當時也產生了同樣的想法。讓他們萌生去意的觸發點，是柳井正每週發給員工的業務通知單。上面寫的那句話讓人不禁看傻了眼。

「不會游泳的就沉下去吧！」

這是柳井正在不斷渴求成長的那個階段常常提起的一句話。事實上，這句話並非柳井正自創的，而是他從書上看到，微軟創辦人比爾．蓋茲常把這句話掛在嘴邊。

比爾．蓋茲在書中表示，網際網路這種破壞性的革新是襲擊整個社會的「海嘯」，並說明爲了生存該怎麼做，也就是「sink or swim」，意思是如果不想溺水，就得學會游泳。這句話通常當成諺語來使用，多半譯爲「拚死一搏」或「孤注一擲」。

同樣是面臨重大變革，優衣庫爲了向世人傳達服裝民主化的理念，試圖轉型爲新型企業。因此柳井正的那句話其實是對員工寄予厚望，期許他們乘風破浪、有所成長。

岩村清美無法對那句話視而不見。我當面請教他看到那句話時的感受，他這麼回答：

「看到之後，我心想『自己已經不是公司的戰力了。是不被需要的人』，自己應該要沉下去，應該要死掉才對。覺得自己是個快要溺水的人。」

這位男性，一直以來支持小郡商事，支持柳井正和優衣庫，這番話充分表現出他心中的沉痛。

「正當我那麼想的時候，浦先生告訴我他要辭職。於是我想，我也該走了。」

但是對浦利治來說，這件事似乎在他意料之外。

「不行不行，阿岩，你得留下來，還有事情需要你去做。」

岩村清美當時才四十七歲，正處於人生顛峰。然而不論浦利治怎樣勸退，他的心意依然沒有改變。

岩村清美心中自有考量。他承認，澤田貴司那些新進人才確實擁有自己這批人沒有的才幹，但他就是無法接受那套作風。

那些新人圍坐在柳井正身邊開會、翹著二郎腿說話；稱呼柳井正爲「柳井先生」，而不是「社長」。他覺得這樣並沒有錯，因爲柳井正自己也不拘小節，並沒有特別說些什麼。岩村清美深知，柳井正是個注重實力更勝於表面工夫的人，那群人個個都是比自己更加優秀、足以克服驚濤駭浪的青年才俊，有如逆流而上的洄游魚類。雖然這些道理他都明白，還是無法接受。

至於浦利治爲何遞出辭呈，我也直接請教過他本人。

「我認爲公司還是要改變才行。所謂 ABC 改革，就是『All Better Change』，我覺得最應該改變的還是人。不改變人事，就無法再成長。既然如此，我已經沒有必要繼續待著。說實話，我已經跟不上了。這一點我自己再清楚不過。」

浦利治帶著岩村清美一起到社長室，表明要辭職。

「我們覺得已經跟不上大家的腳步了。因爲我們雖然會做生意，卻不懂得經營管理。」

結果，柳井正據實以告：

「我也這麼覺得。」

這回應未免也太冷淡了吧？不論是浦利治還是岩村清美，都是從銀天街那間小男裝店開始，一路追隨他到現在，簡直就是忠臣中的忠臣。不只相處的時間很長，更是關係緊密的夥伴。

不論是爲了不被困於銀天街而持續努力掙扎的十年黑暗歲月，還是爲了實現自己在香港找到的商業模式而奔走的時光，一直默默跟在柳井正身後的正是這兩人。小郡商事轉型爲迅銷公司之後，浦利治負責行政事務，岩村清美負責採購並擔任業務部長，支撐優衣庫的成長。

正因爲是這兩人。而且柳井正也立刻明白，這樣的決定是深思熟慮後的結果，他也才因此直率地說出了自己的想法，也確實符合他一貫的作風。

只是他天生不善言詞，仍有些事無法妥善透過言語傳達。

接著，在九月，兩人已確定離職的某一天。

那一天，在校園寬敞的中庭爲員工舉辦了一場小型的新商品發表會，並找了幾位演藝人員參加。柳井正邀請他們兩位上臺，在與會員工面前頒發親手製作的感謝狀。

「浦先生，因爲您的細心周到與體貼入微，爲公司化解了許多危機，以及員工的不安和不滿。在這四十年裡，不但爲公司鞠躬盡瘁，您的服務精神更是博得顧客信賴，是我們全體員工的榜樣。」

柳井正朗讀完感謝狀，校園後方山坡便點燃盛大的煙火。緊接著，柳井正也對岩村清美表達了日前在社長室內未能傳達的心意。

「二十多年前，您剛進公司時的那段記憶至今仍歷歷在目。過去的日子或許艱辛痛苦多過於快樂，但因爲有您這樣一位好夥伴爲公司所付出的努力，我們才能茁壯，成爲日本第一的休閒服飾專賣店。」

的確，兩位元老或許眞的成爲優衣庫轉型後「不會游泳的人」，但從未有人認爲他們沉下去算了。如果沒有他們，就不會有今天的優衣庫。這一天，柳井正透過感謝狀上的文字想傳達的，應該就是這個意思吧。

就這樣，從商店街時代起，便一直支持柳井正的忠臣離開了。對於邁向「世界第一」這個目標並開始奔跑的柳井正和優衣庫來說，這樣的離別似乎也是必經之路。

柳井正憧憬的品牌

嶄新的優衣庫看似一帆風順，檯面下卻有如火災現場。

「公司正在崩壞。」

如同玉塚元一這位新世代領導高層回顧時所說的，銷售現場的弊病日增。

沒想到在這個節骨眼，柳井正提出他的夙願——進軍海外。二〇〇〇年上半年的某一天，柳井正突然宣布：

「現在正是進軍海外的時刻。我們要去倫敦。」

其實柳井正過去就曾對公司內部表明，只要營業額突破三千億圓，就要進軍海外。由於約翰．傑伊所企畫的獨白式電視廣告獲得極大迴響，一九九九年秋冬商品促銷活動中的「刷毛外套熱潮」日益升溫。銷售情況遠遠超出眾人預期，有明確的證據表示，二〇〇〇年八月結算的年度營業額將突破兩千億圓。

實際上，開設門市需要將近一年的時間準備，因此柳井正認爲，要迎接三千億圓達標的話，現在就應該開始籌備。

不過，有關爲什麼選擇了倫敦，他並沒有對員工確實說明。他後來表示：

「贏得全國賽之後，接下來當然是以奧運金牌爲目標啊。」不用說，這是從哈羅德．季寧的「經營管理的三句箴言」所學到的逆向思考。既然確立了世界第一這個目標，那麼日本第一就只是個中途站。柳井正認爲，要征戰全球市場，勢必要到紐約、巴黎或倫敦等時尚大本營。雖然他曾在著作中提到，因爲市場規模與開放性的考量而選擇了倫敦，不過在我的採訪中，他是這麼回答的：

「那是因爲我喜歡倫敦啊。學生時代曾去過那裡。我覺得那個地方融合了舊文化與年輕人的非主流文化，很有意思。」

柳井正說著，離開了座位，從社長室裡的書架拿起一本小冊子。

「這是我的珍藏。」

那是英國品牌 Next 的型錄，是一九八七年的秋冬商品。翻開冊子，左右兩頁分別是一大張相片，沒有任何商品的文字說明。與其說是型錄，更像是不經意捕捉的英國日常生活照。據說是柳井正前往倫敦考察時，因爲很有感觸而帶回來的。那是廣島裏袋的優衣庫一號店開張一陣子後的事。

「每張相片都很棒吧？模特兒將這些衣服穿得像是自己的日常穿搭；就算說這些是現在的時裝，你也會相信。換句話說，是跨時代的款式設計。一九八〇年代的 Next 應該是全世界最棒的服飾店吧？我當時就想，希望開一家像這樣的服飾店。」

柳井正所透露的優衣庫範本出人意料。的確，所謂「跨越時代的款式設計」與後來的優衣庫理念有所關連。不只男女老少皆宜，也是不受潮流左右、爲所有人設計的服飾。當年的 Next 率先引領這樣的風格，成爲柳井正一直以來憧憬的對象。

追溯Next的起源，是十九世紀位於英國中部地區的一家男裝店。一九八二年，他們比優衣庫早一步成爲休閒服飾品牌，也很早就採用了製造零售業模式，帶來快速成長。不論發展歷程或後來的軌跡，都與優衣庫很相似。雖然柳井正會注意到他們也是理所當然，不過據說Next除了販售好看的衣服，還傳達出一種有魅力的生活風格，讓柳井正深受感動。

這個令他憧憬的品牌，在倫敦卻成了競爭對手。二〇〇〇年六月，優衣庫在當地成立法人，準備一年後開幕。

進軍倫敦

由於是優衣庫第一家海外門市，既然是在完全陌生的地方做生意，就決定交給當地人才去管理。柳井正挑選的人是在英國瑪莎百貨負責新規事業③等業務的史蒂夫·龐伏瑞特（Steve Pomfret）。雖然號稱是優秀人才，但柳井正回想當初面試時，對他的印象卻是「還好」。

---

③指不同於既有的新商品、新服務、新市場，甚至是新的經營或盈利模式。

當時以龐伏瑞特爲核心，透過他自己的人脈一一從GAP歐洲高層進行挖角。公司內部稱這群人所組成的經營管理陣容爲「夢幻團隊」。

原本打算讓龐伏瑞特率領的夢幻團隊到日本接受幾週研習，以便了解「何謂優衣庫？」，但當時日本這邊正處在刷毛外套熱潮，完全應接不暇。說得好聽一點是「入境隨俗」，全權委託當地的專業團隊，但實際上這個管理團隊就是由一群對優衣庫缺乏了解的人組成，很快便帶來事與願違的結果。

此外，即使將倫敦交給龐伏瑞特管理，日本方面還是需要一位負責人。被任命爲進軍倫敦計畫統籌者的是玉塚元一。玉塚元一之前負責市場行銷，也曾經參與約翰·傑伊等人的廣告策略工作。由於他會說英語，過去任職於旭硝子時還有設立海外法人的經驗，因此受到重用。

賦予這個英日聯合管理團隊的目標是「三年內五十家門市」。優衣庫在英國是新品牌，也沒有在海外展店的經驗，若是回顧十年前——也就是一九九一年，柳井正在銀天街鉛筆大樓以公開上市爲目標時所宣稱的「每年三十家門市」來看，此時的他或許並沒有意識到，這個目標並不算特別野心勃勃。

不過，這個計畫很快就失控，露出敗象。

二〇〇一年九月，一個萬里晴空的日子。優衣庫在倫敦市內同時開了四家門市。在倫敦市民休憩場所——海德公園南邊的騎士橋（Knightsbridge）店，門前還擺放了一隻巨大的招財貓，還有做爲迎賓活動的太鼓隊表演，以此彰顯優衣庫是來自遙遠東方的品牌。

然而這一天，趕赴現場的柳井正明顯露出不悅的樣子，主要是因爲開幕前發生了一件事：龐伏瑞特發現自己身上的襯衫有汙漬，於是順手拿起貨架上的襯衫，當場換上。見狀，柳井正大發雷霆。

「你在做什麼！那是店內的商品！」

滿腔怒火像洪水潰堤般，他開始斥責現場的幹部。

「這些擺設到底是怎麼回事？根本亂七八糟！全部重來！」

他把玉塚元一叫過來，劈頭就罵：「你不認眞做是想幹麼？」在日本，商品陳列井然有序且色彩豐富是理所當然的事，這裡卻完全沒做到。柳井正無法忍受這一點。

開幕頭一天，由於大手筆的廣告奏效，客流量相當不錯。但柳井正卻提前結束行程，當天就離開了倫敦。

柳井正自己也遭人揶揄。開幕典禮上，他並沒有穿著西裝，而是以毛衣裝扮登場，當地媒體嘲諷道：「日本人參加典禮都是用這種一副剛洗完車的樣子現身嗎？」由此可以明顯看出，他們對這個來自東方的無名新品牌的鄙視態度。

這就是優衣庫以全球市場爲目標所遭遇的第一個挫折。

忘卻的「提問」

一開始，倫敦四家門市的銷售狀況很好，然而年底的聖誕節銷售戰卻宛如原形畢露般，被迫面對現實。簡單一句話，就是來客數不如預期。

到底是什麼原因？本來應該先停下腳步、重新審視現狀才對，他們卻沒有那麼做。即使大倉庫裡已堆滿了滯銷的商品，招聘店長和員工的行動仍持續進行，還建構了與低迷的銷售狀況極不相襯的龐大物流網……。

在如此不協調的營運基礎下，設定了「三年內五十家門市」的目標，並從五十家門市反推並建置人力資源和供應鏈。如果英國消費者接受優衣庫的衣服，願意買單，那當然沒有問題，但現實狀況並非如此。經營團隊爲了達成目標，不知變通，只顧著不斷擴張門市和供應鏈。

直到開張一年多後，才終於打算採取對策。不只是倫敦，包括曼徹斯特在內，優衣庫在全英國各地設立的二十一家門市都決定要先整頓一番。首先，規模縮減到只剩倫敦的五家店，並大幅裁撤員工，也中止了與龐伏瑞特所率領「夢幻團隊」之間的合作契約。

自從在鉛筆大樓以「日本第一」爲目標、開始奮勇前進至今，已經過了十年。雖然也曾遭遇像「SPOQLO」（運動優衣庫）和「FAMIQLO」（居家優衣庫）那樣的小挫折，但英國的這場撤退戰，在實質意義上算是優衣庫初次經歷的挫敗。

派駐當地的玉塚元一，面臨無可避免的撤退戰，被逼入絕境。最後，優衣庫將原本派駐的四十名總公司員工裁減到十名左右。接連好幾天透過律師進行協商，令他壓力大到胃痛。據說當時玉塚元一望著泰晤士河深深喟嘆：

「我眞是個笨蛋。」

在玉塚元一之後，當初從伊藤忠商事跳槽到優衣庫並受到重用的財務長森田政敏爲了重整業務，奉命前往英國。這是優衣庫第一次遭遇撤退戰，與日本國內掀起的刷毛外套熱潮形成強烈對比。身處前線的森田政敏目睹了令他難以忘懷的景象。

某家門市的結束拍賣完成後，所有商品出清一空。森田政敏站在空蕩蕩的店裡，內心百感交集：「爲什麼優衣庫在英國吃不開？」

「在日本奏效的事，到了英國完全行不通。最後甚至要低於成本價格，才好不容易賣得出去。彷彿在說我們只值那樣的價錢。簡直就像戰敗後收拾殘局似的，我深切感受到那種不甘心。」

業績低迷的原因到底是什麼？如果讓玉塚元一來說的話，他認爲是「虛有其表」的緣故。也就是說，雖然在當地做出了「像是優衣庫的東西」，實際上卻與在日本打造的優衣庫完全不同。

「那不是玉塚他們的錯。是我的責任。是我太天眞了。」

柳井正如此回顧道。儘管他對夢幻團隊並未正視現場狀況的經營方式感到不滿，但到頭來，沒有植入日本建構的優衣庫哲學，並輕易地以「入境隨俗」爲由、委任他人管理，是柳井正自身的責任。

如果更深入探究問題本質，終歸是因爲忘記了優衣庫在成長過程中不斷反覆進行的「提問」吧，也就是「何謂優衣庫？」、「何謂優衣庫服飾？」。柳井正與經營團隊在日本所定義的優衣庫樣貌並沒有帶到海外，或許這才是優衣庫在海外拓展行動中失敗的根源。

這是優衣庫第一次遭遇的大挫敗。這樣的挫敗不僅止於倫敦，同時期，就連優衣庫根基所在的日本，也面臨熱潮持續消退的狀況。

衰退的優衣庫

優衣庫在刷毛外套熱潮中急速發展。然而熱潮終究也只是個熱潮。自二〇〇一年起，至隔年秋冬季商品戰結束時，顧客明顯變少。簡單來說，就是膩了。

這段期間，坊間開始出現「ユニバレ」（unibare，優衣庫穿幫）這樣的用語。意思是走在路上時，碰巧遇見穿著同款刷毛外套或襯衫的人，心裡就會嘀咕：「被別人發現這是優衣庫的衣服了。」順帶一提，當時我還是個學生，住在京都，經常聽到「ユニかぶり」（unikaburi，優衣庫撞衫）的說法。因爲在學校，越來越常遇到穿著同款優衣庫衣服的人。

「優衣庫穿幫」這個詞語所反映的，是優衣庫服裝廣受喜愛的事實；然而在服飾業界，還是不能忽視消費者「不想和別人穿同款衣服」的感受。實際上，這個詞彙大多是用來表示自己所穿的衣服「被人發現是優衣庫而感到難爲情」的狀況。

也因爲如此，原本應該狂銷熱賣的刷毛外套開始在店內滯銷，其他如襯衫之類的商品銷售量也一落千丈。

柳井正後來回憶，他早就預料到熱潮消退這件事，甚至覺得「反而鬆了一口氣」。只不過當下眼看著衰退的現狀，實在很難說得那麼輕鬆淡定。

二〇〇一年八月結算時，高達四千一百八十五億圓的營業額，隔年便滑落至三千四百四十一億圓。只花了兩年，便急速攀升四倍的營業額，卻在短短一年內蒸發了兩成左右。

身爲副社長並全權負責的澤田貴司首當其衝，必須面對柳井正氣急敗壞的責問。每週一上午的例會中，柳井正的怒斥聲轟然響起。

「爲什麼刷毛外套賣不出去？是哪個顏色哪種尺寸滯銷？」

澤田貴司才根據銷售現場提供的數據開口說明，柳井正的怒氣便有如火上加油似的一發不可收拾。

「不要只用那些數據來解釋！你自己去現場確認過嗎？你現在馬上拿著數位相機，直接去店裡看過再回來！」

依現場拍攝的相片進行說明後，還有更嚴厲的抨擊等在後頭。

「果然只有 XS 和 XL 滯銷。這樣怎麼可能賣得出去？澤田！」

這樣的對話宛如兜圈子般一再反覆。出身體育社團的澤田貴司默默承受來自老闆的苛責。「沒辦法啊。因爲業績不好，挨罵是理所當然的。」儘管他嘴上這麼說，一旦談起當時的感受，仍不免說出眞心話。

「眞是讓人不甘心到了極點。裁員、撤店、減少貨車數量、停止生產……什麼事都不順。這還是我職涯裡第一次遇到這種情況。一切的一切都讓我既煎熬又無奈，就算回到家，也一樣鬱悶。我當時的樣子，應該連我老婆都看不下去吧。」

那段期間，澤田貴司唯一能吐露心聲的對象，就只有小老弟玉塚元一。他偶爾會撥電話到倫敦：「我覺得很難熬，不過你也很辛苦。我們一起加油吧。」像這樣互相打氣。「今天那個臭老頭跟我說了這些事……。」也只有跟玉塚元一說話的時候，才能這樣稱呼柳井正。「澤田先生也很辛苦。」接著便聊些無關緊要的話題。

有一次，玉塚元一這樣回應澤田貴司：「澤田先生，不管柳井先生對你說了什麼，都請你不要發火。」只是誰都沒想到，對話中隨意說出的這一句，竟然成爲現實。

如雲霄飛車般急速下滑的優衣庫。

事實上，當時柳井正曾試探澤田貴司接任社長的意願。儘管柳井正在公司裡用近乎辱罵的言詞對待澤田貴司，不過看著他默默付諸行動的態度，又覺得如果要找優衣庫的接班人，絕對非澤田莫屬。

對此，澤田貴司表示：「請讓我考慮一下。」暫且沒有答應。柳井正這樣的提議其實已經是第二次了——第一次提出，是在優衣庫如日中天的階段。澤田貴司原本打算接受，但柳井正卻臨時打了退堂鼓。

「我幾番思考後，上次跟你提的那件事，還是請你當做沒說過吧。」

原因是浦利治和岩村清美這兩位老臣要離職了。由於這段期間新進人才陸續增加，越來越多媒體以澤田貴司爲首，稱呼他們是「ABC改革四人組」。

「這個時候換社長，很可能會被解讀爲是你讓他們兩位辭職的。」這是柳井正的解釋，澤田貴司也爽快地回應：「我也是這麼想。」由於這段對話發生在午休時間，澤田貴司正打算外出跑步，臨時被柳井正叫住才聊了幾句。從他們身邊經過的員工們應該萬萬沒想到，竟然是這樣的話題吧。

第二次提起這件事則是很認眞的。然而澤田貴司之所以持保留態度，原因之一是他認爲自己就算換了頭銜，柳井正的公司應該也不會因此而有任何不同。不過他眞正的想法不是這個。這是優衣庫面臨轉折的時期，「坦白說，我不確定自己是否有辦法讓公司重新振作。」他沒有自信。

「有關社長的職務，請恕我難以勝任。」

來到位於總公司的社長室，在澤田貴司如此表明後，柳井正一臉遺憾地說道：「你不接的話，還有別人能接嗎？我是眞的打算卸任了。」柳井正老早就跟澤田貴司說過，自己想在五十歲時退居會長一職。

「玉塚元一不是挺不錯的嗎？」

聽到澤田貴司這麼一說，柳井正點了點頭：「嗯，如果你眞的不願意接任的話，確實……。」柳井正第二次提議社長交棒這件事情時，其實曾徵求員工意見，覺得誰最適合。支持度僅次於澤田貴司的，就是玉塚元一。

玉塚元一的憤慨

在那場密室會談之後，於二〇〇二年五月召開臨時董事會。由倫敦暫時返國的玉塚元一同樣以董事身分參加。會議中，與會者突然被告知澤田貴司將離職的消息，理由是爲業績低迷不振負起責任。玉塚元一由於事前毫不知情，當場便激動了起來。仔細想想，當著柳井正的面如此顯露心中憤怒，大概是絕無僅有的一次吧。

「這麼做不是很奇怪嗎？爲什麼會變成這樣？這件事是我們在場所有人的責任吧。

爲什麼只有澤田先生……讓澤田先生獨自承擔責任是什麼意思？我完全無法接受這樣的結果！」

全場鴉雀無聲，時間彷彿靜止。最後是澤田貴司的一聲斥喝，劃破了緊繃的氣氛。他望向玉塚元一，大聲喊道：

「喂，阿元！你夠了！」

澤田貴司再次說明，自己是爲了負起業績不振的責任而辭職，玉塚元一也只能把話吞了回去。董事會一結束，玉塚元一立刻對澤田貴司說：「澤田先生，你不能在這裡就放棄啊。再試一次，我們一起努力吧。」然而澤田貴司只是低著頭，輕聲說了句：

「就這樣了。這是已經決定好的事。」

接著，柳井正叫住他們：「澤田、玉塚，你們兩個來社長室一下。」一踏進社長室，玉塚元一就被問到接任社長的意願，澤田貴司也在一旁敲邊鼓：「非你莫屬了。」

「當時覺得太突然，完全沒有心理準備。」

獲邀接任社長的玉塚元一，還在爲了澤田貴司必須承擔責任的事一肚子火。在澤田貴司和柳井正勸說之下，玉塚元一回應：

「好，我知道了。」

玉塚元一接任社長一事就此底定。玉塚元一時年三十九歲，在柳井正與澤田貴司陪同下，出席了新任社長就職記者會。現場大量的閃光燈此起彼落，即使是以前還在打橄欖球的時候，也沒見過這麼大陣仗。處於停滯狀態的優衣庫突然宣布更換社長，外界將玉塚元一視爲新時代的領導者。

不過，玉塚元一說自己不太記得那段經過，唯一忘不了的，是在記者會後召開的員工大會。澤田貴司面對所有人，才剛要開口，就哽咽地說不出話來。原本打算發表演說，卻語不成句。是悔恨的淚水，或是不忍惜別？玉塚元一從未見過自己向來仰慕的老大哥這副模樣。

就這樣，優衣庫在玉塚元一的帶領下重新出發。只不過，在前方等待他們的，並非美好結局。

第 7 章

逆風

迷失方向的接班戲碼

爲祭典清理善後

玉塚元一決定接任社長後，便由倫敦返回日本。某個週末，他閒晃到當初促成優衣庫急速發展的源頭——原宿店。星期天下午大約三點左右，算是每週客流量最高的尖峰時段。可是一進到店裡，他卻有種奇怪的錯覺。

（咦？還沒開始營業嗎？不可能吧……。）

店裡幾乎沒什麼人，還以爲聽到什麼聲音，結果是店內員工。摺疊整齊的衣服堆得如山高，連手都搆不著。沒有任何人伸手到貨架拿取商品。再往入口方向看去，透過玻璃窗，只見店外人來人往，人潮匆匆來去，店門卻始終沒有開過。

雖然已在會議上藉由數據了解國內銷售量急速下滑的狀況，心裡也有個底，不過比起那些資料上的數字，實際見到沒有客人上門的空蕩蕩賣場，更能讓他眞切感受到優衣庫面臨的困境。

原宿店開幕那天，也是玉塚元一決定進入迅銷公司任職的日子。玉塚元一也曾到這裡與柳井正會面，親眼見證過刷毛外套熱潮興起時一整排長長的隊伍。沒想到，人潮竟然從這樣的一家店逐漸消失不見。

「一想像今後公司將變成什麼樣子，就讓我兩腿發軟，動彈不得。」

玉塚元一回想自己當時站在原宿店內，面對人潮消失時那種難以言喻的恐懼。

事實上，數字直接點明了優衣庫日趨惡化的現狀。

二〇〇二年夏季來臨前，在總公司擔任庫存管理部部長的若林隆廣，正爲了半年後秋冬商品銷售戰的問題頭痛不已。因爲包括刷毛外套在內，前一年冬天的存貨還在倉庫裡堆積如山。

去年沒賣完的衣服，今年冬天必須再拿出來賣。換算成金額，高達九百億圓。一整個冬季的營業額還不到兩千億圓。換句話說，有將近一半的商品變成存貨，留到隔年；如果不先清空，就無法再進新貨。如此一來，顧客更不會上門，陷入惡性循環。向海外工廠訂購的商品必須全數買單——這種製造零售業模式固有的風險，正將優衣庫逼入絕境。

柳井正召開了以核心幹部爲成員的「領導會議」——表面上是叫這個名字沒錯，但事實上，與會者都稱之爲「出清策略會議」，因爲主要議題是如何出清存貨。將已然退燒的刷毛外套熱潮做個帳目總結，爲「祭典」清理善後。始於倫敦的撤退行動，如今也波及到了日本本土。

在出清策略會議上，首先由若林隆廣逐一講解每項商品的銷售策略。低於成本的販售價格設定已經變成常態。對於從規畫到生產、販售全都一手包辦的商品企畫人員來說，精心製作的衣服用這種賤價叫賣的方式拋售，實在難以忍受。

若林隆廣採用各門市舉辦銷售競賽的方式來出清庫存。從另一個角度來看，就是拋售大戰。結果卻引起想銷售新商品的業務部門高喊：「事情不是這樣做的吧。」

「會議上一直在爭吵，還不時互相對罵。」

若林隆廣如此表示。他在優衣庫快速發展的一九九三年進入公司，從基層做起，曾在許多門市累積了不少現場工作經驗。也因爲如此，他能感受到這段期間「顧客逐漸遠離了優衣庫」。

柳井正在出清策略會議上盡可能一臉鎮定，但他早就在公司內部提過，熱潮總有一天會結束。他再次對高層幹部表示：「熱潮果然結束了。這樣很好。這樣我們才能開始進入正常的營運。」

的確，儘管業績下滑，不過手邊的資金仍很充裕，財務基礎穩固。即使在熱潮過後的二〇〇二年八月結算，淨利雖然減少一半，仍超過五百億圓，淨利率則是十五%，絕對不是個危險數字。

話說回來，柳井正雖然表現得若無其事，但看在若林隆廣等人眼中，他臉上的神情比平時更加嚴肅。也不知道是不是壓力的關係，柳井正臉上還起了一些疹子。

不過，化危機爲成長的契機，才是企業家的思維。那段期間，柳井正在公司內部下達指令：

「當下正是超越連鎖店經營模式的時刻。要將目前爲止的做法歸零，重新來過。」

標準化模式的極限

如同前面多次提到的，優衣庫直到一九九〇年代中期之前，營運模式都是以社長爲中心。

門市的經營管理也一樣，絕對遵從柳井正在總公司下達的命令。每週由總部傳眞過來的指示是唯一準則：指示鉅細靡遺，哪件衣服要放在店裡最顯眼的位置，哪個顏色要排在哪個顏色的旁邊，各地區發放的傳單要強調些什麼，都早有定案。

這就是連鎖店理論中的「餅乾壓模」（cookie cutter）模式。不論來到哪間門市，除了店面大小不同外，基本上全都一樣。這是爲了讓店內員工的工作均一化，徹底排除無謂的耗損。簡單來說，就像「金太郎糖」①，不論從哪裡切開，都長得一模一樣。

優衣庫的公司名稱從「小郡商事」改爲「迅銷」，是一九九一年的事。這個名字是以高度系統化而有效率的速食店爲範本；而柳井正腦中所想的，是如同藤田田在全日本打造麥當勞連鎖店，甚至改變日本人飲食文化的那種商業模式。

---

① 日本傳統糖果工藝之一，將各種顏色的糖組合成圖案後，拉伸成長條狀，再橫切成粒，使得每顆糖的切面都能呈現相同的圖案。也因為不管怎麼切，圖案都一樣，後來也用來比喻千篇一律、毫無個性的社會現象。

然而，矛盾不合理的現象開始出現。

二〇〇二年，優衣庫在全日本的門市逼近六百家。到了這個地步，再也無法掩飾中央集權式經營已到極限的事實。柳井正後來在著作和演講中經常提起的一段故事，正是因為這類弊端而引發的顧客投訴事件。

某天，一位母親帶著極年幼的孩子對門市店員表示，孩子突然生病，希望能借她打個電話。那天下了一整日的雨，而且不像現在有智慧型手機可用，如果冒雨四處尋找可為孩子看診的醫院，很可能導致孩子的病情加重。

然而門市店長拒絕外借電話，理由是「公司規定電話不可外借」，怎樣也不肯通融。幾天後，這位婦人的丈夫打電話到總公司投訴：「明知道孩子突然生病，卻連個電話都不肯借，到底是怎麼回事？」

柳井正聽到這件事之後，除了氣憤到極點，也覺得難以置信。他深切感受到優衣庫內部開始蔓延的這種病態。

對連鎖店來說，員工手冊（行事準則）是絕對必備的，而且這個想法始終不曾改變。即使是現在，柳井正仍會要求員工背誦員工手冊的內容。不過，那並非「絕對」的準則。手冊裡所寫的不過是一些最低限度的規定，應該優先考量的，還是眼前的顧客需求。

但實際狀況又是如何？

員工手冊與公司內部規定使得置身現場的員工放棄思考，這是否在不知不覺間將優衣庫變成一間「徒具外表的連鎖商店」？是否只知道優先依照員工手冊行動，完全不去深入思考其中所寫的內容？甚至可以說，每天只會等待總公司的指示？

這樣的疑問一一湧現——與其說是疑問，事實上，這些問題已變為現實，迫近眼前。問題的根源絕對不在銷售現場。過度施行中央集權式經營，還有上情下達的官僚作風開始蔓延，才是真正的問題所在。

捨棄以社長爲中心的模式

柳井正深刻感受到這些矛盾之處，並決定捨棄以社長爲中心的模式，然而組織已經比他想像的更龐大且變得僵化。在營業額呈倍數成長的熱潮時期沒能及時察覺這些問題，如今潛在的病徵一一浮現眼前，要是置之不理，總有一天會變成一個害怕接受挑戰的組織。要是眞的變成這樣，公司只會停滯不前。比起熱潮消退後的業績下滑，這種大企業病更可怕。

在第5章曾提過，ABC改革的契機來自於從伊藤忠商事跳槽的澤田貴司，針對販售現場所提出的報告。其中最嚴重的大企業病，應該就是總公司與銷售現場之間的脫節吧。要進行修正，熱潮退去的這段低潮期是絕不能錯失的良機。

「門市經營的成敗取決於店長。」
「店長是社長的分身，是公司的主角。」
「沒有『所有門市』這種說法，必須徹底執行『個別經營』。」
「爲此，店長必須將員工培養成主角。」
「要成爲獨立自尊的生意人。」

這段時期，柳井正反覆強調這些事；事實上，直到今天，他仍不斷提及。「因爲這些觀念至今仍未眞正內化，所以要持續強調，直到完全內化爲止。不提升店長的力量，就無法再進步。」

不過，光說不練並無法讓銷售現場採取行動。如果不把「以社長爲中心」轉爲「以店長爲中心」這件事落實在制度上，就只是空口說白話而已。

事實上，做爲ABC改革的一部分，有些事已經開始著手進行。那是在原宿店開幕、引發刷毛外套熱潮之前。優衣庫將全日本門市分爲十四個區，各區設置一位區域經理，其下再設置數名督導（地區主管），各管轄數家門市。

這麼做，主要是爲了讓總公司的角色從指揮官轉換成後勤支援。但光是這麼做，不過只是讓指揮體系階級化，增加更多層級而已；換句話說，只會讓架構變得更龐大而已。增加組織層級後，只要稍有差池，便會加速官僚主義蔓延。

這或許是新創公司要發展成大企業時，普遍會經歷的過程吧。這是一場與大企業病，也就是官僚主義的對抗。由少數菁英主導的總公司確實能發揮很大的作用，但是當權力過度集中時，則會削減現場的活力。這也是許多創業者面對的課題。

「壯大後的優衣庫」所面臨的也是這樣的難題。這是本末倒置的結果。為了克服這個問題，所以「要讓公司進化，以超越現有的連鎖商店模式」。

柳井正採用的策略，不只是那種將全日本分為幾個區塊，類似分封諸侯式的管理手法。他還在一九九九年二月，也就是刷毛外套熱潮正開始升溫的階段，就引進了「超級明星店長」制度。

柳井正很快在第一輪親自面試中選出十六位超級明星店長。過去一直遵照總公司指示的商品訂購、陳設方式、廣告單設計、員工招聘和配置等項目，現在幾乎都授權給他們自己決定。借用柳井正的說法，就是讓「社長的分身」制度化。

其目的在於釋出權力，給位居層級化組織末端的店長，賦予店長足以與總公司匹敵的權限，以破壞「店長→地區主管→區域經理→總公司」組織整體的權力結構與平衡。

換言之，超級明星店長的責任重大。理論上來說，他們的獎金最多有可能超過一千萬圓，當然也可能一毛錢都沒有。

優衣庫由此展開了管理上的改革，而有些超級明星店長也確實把握了良機。但一個龐大的組織要進行革新，並非一朝一夕就可以實現的。關於這一點，他們要等到大約十年後，因爲勞工問題飽受嚴厲抨擊才有所認知。關於這部分，留待第 9 章再說明。

採取「現場主義」的新社長

柳井正就任會長一職並開始推動管理改革的同時，接任社長職位的玉塚元一也著手研究優衣庫業績不振的原因。他的方式就是徹底執行現場主義。

在單向鏡的另一側，陸續有人被帶進來，紛紛訴說對優衣庫的不滿。

「試衣間太髒了，根本不想在那種地方換衣服。」

「優衣庫的衣服當家居服是還可以啦。」

「拉鏈很難拉，希望可以改善。」

「那家門市的保全態度很差，沒辦法處理一下嗎？」

完全就像電視劇中看到的警方偵訊室一樣，一次安排大約十名顧客入內，請他們對於在優衣庫消費的經驗發表意見；玉塚元一和經營團隊則在單向鏡另一側的房間裡，靜靜聽著那些對話。「少說廢話了，先聽聽看顧客的心聲吧。」這是玉塚元一主導的傾聽活動。地點在東京的秋葉原和蒲田。相較於年輕人常去的原宿或澀谷這些潮流發源地，可以聽取更廣泛的顧客意見。

每組的討論時間是一個半鐘頭，一次連續進行三到四組。全部聽完後，玉塚元一會站到白板旁，在幹部群面前進行檢討。將商品、店鋪、性別、顧客年齡寫在矩陣中，整理並記錄剛才聽到的顧客意見。

透過這樣的步驟，得以讓優衣庫的弱點清楚浮現。歸納後發現，這些不滿絕大多數來自於女性。原本是以「適合所有人穿著」爲目標去設計，卻忽略了女性視角；男性可以輕易接受的服裝，在女性看來卻有諸多不便之處。仔細想想，女性畢竟還是需要針對女性設計的服裝，這確實是很理所當然的要求。對於追求「男女老少皆宜」的優衣庫來說，這部分算是個盲點。

從數字來看，也能理解女性顧客的不滿其來有自。當時，優衣庫的女性商品比例是十五%，而首都圈②約有七到八成都是女性顧客。品項供應與客層之間明顯出現了失衡。因此，後來決定將女性商品由十五%提升至五〇%。

「內衣和內搭商品的數量果然太少了。」

「既然如此，應該多起用一些女設計師。從規畫預算的階段開始，女性商品就至少要有三〇%才行。」

「不行不行，突然增加這麼多，絕對會賣不完。」

---

② 狹義上指東京都、神奈川縣、千葉縣、埼玉縣等地。

「當然要有這個覺悟啊。一開始就要做好心理準備，即使變成廢棄品也要做。」

「不行不行，說什麼廢棄品，不能這樣啦。爲了避免這種狀況，不只是設計師，連商品企畫人員也要增加，否則工作流程會不順。」

這樣的論辯在單向鏡另一側的房間裡展開。針對接二連三的問題，迅速做出決策，當場決定該由誰在多少時間內完成什麼事。接下來，玉塚元一直接帶著幹部群到外頭聚會小酌，你一言我一語，開始出現更極端的建議。

「能有這麼多女性顧客上門，不是千載難逢的機會嗎？優衣庫乾脆就以最大的內衣製造商爲目標，如何？」

新發現總是隱藏在現場裡。「顧客不可能告訴我們答案，但會啓發我們的創意。」讓這些創意付諸實現，就是新社長玉塚元一的任務。

另一方面，玉塚元一在行程中優先安排前往各門市巡店的時間。站在店內聽取店長報告的同時，也自己動筆記錄下來。這麼做除了尋找重振優衣庫的靈感外，還有一個目的。

「新社長在眾人眼中是什麼模樣？從各店長的角度來看，這是個見識眞本領的時刻。我認爲，毫無實績的新社長要博取大家信任，必須主動掌握現場員工的心。」

可以說，在具備個人魅力的創業家之後，接任的這位「員工社長」（由員工升任的社長）採取了正面迎擊的方式。

玉塚元一上任之初，提出了三年後（也就是二〇〇五年八月結算）要達成「營業額四千五百億圓」的目標，完全超出二〇〇一年八月結算時，刷毛外套熱潮顚峰期的數字（四千一百八十五億圓）。這樣的表態意謂著他想帶領優衣庫重回盛況。實際上，玉塚元一就任社長後不久，二〇〇三年八月結算的營業額是三千零九十七億圓，觸底後逐步回升，呈現復甦的趨勢。玉塚元一腳踏實地、穩健經營的作風，讓優衣庫開始再次邁向昔日高峰。

只不過，柳井正並不滿意他的做法。他後來在著作《成功一日可以丟棄》中如此表示：「在玉塚看來，也許因爲『不想讓公司陷入險境』，所以避免各種冒險行動，這也是無可厚非的。他做事確實很穩健沒錯，然而我擔憂的是，公司可能無法成爲一家活躍於全球或是創新的企業。」

對於玉塚元一所主導的優衣庫改革，柳井正坦率給予這樣的評價。

「我不想讓優衣庫成爲一家平凡無奇的公司。光是追求穩定成長，是無法滿足我的。」

在中國受挫

玉塚元一固守日本國內市場。相對於此，柳井正則放眼全世界。

做爲優衣庫進軍海外的前鋒，倫敦那邊天天傳來苦戰的消息。將玉塚元一從倫敦召回後，擔任財務負責人的是從伊藤忠商事挖角過來的森田政敏，他不得不縮減規模達二十一家門市的銷售網，最後，倫敦門市裁撤到僅剩五家——二〇〇一年剛進軍時，一口氣同時開設了四家門市，此刻可以說是回到了起點。

只不過，進軍的號角並未停歇。玉塚元一從倫敦調任回國、接任新社長後不久，也就是二〇〇二年九月底，優衣庫發起第二波進軍海外的行動，在中國上海同時開設兩家門市。

雖然這是玉塚元一獲任命爲社長前就決定的事，卻爲他的經營管理蒙上了陰影。

負責進軍中國計畫的是三名男子。他們都是來自中國的留學生，並加入了優衣庫這個團隊：領頭的林誠、已歸化爲日本籍的高坂武史，以及潘寧。潘寧後來成爲引領優衣庫達成全球化目標的關鍵人物。他在一九八七年、十九歲時來到日本，這時的他已經三十四歲。

有關優衣庫和潘寧在上海經歷的挫折與成功過程，將在下一章詳述。從結論來說，他們幾經波折才終於獲得成功，是玉塚元一卸任後的事了。

上海的兩家門市幾乎重蹈倫敦的覆轍。他們在當地做出「貌似優衣庫的東西」，卻不受中國顧客青睞。當時在中國，基於「如果是和日本一樣的商品，就會賣不出去」的前提，店內擺設的商品雖然價格比日本便宜，但品質也較差。

後來他們才發現，這麼做並無法吸引中國消費者專程到一家來自海外的店鋪購物。回想當初日本迎來經濟高度成長期時，那些來自海外、大家不曾見過的商品被大肆宣傳爲「歐洲舶來品」，很顯然就是顧及消費者的心理。然而這種想當然耳的事，卻是二〇〇五年潘寧爲了重整組織而奔走時，才總算察覺到的。

結果，玉塚元一在那一年卸下社長一職。如果重整海外事業這件事能提早一年，也許命運就會大不相同。

與東麗合作

優衣庫在刷毛外套熱潮過後，雖然接連面臨苦戰，不過爲了反擊而準備的種子也已開始撒下。最具代表性的便是與東麗（Toray）——也就是優衣庫不可或缺的這位夥伴之間的策略合作。

時間回到一九九九年八月，刷毛外套掀起熱潮。柳井正向東麗提出合作案，希望對方全面協助提供紡織品原料。在此之前，東麗與優衣庫的關係僅限於「相關事業」，不過是提供某幾款衣服的布料那種程度，交易規模很小。柳井正希望能借助東麗的核心業務——也就是紡織品的實力，讓雙方關係有進一步發展。

當時的優衣庫只不過是一家區域性的新興企業，無法與東麗這種足以代表日本的製造商相提並論。對方會不會認眞看待這件事，並給予回應呢？

其實柳井正心裡已有勝算。吸引他注意的，是號稱振興東麗的功臣——前田勝之助的主張。當時的紡織業已經被視爲夕陽產業，但是前田勝之助卻主張，應該徹底扭轉「擺脫紡織」的路線，回歸本業。

「雖然紡織在日本已是成熟的產業，但在發展中國家卻正以驚人的速度成長，而我們具備技術與銷售的專業知識。身爲經營者，卻嚷嚷著『現在應該擺脫紡織』，只能說他們對周遭的情勢太疏於觀察了……。」

一九九七年三月，《日經商業》刊登了一篇專訪，前田勝之助滿腔熱血提到，要放眼顯著成長中的亞洲市場，復興本業。柳井正讀過這篇報導後，產生了「如果是這個人的話……」的想法：「我當時覺得，原來眞的有人與我看法一致。」

在此稍微補充一下，前田勝之助不只是重振了「老舊的紡織業」，同時也長期爲目前東麗的主力事業——碳纖維奠定基礎。當初他身爲技術人員，專注於碳纖維的研究，公司卻在一九六〇年代停止研發。是他不斷向高層爭取後，才終於重啓計畫。其後，他歷任課長、部長、廠長，以至於經營高層，仍持續致力於鑽研碳纖維的潛力。

二〇〇〇年四月，柳井正終於與前田勝之助會面。容我重申，當時外界一致認爲，優衣庫與東麗在「等級」上並不相稱。然而面對前田勝之助這位老前輩，柳井正卻直率地表示：

「我們想將刷毛外套的成功推向全世界。因此，必須在材質上有所區隔。我們希望學習東麗的運作模式，除了貴公司之外，找不到其他適合成爲合作夥伴的企業了。誠摯盼望貴公司助我們一臂之力。」

當天，柳井正帶領經營團隊，造訪位於東京日本橋的東麗總公司。東麗的高層也全數出面接待，可說是一場雙方全員出動的協商。不過，會談實際進行時，是柳井正與前田勝之助兩人單獨對話。

柳井正受邀進入前田勝之助的會長辦公室。當時的柳井正五十一歲，前田勝之助七十歲；即使以經營者的身分來說，前田勝之助依然是老前輩。柳井正開門見山，以「我們的合作夥伴非東麗莫屬」誠摯表達來意。

至於雙方其他高層，則在大會議室中等候。柳井正與前田勝之助進行了大約三十分鐘的會談後，偕同現身在眾人面前。

「今後將與迅銷公司全面合作。」

前田勝之助向對自家幹部如此宣布。

當晚，前田勝之助召集公司幹部，在赤坂一家經常光顧的高級日式餐廳「たい家」（Taiya）設宴。這是他舉辦慶祝會時愛用的餐廳。

事實上，會談當天，柳井正曾向前田勝之助提出一項請求：「能否在貴公司設置一個專責單位處理我方業務？」也就是「希望雙方成為命運共同體」。

此時，在東麗看來，優衣庫不過是眾多供貨對象之一。沒想到這樣的公司竟然要求為他們設置專責單位？而且柳井正還提出請求，希望由當時的東麗社長平井克彥擔任這個專責單位的負責人。一家地區性新興企業，竟敢要求知名企業裡仍深具影響力的會長提供全方位協助，簡直前所未聞。

從常理看來的無理要求，前田勝之助卻決定照單全收。順應柳井正的請求，前田勝之助在餐廳對列席的幹部宣布，將在公司內部設置優衣庫專責單位「GO推廣部」。當時擔任會長祕書、後來成為「GO推廣部」主管的石井一表示，至今對前田勝之助在餐會上所說的話記憶猶新。

「各位，你們應該明白吧？這件事不必論及是非對錯，要全面支持。」

前田勝之助透過與柳井正的對話，深深感受到優衣庫的潛力。優衣庫與東麗的緊密合作就此展開。即使在二〇〇六年前田勝之助卸任會長一職後，雙方依然簽訂了策略合作協議，交易規模持續穩定成長。

第一個合作案就是刷毛外套。向東麗購買原料後在印尼紡線，並在中國縫製。透過這樣的國際分工體制，以達成超越其他對手的壓倒性低價。

緊接著是合作開發「保暖材質」。與前田勝之助進行會談的稍早之前，優衣庫內部在一九九九年就已開始針對冬季保暖內衣的構想進行討論，後來得以用「HEATTECH」的名稱具體呈現其構想，東麗功不可沒。

要成功製造發熱衣，需要以四種材料製作特殊纖維，分別是具有高度吸濕發熱效果的人造絲（即嫘縈）、高保溫效果的超細聚丙烯纖維、快乾的聚酯纖維，以及具有高彈性的聚氨酯纖維。雙方共同開發的發熱衣，完全是東麗集技術結晶之大成。

順帶一提，優衣庫與東麗以刷毛外套和發熱衣的合作為基礎，日後更密切合作了「特級極輕羽絨」與「科技空氣衣」（AIRism）等熱銷商品。

人事異動

就這樣，發熱衣取代了刷毛外套，成為優衣庫的新武器。不過對於負責指揮銷售的玉塚元一來說，倒楣事卻接連不斷。

發熱衣在二〇〇三年正式商品化，不料那年冬天全日本籠罩在暖冬之下。當然，消費者對「保暖材質」的需求也就不如原先預期。發熱衣真正開始瘋狂熱銷，已是二〇〇七年之後的事了。

若是從數字上來看，玉塚元一接任社長後的優衣庫，業績絕對不算差。他上任後不久，營業額從二〇〇三年八月結算時的三千零九十七億圓低點，逐步回升到三千三百九十九億、三千八百三十九億圓，淨利也幾乎是倍增。而在發熱衣尚未成爲當紅炸子雞的那段時間，還是有其他熱銷商品如喀什米爾系列等推出。

不過柳井正並不滿足於如此平凡的業績回升表現。二〇〇五年四月中間結算時，他給了十分苛刻的評價：

「上半年是最糟糕的。我們自以爲處於回升的趨勢，所以在經營判斷上粗心大意。我們沒能掌握顧客的需求，與市場脫節了。」

後來，該年結算時呈現業績增加，但利潤減少的情況，這讓柳井正決定換掉玉塚元一。雖然當時對外宣布是卸任，但其實是人事調動。之所以那麼做，柳井正在《成功一日可以丟棄》書中斷言：

「這樣的利潤縮減，並不是創新挑戰後的結果，是最糟的。」

對於玉塚元一這個讓優衣庫從谷底重新走上復甦之路的功臣來說，這句話無疑是十分尖銳的批評。不過，柳井正接受我的訪談時表示：

「有成長，也會有停滯，做生意就是這麼回事，總是起起伏伏的。當時正處於衰退期，（玉塚元一）採取保守態度是理所當然的。我很感謝玉塚。其實玉塚才是正常人，是我不正常。我認爲他確實適合當一位領導者。」

柳井正認爲，身爲經營者，玉塚元一選擇以顧客的視角，讓優衣庫以穩健踏實的步伐重新振作的策略絕對沒錯，這一點是可以理解的。但是依他的判斷，要讓優衣庫再次達到飛躍性成長的目標並重回軌道，他自己必須再度回到最前線。

至於玉塚元一，又是如何看待這一切？

他認爲，自己與擔任會長的柳井正在角色劃分上並不明確。如果是現在，或許能清楚區分一位是社長兼營運長，另一位是會長兼執行長。不過對於原本就抱持微觀管理主義③的柳井正來說，他應該也沒有明確界定彼此的任務歸屬吧。

就連當週傳單要放什麼內容這種瑣碎的促銷策略，柳井正都非得出點意見才甘願。對於人事安排，雙方意見也開始出現歧異。

在團隊領導人的評估上，只要成績略有不佳，柳井正就會冷酷地判定「應該先降職」。當場無法辯駁，夜裡經過一番思索整理後，玉塚元一才發送郵件給柳井正：「很抱歉，我無法認同這個決定。」然而隔天一早便收到回覆：「你的想法太天眞了。」

會長與社長之間的界線難以劃分，也經常成爲日本各大企業內部紛亂的根源。玉塚元一不由得針對這部分的模糊有所反省：

「會長與社長角色是模糊的。當時我自己應該做得更好才行。」

據說雙方在意見上最明顯的分歧，在於對海外業務的想法。柳井正在公司內部大張

③ 意指專注於細節，往往過度干涉並控管員工工作時的每一個步驟。

旗鼓，吹響進軍全世界的號角，玉塚元一的經營方針則力求穩固根基，使得兩人怎樣也避免不了意見相左。玉塚元一表示：

「當時的我仍糾結於倫敦的挫敗。因爲大量庫存造成的陰影……我成爲那個踩煞車的人。」

「到頭來，我還是存有上班族的思維。從整體來看，應該也是無可厚非的，不過看在柳井先生眼裡，應該會覺得『上班族果然還是……』吧。儘管他沒有直接說出口，但我想，他應該並不滿意，也覺得難以忍受。」

柳井正自始至終都說「玉塚做得很好」。回頭想想，雙方第一次見面，是玉塚元一以日本IBM業務的身分，前往宇部提出供應鏈改善方案時。雖然當時柳井正認爲「他像個有錢人家的少爺」，完全不看好他，但在對玉塚元一而言有如老大哥的澤田貴司力薦下，予以錄用。玉塚元一每週往返山口與東京兩地，以勤奮的工作態度提升眾人對他的評價。

如同前一章所述，柳井正心目中的接班人首選並非玉塚元一，而是澤田貴司。因爲澤田貴司拒絕接任，才退而求其次交給了玉塚元一。

就結果來說，並不壞。但他無法滿足。

那正是柳井正決定替換社長的本意。柳井正對玉塚元一說：

「我們一起降職吧。再一次，一起重新學習經營。」

由於柳井正是從會長回到社長職位，所以是降職。柳井正回任社長後，管控日本業務，玉塚元一則負責統籌以歐洲爲主、經營不善的海外業務。同時在這段期間，繼柳井正與玉塚元一之後的第三號人物——堂前宣夫，則被指派管理才剛剛進軍的美國市場。

柳井正的提議，就是透過這樣的人事安排，讓終於重回成長軌道的優衣庫得以轉型爲具全球競爭力的企業。

橄欖球先生的指點

對玉塚元一而言，柳井正的經營理念確實讓他深有所感：開在郊區、沒客人上門的日式饅頭店。眼看著錢用完了，胃開始抽痛——那三年，他眞的深刻感受到這一點。

稍稍說個題外話，玉塚元一與當年在國立競技場較勁的平尾誠二曾在雜誌上對談；正好是他接任優衣庫社長第三年的事。由於兩人同屆，後來交情也日益加深。對談中，平尾誠二提出這樣的觀點：

「我雖然不太清楚優衣庫的內部狀況，」說完開場白，他開始談到有關領導者分工的想法。「除了團隊領導者、賽事領導者，我覺得還需要一位『有想像力的領導者』。如果提出那種受到風險局限的行動方針，團隊的格局可能會變得很小。一定要有人去扮演突破的角色。這一點對你這個務實的人來說，應該很難吧？」

或許是覺得優衣庫在管理架構中的固有矛盾被人一語道破吧？對談中，玉塚元一含糊其辭地回應：「被這樣說有點不爽欸（笑）。」

身爲選手，平尾誠二以「橄欖球先生」的名號建立了聲譽；然而成爲日本國家隊教練後，卻遭遇「全世界」這堵高牆阻擋，沒能留下佳績。雖然是截然不同的領域，但是他比玉塚元一更早體會到與世界搏鬥的艱難。

這樣一位昔日的對手竟然丟出了一個新觀念，也就是需要「具備想像力的領導者」去突破被風險束縛的組織。近二十年後，我再次請教玉塚元一，想知道他對平尾誠二的觀點有何看法——此時，平尾誠二已因爲癌症離開人世。

「這應該意味著，當外在環境有所變化時，必須採納新的思維吧？領導力最重要的一點就是能否接受多樣化。領導者太過一板一眼果然還是不行的……以『不犯錯』爲行動準則的話，就無法與他人有所區隔了。平尾當時是這麼說的。」

「我覺得日本經濟界眞的失去了一位很傑出的領導者。實在很遺憾……。」

「既然受你請託，我怎麼可能拒絕」

對於柳井正提出的優衣庫全球事業分割計畫，玉塚元一並未點頭答應。

「我想，雖然只有三年，但社長做得半途而廢，就算以海外負責人的身分繼續留下來，也不太妥當。再加上當初進入優衣庫時，我就打算好總有一天要自己創業。如今扎扎實實的七年過去了，我也學到了做生意的理論和原則。」

這段話或許爲眞，但未必是玉塚元一的心聲。從他的語氣中，感受不到他在優衣庫竭盡所能後的滿足感，反而更像是試圖彌補當時內心的不甘。看看他後來的職涯發展，這一點顯而易見。

離開優衣庫後，玉塚元一與早一步離職的老大哥澤田貴司一起創立了「Revamp」這家以零售業爲主的企業重組基金④。後來，玉塚元一獲拔擢爲羅森（Lawson）便利商店社長，之後又擔任樂天控股公司社長。這一切的基礎在於他永無止境的雄心，並將過去在優衣庫的經驗與屈辱化爲動力，在零售業闖出自己的一片天。

順帶一提，玉塚元一擔任羅森便利商店社長時，曾與全家便利商店社長——也就是老大哥澤田貴司在業界展開正面對戰。不禁讓人覺得，人生經常會爲我們安排一些難以預料的橋段。

---

④ 專門從事特定企業或資產重組與併購的金融資本，同時也會透過資源整合，對被併購企業的資產進行改造。

儘管玉塚元一離開了優衣庫，他與柳井正的緣分仍然未盡。二〇一四年，玉塚元一才剛接任羅森社長，他來到柳井正位於東京六本木的辦公室，誠摯地請求：

「我們即將舉辦一個針對『多店鋪經營業主』（Management Owner）的會議，不知能否邀請柳井先生來爲大家演講？」

所謂的「多店鋪經營業主」，是一個仿效優衣庫「超級明星店長」的制度。這是玉塚元一在二〇一〇年所引進的，當時他還是羅森的顧問，尚未接任社長。

玉塚元一將羅森的明星商品「頂級生乳捲」擺在桌上，表示：「是否能以此來得到您的應許？」

結果柳井正開口便是：「羅森要不要把業務範圍集中一點？如果不要做『Natural Lawson』⑤，還有那個百元商店『Lawson Store 100』，專注在主業上是不是更好一點？」一旦聊到生意，還是一樣滔滔不絕。不過柳井正最後說：

「既然受你請託，我怎麼可能拒絕，是吧？」

於是柳井正以特聘講師身分，受邀出席羅森的「多店鋪經營業主」會議。

這場會議有近七百人與會，演講主題應該是有關連鎖店的經營，不過坐在會場最前排角落的玉塚元一完全不記得內容是什麼了。因爲——

「各位，玉塚的事就麻煩大家多多關照了。」

當柳井正如此說著並鞠躬致意時，玉塚元一的淚水早就潰堤，奪眶而出。

「當初離開優衣庫時，我或許曾說過『要贏過那個老頭』，不過這讓我覺得自己還是太嫩了。現在想想，在優衣庫的那些歷練（與自己後來的職涯）其實也都有關連。柳井先生是我在商場的恩師。」

二〇〇五年八月，玉塚元一卸下社長職務後，優衣庫再次回到當初由柳井正擔任社長並全權指揮經營的模式。單純從管理架構來看，完全是在走回頭路。

然而優衣庫在歷經玉塚元一帶領的三年蟄伏後，即將邁向嶄新的局面，並更上一層樓。這是一起步便受挫的全球化企業脫胎換骨的歷程。

⑤ 此系列以女性為主要客群，主打「美麗、健康、舒適的生活態度」，商品多為天然植物原料、無添加和國產原料。

第 8 章

突破的關鍵

進軍世界帶來的「提問」

來自北京的青年

彷彿與暗夜融爲一體的遼闊的黑色大海彼端，是神戶的街頭，璀璨耀眼。

一九八七年，映入這位來自中國、十九歲青年眼中的光芒，閃爍有如洪流，這是在中國不曾見過的夜景。小時候曾在電視上看到《一休和尚》和《阿信》的由來之地，正開展在眼前。

從北京出發，搭了十三小時的火車抵達上海；連喘息的時間也沒有，就登上日本與中國之間的定期渡輪「鑑眞號」。由此向東航行四十八小時，除了在船艙的大通鋪跟其他人擠在一起睡，還遇上了暴風雨。

（該不會整艘船就要支離破碎了吧……。）

正爲了狂風暴雨襲來而憂心的當下，有如幻覺似的，大海突然恢復了平靜。瀨戶內海風平浪靜，像面鏡子，迎接十九歲的潘寧到來。

下了船，看著港口關務在護照蓋上的「神戶登陸許可」這幾個字，他終於眞正感受到自己已抵達異國他鄉。只不過，尙無暇沉浸於感慨之中，隨即又搭上夜間巴士，隔天一早便來到了東京的高圓寺車站前。

尖峰時刻，匆忙趕往車站的人潮。不知何處飄來蕎麥麵湯的陣陣香氣，深深滲入剛經過長途跋涉的這副身軀。

在這裡，日常生活中所有的一切都與中國大不相同。

讓潘寧大感驚訝的，是路上隨處可見的自動販賣機。這是就連母國的首都北京也不曾見到的。在北京，要是渴了，要不是直接扭開水龍頭，就是用兩枚一分錢硬幣買碗茶——以當時的匯率來算，還不到日幣一圓。然而在日本，毋須透過他人，就能不斷售出一罐一百圓的罐裝果汁。

「看著那些，我深刻體會到生活水準上的落差。」

如今潘寧說得一口流利的日語，他回想起最初在日本所見的景象。十九歲時看到的日本完全像是另一個世界，那樣的印象仍深深烙印在腦海中。

進入優衣庫之後，中國依然只是個「擁有工廠的發展中國家」，而不是販售日本服飾的地方。但在不知不覺間，中國獲得了驚人的經濟成長。事後回想，之所以沒看出那股成長的潛力，也許是因爲十九歲時在神戶與東京所見到的景象，讓他太過印象深刻吧。實在有些諷刺。

爲優衣庫不斷失敗的全球策略開啓成功之門的，正是這名對中日兩國瞭若指掌的男子。而這一切，是在神戶夜景深深映入他眼底近二十年後才發生的。

十九歲的潘寧在陌生的異鄉展開新生活。比起在學校，他在打工的地方所學到的事物更多。當他在新大谷飯店找到洗碗的工作後，便隨身帶著字典，好跟兼差的阿姨們學日語。

他並沒有料到，當初在新大谷飯店被灌輸的那些日本特有的接待服務準則，竟然會是多年後自己到中國各地優衣庫門市進行指導的那一套。

例如，當他在隱密處靠著牆壁時，隨即被前輩狠狠怒斥了一頓。

「不論人在哪裡，都要雙手放在前面、立正站好！」

潘寧心想：「爲什麼？客人又看不到啊！又不是軍事訓練。」但前輩表示，私下的舉動也可能在平常接待顧客時不經意出現，所以不能掉以輕心。

接下來，在三鷹車站前的小鋼珠店，他不斷被耳提面命：「要好好看著顧客的眼睛打招呼。」這些全都是在中國時不曾想過的接待之道。一開始雖然很不習慣，但年輕的潘寧就像海綿般，一一吸收了這些異國的規矩。

在他即將完成碩士學業、正盤算是否留在日本工作時，見到了柳井正。那時公司尚未遷往「校園」，還位在宇部山邊的平房裡，他在那裡接受最後一個階段的面試。比起前往求職的潘寧，柳井正說的話反而更多、更熱情。

「迅銷想成爲世界第一的服飾企業。當然，未來也將與中國展開大規模商業活動。我們需要像你這樣的人才。請你務必加入這個團隊。」

滿腔熱忱的勸說，讓一名平凡的留學生大受感動並決定加入優衣庫。這一年，是一九九五年。

在上海的挫敗

八年過後。

潘寧正站在人生的十字路口。去年，也就是二〇〇二年，靜待時機成熟後，優衣庫進軍中國市場，同時在上海開設了兩家門市。卻完全落了個空。

（再這樣下去，將在公司失去立足之地。）

一直派駐在上海的潘寧被調回山口縣，每天都在極度焦慮中度過。

稍稍往前回溯一下。

對優衣庫而言，長期以來，中國是「生產地」而不是「銷售市場」。潘寧身爲新進員工，先是被派往東京町田店，第二年再轉往生產管理部門，負責指導中國的合作工廠。他回想起一九九六年：「第一次去中國工廠時那種頭暈目眩的感覺。滿滿的工人和裁縫機，發出噠噠噠噠的驚人巨響。」

據說潘寧的上司辻本充宏，當時也對工廠的水準低落感到瞠目結舌。

某次在製造T恤的工廠進行突擊檢查，發現商品上有個清晰的鞋印。沒想到提出糾正後，對方竟毫不在乎地回答：「那不是洗一下就好了嗎？」

拆開打包好的紙箱時，裡頭竟然有死老鼠、熨斗、剪刀……。

再這樣下去，絕對無法具備足以在全球市場競爭的品質。於是，優衣庫從日本其他公司找來生產製造專家，派遣他們到當地一一指導改善，讓優衣庫建立起引以爲傲的製造零售業國際分工模式。

進入二十一世紀後不久，中國開始出現顯著的經濟發展。來自中國，但現已歸化日籍的林誠（他是比潘寧還早到日本的留學生）認爲，今後中國將成爲「銷售市場」，並向柳井正提案，希望能前往中國開設門市。

一直想找到機會拓展全球市場的柳井正認可了林誠的想法，繼二〇〇二年進軍英國後，做爲攻占海外市場的第二波行動，決定在上海開店，潘寧也和林誠一同前往上海。

結果卻是歷盡艱辛，重蹈倫敦的覆轍。

「像日本那樣的價位，在中國是行不通的。」

基於這樣的想法，潘寧和林誠將主力商品的價格定爲五十九元和六十九元人民幣。以當時匯率來算，約在八百至一千圓左右。價格低於日本，但品質也較差；材質與日本優衣庫的商品不同，委託生產的工廠也不同。而專家們在現場忙碌奔波指導的成果，並未展現在上海門市所陳列的服裝上。

完全事與願違。

很快的，一旦其他商家推出更便宜的類似產品，馬上就被捲入永無止境的低價競爭。「如此一來，顧客便失去了在優衣庫購買的意義。而且（在品質方面），一旦期待落空，就不會再回頭。是種惡性循環。」潘寧爲上海的挫敗做了總結。顧客的流失，帶來的結果就是如同字面上看起來的，門可羅雀。

何謂優衣庫？何謂優衣庫服飾？

沒有深入思考本質上的問題，只單憑氣勢進攻而招致的挫敗，不只發生在倫敦，也在上海重演。

刷毛外套熱潮已退燒的日本、柳井正當初憧憬的倫敦，還有試圖「從生產地轉型爲銷售市場」的上海……顧客全都漸行漸遠。空蕩蕩的店內，說明了當時優衣庫所面臨的危機。

結果，繼倫敦之後，上海也開始展開撤退行動。儘管勉強逃過了撤店的命運，還是免不了大規模裁員。潘寧的名字也在其中。

「你應該沒有必要留在這裡了吧？」

當時的上司林誠這麼對他說。潘寧就此離開了上海。

「究竟缺少什麼？」

十九歲赴日以來，第一次體驗到的挫敗。被調回日本後，潘寧仍爲了「照這樣下去，將在公司失去立足之地」而感到焦躁不安。

潘寧被派往事業開發部門。這是一個負責併購的單位，在這裡，他再次受到柳井正薫陶，並對日後發展奠定深厚的基礎。因爲他與柳井正幾乎天天都要開會，不斷審視並反省失敗的原因。

「那段期間在經營管理方面受到柳井先生嚴格的鞭策。現在回頭看，深深體悟到自己之前對於如何攻占中國市場完全沒有定見。」

決定重新學習柳井正經營哲學的那段日子裡，據說潘寧也拿起柳井正在公司內推薦大家閱讀的書籍。其中曾多次反覆閱讀的，就是麥當勞創辦人雷・克洛克的《永不放棄：我如何打造麥當勞王國》。這是柳井正在銀天街度過「黑暗十年」時，一再翻閱並激勵自己的書。潘寧表示：「除了經營管理之道，也讓我思考如何在逆境中生存。」

（我們究竟缺少了什麼？上海門市爲何會失敗？）

潘寧持續不斷反思。沉潛一段時日之後，機會到來。優衣庫打算在香港開設一家小型門市，將委由潘寧負責。

那裡的條件並不好。店址位於九龍半島南端的商業區，也就是尖沙咀的美麗華廣場內。雖然是熱鬧的街區，不過與周邊相比，客流量並不理想。據說在優衣庫內部召開的會議上，也不斷出現「那種地方會有客人嗎？」等反對的聲浪。

潘寧同時也被逼入了絕境。

「當時我心想，這次再失敗就完了。」

潘寧還在生產管理部門時，辻本充宏曾是他的頂頭上司，當他再次見到潘寧時，忍不住嚇了一跳：「原本是個體格壯碩的人，這時卻瘦了一大圈。眞的很驚訝。」那段期間的低迷不振，對優衣庫所有人都是個考驗。潘寧滿懷信心進軍上海，卻功敗垂成被調了回來，此刻心中更是期待能捲土重來。

突破的關鍵在香港

尖沙咀店的客流量的確不算多。門市位在購物中心三樓，相較於街邊的店面，更是存在感薄弱。

不過這裡有個勝過其他地點的優勢，就是賣場面積大。這對潘寧來說是個極重要的因素。他認爲，要展現「優衣庫」的特點，足夠的空間是必要的。

從上海回到日本的潘寧，在這一年內不斷省思失敗的原因。他發現，那是因爲沒有徹底呈現出「優衣庫」這個品牌的緣故。想在香港東山再起，就不能重蹈覆轍。那麼，該如何在香港打天下呢？

原本優衣庫爲香港門市規畫的賣場是一百五十坪左右的空間，但這樣不足以展現優衣庫的價值。於是潘寧找到這個位在尖沙咀美麗華廣場三樓的店面，面積大約三百六十坪，是原先構想的兩倍以上。

一開始潘寧找到的，其實是另一個租金更高的地點，但是柳井正苦笑著勸阻他：「潘寧啊，我沒錢的時候可不會做那麼魯莽的事喔。」

不過對於「展現優衣庫價値的賣場」這個想法，柳井正倒是贊成的。所以潘寧後來重新篩選，才選了這個位在美麗華廣場三樓的賣場。「優衣庫要靠什麼來取勝？請深入思考一下。和其他競爭對手做一樣的事，行得通嗎？」頻繁對潘寧丟出這番提問的，正是柳井正本人。

潘寧最後想出的全球擴張方案，就是「將日本優衣庫原封不動搬過去」。像上海那樣，爲了配合當地水準而降低品質的做法是行不通的。店內擺設的衣服全都要和日本一樣，就連商品上的標籤也是。除了把價格調整爲港幣外，其他一切都要複製日本優衣庫。

店內的裝潢也和日本一模一樣。明亮的木質地板和白色天花板，紅磚圖樣的柱子；衣服按顏色整齊地向上疊放，直到天花板爲止。牆面上還寫著「日本休閒服飾最大品牌」。

商品訂價比日本還高。事實上，柳井正在香港認識的華僑圈子也提供了一些建議。當地企業家偷偷告訴他：「在香港，價格不能訂得太便宜。因爲香港人認爲一分錢一分貨，『價格就是品質』。」

不過，光是這樣，難保不會與倫敦同樣陷入「虛有其表」的狀況而導致失敗。潘寧決定連顧客服務也完全採用日本的做法。

最初被分派到町田店時，店長問過他好幾次：「你做這份工作的目的是什麼？要如何贏得顧客的信賴？」此外，店長也不斷耳提面命：「優衣庫可不是自助式商店唷。」乍看之下，優衣庫似乎是盡可能減少顧客服務的商店，實際上卻教導員工，只要人在工作現場，就必須時時注意顧客的動向並滿足他們的需求。那位店長所具體展現的，正是柳井正所說「超越連鎖店」的精神。

其中的日本傳統待客之道，正與他過去在新大谷飯店和三鷹小鋼珠店打工時所學到的那些不謀而合。

「即使待在顧客看不到的地方，也要雙手放在前面、立正站好！」

「要好好看著對方的眼睛打招呼。」

當初看似軍隊式訓練的這些教導，如今終於明白意義何在。十九歲來到日本後所見到的日式服務與品質，潘寧要讓它在香港重現。

就這樣，二〇〇五年九月開幕的香港尖沙咀店瞬間成為熱門店家，短短三個月就有盈餘。失敗連連的優衣庫，由此開始逆轉海外拓展的頹勢。

從觀察賣場中發現的事

「必須重振中國本土的事業。潘寧，就交給你了。」

柳井正如此表示，將中國方面的業務委由潘寧全權負責。這不只是因爲他在香港展店成功。「因爲潘寧一直跟在我身邊。他知道我們做生意的原理原則。」意謂著潘寧是充分了解「何謂優衣庫？」的人才。這便是柳井正提拔他的理由。

此時，優衣庫在中國已有九家門市，但潘寧在二〇〇五年底再次來到上海後，果決地關閉北京兩家門市。另一方面，位於上海鬧區南京東路的門市面積雖有三百坪左右，但整體建築物老舊，他認爲無法充分展現優衣庫的品牌價值。

順便一提，「所有工作都在賣場」是潘寧的信念。這不只是從優衣庫學到的道理。打從學生時代起，儘管他經常在心裡碎念：「有必要做到那種地步嗎？」但還是抱著入境隨俗的心態，「算了，畢竟是在日本」，在飯店和小鋼珠店裡學習了日本傳統的待客之道。所有工作的本質都濃縮在賣場裡；換句話說，所有做生意的方法，都是在賣場裡學會的。

即使成爲管理者，只要有時間，潘寧仍會待在店裡。在香港的尖沙咀，他也在店內角落擺了一張自己的辦公桌。這是爲了與店員一邊開會，還能一邊注意店內狀況。持續觀察賣場，總能看到一些有關做生意的提示。

再度來到上海時也一樣。潘寧發現，看起來越是富有的客人，越不會拿起那種把斗大的品牌標誌印在上面的衣服。

過去中國還處於貧困時則完全相反。不僅如此，市場上仿冒歐美知名品牌的假貨堆積如山，許多消費者會購買名牌的仿冒品。即使到了這時候，這種現象仍然存在，但經濟上日漸寬裕的人們已開始對那類商品敬而遠之了。想必是因爲越來越多人開始追求眞正的品質吧。

如果是這樣，那麼「類似優衣庫的東西」就不會有市場。潘寧認爲，應該跟香港一樣推出「原汁原味的優衣庫」。

要成功複製尖沙咀店的經驗，還是需要寬敞的賣場。這將是一間讓中國消費者認識優衣庫的旗艦店。

柳井正最尊敬的生意人

暫且岔開話題，柳井正很早就意識到旗艦店的重要性。那趟家族旅行在巴塞隆納見到的未來競爭對手——ZARA，吸引眾多人潮的那間店正是旗艦店，也是展現該品牌形象的櫥窗。

回想起來，優衣庫也是在那之後不久開設了原宿店，透過刷毛外套來傳達「何謂優衣庫？」的概念。雖然以規模來說還稱不上是旗艦店，但透過聚焦在刷毛外套這項商品，而能表現出與其他品牌的差異。原宿店的成功，關係到後來的快速發展。

旗艦店策略的靈感啓發，不只來自於ZARA。

柳井正口中「我最尊敬的生意人」，是美國服飾品牌The Limited創辦人李斯・威斯納（Leslie Herbert Wexner）。一九六三年，他向嬸嬸借了五千美元，在俄亥俄州的哥倫布市近郊創立了第一家The Limited門市，短短六年，就讓公司在紐約證券交易所上市。柳井正在廣島開始優衣庫的事業時，The Limited已是全美知名的女性服飾連鎖品牌。

當柳井正受邀前往這位業界先驅家中拜訪時，他想請教有關在全球競爭下需要的創意與靈感，威斯納的回答卻出乎意料。

「其實我認爲服飾業已經沒有未來了。超越國界、全球拓展什麼的，我覺得不可能。」

聽到這話，柳井正不禁感到困惑。

「不，雖然您這麼說，但我認爲還是有可能的。」

柳井正才剛提出反駁，威斯納隨即補充道：

「要眞的說有辦法的話，唯有自己打造一間像百貨公司般的超大型店鋪。只要去到那裡，自家品牌的衣服樣樣俱全。要開這樣的店才行。」

換句話說，就是要在全球開設旗艦店。並非像當初優衣庫所做的那樣、網羅其他品牌服飾的百貨公司，而是一間匯集所有自家生產服飾的巨大店鋪。若不是這樣的店，就難以讓消費者認同品牌的獨特性，最後終將被市場淹沒，或捲入毫無意義的價格競爭中。這便是柳井正最尊敬的生意人所給予的建議。

這是個看似單純，實際操作起來卻不簡單的建議。旗艦店策略伴隨著巨大風險。要在全球各大都市的黃金地段開設大型店鋪，需要投入大量資金；而所謂「匯集所有自家生產服飾」，意味著即使是銷路不太好的衣服也必須備齊，當然會增加庫存風險。該如何安排熱銷與滯銷商品的供應鏈？對於以全數買斷爲前提的製造零售業模式來說，是實力上的一大考驗。

這時，威斯納提出的例子就是已採取旗艦店策略的ZARA。他表示，如果是像柳井正在巴塞隆納見到的那種旗艦店，確實有可能征戰全球市場。

順帶一提，儘管威斯納認爲「服飾業已經沒有未來」，後來他還是將女性內衣品牌「維多利亞的祕密」和A&F推向全世界。

柳井正從那時起便意識到，總有一天必須採用旗艦店策略，否則沒有勝算。

「是他（威斯納）給了我啓發。想要成功，就必須進軍全球各國的黃金地段、設立旗艦店，向世人宣告：『優衣庫就在這裡。』必須這樣建立品牌。」

在香港成功掌握旗艦店策略的確切成果後，隨即挑戰全世界。優衣庫之所以能迅速採取行動，正因爲有這位異國先驅的啓發。

重生的中國優衣庫

二〇〇六年七月，上海市的大型購物中心——港匯廣場（現爲港匯恆隆廣場）。優衣庫一口氣將賣場面積擴增四倍，重新盛大開幕；只是場地由二樓遷往四樓的男士樓層，以位置來說算是降了一級。即便如此，也要確保更寬敞的銷售空間——這當然是爲了以香港尖沙咀店爲範本，讓成功經驗在上海重現。

不只是擴大賣場空間，店內所呈現的完全是「日本優衣庫」。緊接著是正大廣場店開幕。正大廣場位在流經上海市區的黃埔江畔，緊鄰浦東地區的東方明珠電視塔，這家店的賣場面積將近七百坪，是當時亞洲最大的優衣庫。

店內服飾的價格比日本略高。一方面是考量到中國課徵的增值稅，另一方面則是潘寧向柳井正提出的一項策略：「要以中國的『中產階級品牌』爲定位。」這一點，也是沿襲在香港的模式。

被潘寧從日本優衣庫調派到上海的馮尙紅，回想重生的「中國優衣庫」時說道：

「其實重新整修港匯的賣場時，因爲位置條件變差了，我以爲銷售情況會不好。但因爲『與日本以同樣方式展示同樣商品』這個方針，讓整家店變得跟過去完全不同。第一眼的印象是潔白明亮。天花板的燈光和地板都很亮。讓我想起（進公司前）第一次進到大阪優衣庫的那種感覺。」

後來有一段時間，他會在假日前往港匯和正大廣場店，數一數有多少人提著優衣庫的袋子。但其實也不用數袋子。因爲將「何謂優衣庫？」這個提問具體呈現後的效果，光是看那些擠不進店內的人潮，事實再明白不過了。

優衣庫終於掌握了成功進軍世界的開端。刷毛外套熱潮消退，柳井正視爲接班人的澤田貴司與玉塚元一離職後，優衣庫又開始向上爬。過去的失敗，變身邁向成功時所汲取的教訓，如今正要從減法的時代前往加法的時代。

柳井正試圖一鼓作氣攻占市場，於是從日本調派大量員工到當地。不過他已經將目標轉向上海的下一站了。他要將香港與上海的成功經驗推向零售業的主要戰場，也就是美國與歐洲，這是攻占全球市場時無法迴避的挑戰。

但在那之前，有件事非做不可。潘寧在香港與上海敲開了成功的大門，關鍵是什麼？毋須多言，當然是因爲簡單明瞭地向當地消費者展現「優衣庫」的價值。借用柳井正的話，就是「呈現出暢銷的賣點」。

既然如此，勢必再次深究：

「何謂優衣庫服飾？」

男女老少皆宜。透過製造零售業的國際分工體制，以市場上最低價格提供給消費者。這就是優衣庫當年在原宿店引發熱潮時所具備的形象吧？

這樣就夠了嗎？光憑這些眞的就能攻占全球市場？

目前爲止，身經百戰的柳井正再次展現身爲經營者的眞正實力，應該就在此刻了。優衣庫能躍升全球知名品牌，並不只是把上海的成功經驗推廣到其他地區。當初失敗連連的全球拓展計畫，好不容易才找到成功的關鍵。爲了讓微弱的光芒變成耀眼的光輝，在正式迎戰之前，要再一次面對最根本的提問。

「何謂優衣庫？」、「何謂優衣庫服飾？」

一九九〇年代末期，約翰·傑伊以任何人都能理解的形式，將這一點傳達給日本的消費者；來自中國的潘寧則以上海的大型門市具體呈現。兩位來自海外的男士爲優衣庫的提問找到了解答，讓它得以踏上全球化發展的道路。

然而，上海的成功經驗只不過是個小小的突破。要眞正演進爲全球化企業，勢必得正面回應這個提問。

後來，針對柳井正最重要的提問給予回應的，是一名日本的創意工作者。

遇見佐藤可士和

透過熟人介紹，當佐藤可士和突然得知柳井正想與自己會面時，他心想：「應該是關於電視廣告的事吧？」二〇〇〇年，他離開廣告公司博報堂，獨立創業，轉眼間便躋身日本頂尖創意工作者的行列。經手的客戶從本田技研到大塚製藥「Calorie Mate」營養能量棒、麒麟啤酒、NTT DOCOMO 等日本各大代表企業。

柳井正很快便來到佐藤可士和位於西麻布的辦公室。時間是二〇〇六年二月中旬。

「我是迅銷的柳井。前幾天看了ＮＨＫ的節目《專業人士——工作的風範》，覺得可士和先生的工作表現非常傑出。」

很罕見的，柳井正初次見面就直呼對方的名字。可見他對佐藤可士和的工作風格很感興趣。才說起剛播出的專題節目，「話說，」接著話鋒一轉，開口便問：「關於最近的優衣庫，可士和先生有何看法？」

佐藤可士和沉吟片刻才開口：

「其實我一直在想，要是被問起這件事該如何回答……讓我很苦惱。至於為什麼苦惱，舉例來說，優衣庫進駐原宿時所推出的商品或廣告都很有衝擊力，相當出色。如果是那時候，我想，我應該也有很多關於優衣庫的想法要跟柳井先生討論。」

柳井正默默聽著這位創意工作者的話。佐藤可士和接著又說：

「因為今天您要過來，我又重新思考了一下優衣庫的事。不過，印象卻很模糊……雖然我也實際去到門市，但老實說，似乎沒什麼印象深刻的地方能提出來說。這就是目前優衣庫給我的感覺。」

面對這位比自己年輕十六歲的創意工作者這番犀利的言詞，柳井正面不改色。只回了一句：

「你說的沒錯。」

正如預想，這個男人值得聊聊——想必柳井正感受到了這一點，於是他開始滔滔不絕說起優衣庫的全球發展策略，還逐一問起佐藤可士和過去參與過的案子。

會晤預定的結束時間即將到來時，「這是最新作品。」佐藤可士和說著，介紹了一款手機——NTT DOCOMO 的摺疊手機「FOMA N702iD」（當時智慧型手機還沒問世）。柳井正拿起手機表示：「太厲害了！」接著不發一語，仔細端詳。

「可士和先生，這是花了多少時間設計的？」

「兩年半。」

從 DOCOMO 洽詢新型手機的設計開始，接著發想，再到設計具體成形，總共費時兩年半。這款以銳利直線構成的方形手機雖然外觀簡約，不過看得出來，按鍵的排列與整體設計經過精心考量。

當下柳井正仔細思索：佐藤可士和在那兩年半裡，究竟思考了些什麼，才完成這樣的設計？

「其實我自己不用手機。但如果是這個的話，我會買。」

都已經二〇〇六年了，柳井正竟然是不使用手機的，這一點令人意外。不過，接下來這句話才眞的讓佐藤可士和大感驚訝。

「你能設計出這項商品的話，能否委託你負責規畫我們的全球發展策略？」

「咦？你說、全球發展策略……嗎？」

事實上佐藤可士和原本已經打算好，要是對方提出電視廣告的邀約，他必然推辭。因爲他認爲，優衣庫的現狀光憑電視廣告去改善，很難達到效果。可是看起來，柳井正要委託的工作並非電視廣告。

「其實前幾天，我已經在紐約蘇活區找到一間一千兩百坪的店面。我想以那裡爲起點，再次研擬我們的全球發展策略。從紐約到倫敦、巴黎、上海，還有東京。我希望由可士和先生來擬定品牌策略的方向。」

（全球發展策略？方向？）

「這可是大事一件……我辦得到嗎？不過，很想試試看……。」佐藤可士和心裡一邊想著，幾乎一邊不假思索地脫口而出：

「眞不錯。請務必讓我參與。」

「是嗎！太感謝了！」

柳井正才說完，又補充道：「關於那間蘇活區的店面，我打算在秋天開幕。」
「咦？今年秋天嗎？」
「是的。十月。」
時間只剩半年多。
「那麼，所謂的『全球發展策略』預計花費多少時間呢？」
「這個嘛，我想應該是這幾年內，逐一拓展到剛才提到的各大都市。」
柳井正一說完，「這眞是太好了。那我先告辭了。」丟下這句話便離開了辦公室。

在美國重蹈覆轍

繼倫敦與上海後，優衣庫在二〇〇五年九月進軍紐約近郊，時間上與潘寧在香港尖沙咀開設門市、找到全球發展策略屢嘗敗績的解方重疊。此時的優衣庫尚未確立「成功的法則」，不論倫敦還是上海，都依然陷入苦戰。

正確來說，當時在美國開設的門市並非位於紐約，而是哈德遜河對岸、鄰近紐約市的紐澤西州。雖然開設了三家門市，不過全都是在遠離曼哈頓的城鎮購物中心一角。

柳井正在倫敦與上海犯下的錯誤，再次在美國重演。

首先是賣場面積狹小，完全無法將「優衣庫」展現出來，事前的市場調查又耗費太多時間去考量「美國人喜愛的顏色、尺寸與設計」。

結果又跟倫敦、上海一樣，做出了一個「像是優衣庫的東西」。而且地點還是在郊區的購物中心，條件十分不利。相較於倫敦和上海，美國的營業額更加慘澹。

最後，大量庫存壓力難以消化。爲了尋找出清庫存的途徑，而在曼哈頓物色臨時店面，後來在蘇活區找到一間小型賣場。沒想到在那裡販售庫存的結果，營業額一下子就超過了紐澤西州三家門市的總和。

蘇活區位於曼哈頓島南方，是引領時尚潮流的地方。原本是一大片倉庫和石板地的老舊街區，改建後則有眾多小型畫廊與精品店林立。隨著一些年輕、不具財力，但渴望成功的藝術家與設計師聚集於此，逐漸發展爲帶動潮流的地區。影響所及，不只是在美國，更遍及全世界。

蘇活區鄰近小義大利和唐人街，即使在聚集全球各色人種的紐約也顯得格外特別，是個融合多元文化的街區。這或許是「來自日本的服飾新樣貌」探路的好地點。柳井正也認爲「要在美國決一勝負的話，這裡是唯一選擇」，並開始物色合適的店面。

現在想想，或許連運氣也站在柳井正這邊吧。那天，他和下屬一起走在蘇活區街頭，看到一幢顯眼的大樓。它位於百老匯大道這個黃金地段，緊鄰地鐵站，地理位置絕佳。一樓是運動用品店，後方設有送貨區；而且大樓的業主正好就在現場。

柳井正決定立刻行動。直接交涉後得知，倫敦的高級家具品牌 The Conran Shop 幾乎已談妥要進駐這幢大樓了。這時絕不能讓步。

「我馬上簽約。請務必跟我們簽約。」

柳井正當場提出條件，並得到對方口頭承諾。如果那時不是他親自探尋地點，而是下屬自己去找，應該就無法當機立斷了吧；更別說直接與業主交涉，硬是讓對方與他簽約。

這件事就發生在他與佐藤可士和初次會面的不久之前。

兩人的對談

由此，佐藤可士和與柳井正開始進行談話。順帶一提，自從提到以蘇活店做為優衣庫全球發展策略的第一站以來，直到今天，只要雙方沒有其他要務，每週必會在某個早上安排三十分鐘的談話時間，且談話內容不只限於優衣庫相關事務。

「何謂服裝？」

「何謂文明、文化？」

「你覺得紐約現代藝術博物館（MoMA）的設計如何？」

「新冠疫情將如何改變社會？」

柳井正稱佐藤可士和為盟友，兩人之間確實已超越了創意工作者與客戶的關係。

這般深度互信對話的起點，正是關於紐約蘇活區旗艦店的品牌策略。

柳井正委託佐藤可士和時，曾明確表示：「我賭上了公司的命運。要是失敗了，不會再有下一次。」爲什麼要指名佐藤可士和這位素昧平生的創意工作者，來擔任這場龐大賭注的關鍵角色？

令人意外的是，柳井正坦言：「說實在的，我向來不太信任所謂的創意工作者。」理由是「因爲都是一些光說不練的人」。

然而，某位男性讓柳井正認同了創意工作者的價值。那就是約翰·傑伊。這位才華洋溢的創意工作者，憑藉獨白式的電視廣告，讓優衣庫瞬間成爲全國知名品牌。

約翰·傑伊讓柳井正了解到，一名傑出的創意工作者是能具體展現顧客價值的詮釋者。柳井正所需要的正是一位讓世人明白「何謂優衣庫？」、「何謂優衣庫服飾？」的詮釋者。

然而約翰·傑伊在那支電視廣告後，不得不結束與優衣庫的合作。原因是他所屬的W+K廣告公司擔心會因爲競爭而與耐吉產生利益衝突。雖然傑伊後來在柳井正請託下，進入迅銷擔任全球創意總監，但在當下這個時間點，傑伊無法直接參與。

儘管柳井正表示，自己向來不信任所謂的創意工作者，但還是深切體認到，公司需要一位像約翰·傑伊那樣、讓優衣庫登上日本第一寶座的人，好將詮釋者的工作委託給他。因爲柳井正察覺到，全球展店行動之所以失敗連連，最主要在於無法將「何謂優衣庫？」的理念傳達出去。

潘寧在香港小型購物中心得到的線索，要在上海進一步落實驗證，而且必須擴及全世界。有誰能爲此擔任優衣庫的詮釋者？可惜公司內部沒人能勝任。柳井正持續尋找一位足以託付重任的人選。

其實柳井正有位朋友剛好認識佐藤可士和，一直想把這位創意工作者介紹給柳井正認識，卻屢遭婉拒。幸好柳井正看過NHK的專題節目後改變了主意：「如果是這個人，或許値得見個面？」而且在實際見面交談後，他心想：「就是他了！」

「見到可士和先生後，我覺得『我們在美感上很契合』。再加上那支FOMA手機，看到那麼傑出的設計，我心想：『他（並非光說不練）是有創作能力的創意工作者，是値得信賴的。』」

柳井正在訪談中如此回憶。

旗艦店策略

蘇活區的門市總面積一千兩百坪。和推廣「日本優衣庫」品牌形象的上海正大廣場店相比，幾乎有兩倍大。這次不再是購物中心的一個小角落，而是位於百老匯大道這個黃金地段，一整幢建築物都是優衣庫。對優衣庫來說，是不折不扣的全球旗艦店。

柳井正告訴佐藤可士和：「過去我們用的是（小型店）連鎖店策略，今後要改走旗艦店策略。」前面曾數度提及，優衣庫一直不斷在轉變型態。

小郡商事時代在廣島裏袋開設的店鋪是「休閒服飾倉庫」。後來透過香港華僑學習到製造零售業國際分工的觀念，用自家生產的服飾塞滿倉庫，於一九九〇年代將郊區型街邊店鋪擴展到全日本。一九九八年原宿店開幕，成功攻占東京都心。三年後以倫敦為起點，實現了進軍海外的夙願。

在此階段，雖然以服裝店規模來說，已有許多門市堪稱大型店鋪。但借用柳井正的說法，那些都還不算是足以向世人宣告「優衣庫就在這裡」的超大型旗艦店。在日本，他們已經相當成功。藤田田這位以《猶太商法》一書而廣為人知的傳奇企業家打造了日本麥當勞，柳井正以他為範本，使優衣庫成為高度系統化的連鎖店，並登上日本第一的寶座。

但如果要更進一步的話，這樣還不夠。從柳井正在銀天街男裝店與老大哥浦利治兩個人攜手奮鬥開始，三十多年過去了。回想那黑暗的十年歲月，雖然此刻的成就已遠遠超出當初的想像，不過要從銀天街這個遠離世界時尚產業中心的邊陲地，往上爬到自己設定的「世界第一」目標，必須先捨棄過去所體驗的成功滋味。

因此，最終的結論是要轉換為旗艦店策略，讓全球都知道「何謂優衣庫？」。

「何謂服裝？」

負責品牌策略的佐藤可士和最先向柳井正提問的問題是：「要將優衣庫打造成一個無國籍的全球品牌，或是以『來自日本』建立品牌形象？」這個提問的背後，佐藤可士和自有一番考量。

在服飾業界，那些以世界為目標並走在優衣庫前頭的競爭者，他們的品牌策略又是如何？

ZARA來自西班牙，H&M則誕生於瑞典，卻都沒有顯露出「本國色彩」。美國的GAP應該也很類似吧。這個品牌名稱源自於在越戰膠著的時代裡，美國嬰兒潮世代①與上一代之間顯著的代溝（gap），但它並沒有傳統美式休閒風格的影子。換句話說，這些已經躍升為全球服飾巨擘的共通點，就是不受本國色彩束縛的全球品牌形象。

對於佐藤可士和基於這般全球趨勢所提出的問題，柳井正的答覆是：「絕對是以『來自日本的品牌』去建立形象。」原因當然是目前為止的海外展店失敗經驗讓他深刻體會到，要在全球市場競爭，必須確實傳達「何謂優衣庫？」才行。不過背後其實還有更根本的原因。

也就是柳井正經常不斷思索的問題：「何謂服裝？」

所謂的服裝，正如「食衣住行」象徵的概念，是人類生活中最基本的需求。只不過隨著文明演變，服裝的社會意義也逐漸改變，成為階級的一種象徵。簡單來說，服裝扮演了展現穿著者身分的角色。過去的僧侶、軍人、貴族和平民所穿著的服飾各不相同；而不論東方西方，君主都以華麗的裝飾打扮來彰顯自己的權威。

時至今日，服裝依然是一種符號，用來表現一些常規與社交禮儀。比方說，日本至今還普遍存在的面試套裝和喪禮衣著就是這樣；歐美國家的做法則是直接將不遵守著裝規定的人排除在外（例如高級餐廳）。人們必須考量在特定場合或狀況下的衣著常規與社交禮儀，服裝則是用來滿足這種需求的符號。

這是古今東西共通的原則。若要追溯現代服裝做為符號的規則是哪裡建立的，應該還是西方世界吧，「洋裝」和「西服」（西式服裝）等用語簡明扼要說明了一切。除了特別需要穿著「和服」的場合之外，日本人平常都穿著西式服裝。

在這樣的服裝世界裡，是否有可能提出一種與西方社會長期養成的服裝概念不同的事物？

柳井正這位經營者持續不斷在思考這個問題。畢竟，優衣庫所販售的衣服也隸屬於西方的「西服」範疇內。優衣庫能否創造出既有西方服飾框架中所沒有、日本特有的全

① 和日本的定義不同，通常指出生於一九四六年至一九六四年之間的一代人。

新價值？

佐藤可士和坦言：「柳井先生和我總是一再說著這些饒富禪機的內容。」他們的當務之急是研擬「在蘇活店極力強調『來自日本』」的品牌形象策略，不過兩人對話卻總是越扯越遠。玄之又玄的對答之中，最後聚焦在「何謂優衣庫服飾？」這件事情上。

六個定義

這是稍後發生的事。某次兩人正討論著「何謂服裝？」時，柳井正向佐藤可士和表示：「我想做的是像絲襪這種東西。」

絲襪源於中世紀歐洲貴族男性所穿著的長襪，但美國杜邦公司在一九三五年研發出尼龍材質後，絲襪的定位有了巨大改變。第二次世界大戰後，女性開始能以低廉的價格輕鬆購買絲襪，女性時尚也連帶著爲之一變。在倫敦，絲襪搭配迷你裙的裝扮蔚爲風潮。

一九六〇年代，「搖擺倫敦」運動②興起。在階級觀念根深蒂固的英國，年輕女性穿著迷你裙昂首闊步走在街頭。像是在反抗一直以來束縛女性的傳統男性價值觀。

「這樣的打扮太不檢點了吧。」

無視於批評聲浪，神情自若在大街上自信邁步的女性不只改變了時尚。來自勞工階級的模特兒崔姬（Twiggy）成爲年輕女性的偶像；新銳設計師瑪莉・官（Mary Quant）設計的迷你裙和熱褲迅速銷售一空。

結果發生了什麼事？

不僅掀起服飾風潮，甚至發展成社會改革，對女性的社會參與產生巨大影響。「搖擺倫敦」運動後來也傳入經濟高速成長期的日本。「戰後變得強大的，只有女性和絲襪。」這句流行語清楚說明了這一切。

簡單來說，服裝能改變社會。

當然，女性的活躍不只是因爲絲襪，而是許多沒沒無聞的人士持續累積各種努力的結果，且這場戰爭至今仍持續進行中。不過服裝的革新一點一滴地改變了社會樣貌，的確是不爭的事實。

這一點，是否也能在優衣庫實現？

柳井正在「成爲世界第一」的目標更遠處，又訂下如此宏偉的志向。佐藤可士和以那場對話爲基礎，將它轉換成迅銷的企業理念——「改變服裝，改變常識，改變世界。」

---

② Swinging London，倫敦一九六〇年代由年輕人發起的文化運動，強調現代性，主張樂觀與享樂，並允許年輕人發聲。這項運動對藝術、音樂和時尚的蓬勃發展帶來深遠的影響，披頭四和滾石樂團等都是這個時代的標誌之一。

兩人圍繞著服裝展開的對話內容，當然也關係到「何謂優衣庫服飾？」的深入探討。

「追根究柢，優衣庫服飾究竟是什麼？既非時裝，也不是運動服或日用品，更不是一般的休閒服。是包含所有一切嗎？該如何稱呼它才好呢？」

柳井正問道。

「這就交給可士和先生去思考了。」

確實是個重要的問題。

「沒有提示嗎？」佐藤可士和問。

「提示？這個嘛……。」柳井正沉吟片刻後，斬釘截鐵地表示：「沒有提示！」這是在挑戰佐藤可士和，想激發他的詮釋力。

這位詮釋者，就是透過這樣的對話，讓原本連員工都很難說個明白的「何謂優衣庫服飾？」轉換成語言。從第一次與柳井正會面以來，確實耗費了五年工夫。這位罕見的創意工作者以「何謂服裝？」這個提問為開端，如同釀製美酒般不斷細細琢磨，最後歸納出優衣庫的「六個定義」。關於何謂優衣庫的服飾，都彙整在下面這幾句話裡：

是整套裝扮中已完成的零件

是人們塑造各自生活方式的工具

是根據穿著者（而非製造者）的價值觀去形塑的衣服
是引領服裝進化的未來服飾
是兼具美感與高度合乎邏輯的衣服
是爲全世界所有人設計，追求極致的衣服

值得注意的是最前面那兩句，「零件」和「工具」。這應該不是時尚業界會用的詞語。不過，這正是優衣庫在一直以來由西方主導的「西服」世界中提出的全新價值。

似乎有點講太快了。

在這裡，最重要的是蘇活旗艦店並非只是全球發展策略中的一步棋。其基礎存在著一個最根本的提問：「何謂優衣庫服飾？」若沒有透徹思考這個問題，將無法在全球市場上競爭。

偶然的失誤，反而更酷

在蘇活店主打「來自日本」已成定局。

佐藤可士和隨即聯繫一些傑出的工作夥伴組成團隊。蘇活區雖有許多年輕藝術家聚集，但建築物都是極爲雷同的老舊外觀。優衣庫即將進駐的，就是這些被稱爲「鑄鐵建築」的其中之一。該如何呈現「來自日本的優衣庫」呢？

持續討論的過程中，佐藤可士和提出的建議是重新設計商標。在重視美感的蘇活區街頭，華麗浮誇的霓虹招牌是禁忌。他們需要的，是那種雖然像是不經意懸掛在街道上的旗幟，對過往行人來說，卻能成爲地標的圖示，讓人一眼認出這是「來自日本的優衣庫」。

當時優衣庫的商標，是在深紅底色上用白色字體寫著「UNIQLO」。

順帶一提，優衣庫的名稱源自於「Unique Clothing Warehouse」的縮寫。原本應該是「UNICLO」才對，之所以變成「Q」，完全是偶然。

前面提過，爲了轉型成製造零售業模式，下之園秀志曾在香港憑著一份名冊四處尋找工廠。一九八八年要在香港註冊公司時，當地合資夥伴的負責人竟將公司名稱誤植爲「UNIQLO」——日本一直使用的是縮寫的「UNI—CLO」，沒想到柳井正卻對此失誤表示：「這樣更酷，不是嗎？」就此沿用至今。

關於顏色，佐藤可士和最先想到的是亮眼而引人注目的鮮紅色與白色，而不是原來的深紅色。而且關鍵在於上頭所寫的字。要向全世界展現「日本的優衣庫」，什麼字體最適合？

佐藤可士和的想法是用片假名的「ユニクロ」。如果是這個，一眼就能辨識出來自

日本，再加上片假名本身就能給人很酷的印象；另一方面，當時的美國開始將日本動畫視爲一種次文化來接納，也是原因之一。

只不過，佐藤可士和仍有些猶豫。片假名商標在美國眞的能被接受嗎？「單純是因爲只有日本人看得懂。」考量到這一點，他在向柳井正與高層幹部針對新商標進行簡報時，將片假名這個提案列爲第三選項。

結果柳井正一看，斬釘截鐵地表示：「片假名嗎？這個好！」佐藤可士和回憶當時的心情說：

「聽到這句話時，我心想，自己眞是太失禮了，竟然擅自揣測『這個提案應該不會被採用』。結果柳井先生一眼就看穿了我的用意。雖然很震驚，卻也很感動。從那時起，我就覺得『對他，我要把眞心覺得很好的想法全都說出來』才行。」

蘇活店拿旗幟做爲店招，正反兩面都可以印刷。於是佐藤可士和分別印上「ユニクロ」和「ＵＮＩＱＬＯ」的字樣。當時柳井正所採用的這個商標，至今全球各地的優衣庫都仍在使用中。

異樣感

經過這一連串籌備工作之後，時間來到了二〇〇六年十一月。雖然是一間超大型店鋪，但用來標示這裡是優衣庫的，就只有一面分別在正反兩面印上「ユニクロ」和「UNIQLO」的旗幟，懸掛在整幢白色建築物上。

對優衣庫來說，此刻正是要扭轉疲弱不振的海外發展策略的轉捩點。策略上的意義固然重要，不過更重要的是，他們在全球時尚中心開設了一間過去在銀天街或廣島裏袋時期無法想像的超大型店鋪。柳井正邀請兩名男性來到紐約，讓他們見見這幢宏偉的建築。這兩位就是自銀天街男裝店時期就與他同甘共苦的浦利治及岩村清美。

開幕前一天，店員忙碌地進行準備工作。從店內向外望，只見玻璃窗外的百老匯大道上人潮熙來攘往。

「終於來到這樣的地方啊……。」

岩村清美對著站立身旁的浦利治說道，語帶感慨。這一切，與過去從Men's Shop店內望向銀天街那條狹小道路上的人群，已截然不同。

此刻，岩村清美腦中浮現出當年柳井等對自己說的那句話：「明天起，就來店裡上班。」還有昔日在銀天街生活的點點滴滴。

回想起自己以浦利治爲榜樣，學習如何招呼客人，還有那位說話毫不客氣的少東家柳井正。在廣島開設「休閒服飾倉庫」那天，自己從宇部趕去支援。一大早開始就不斷有大批顧客湧進，累到筋疲力盡，當晚直接跟同事在店鋪樓上的宿舍裡擠成一團，倒頭就睡。也曾苦於與銀行對峙及資金周轉困難，過著如履薄冰的日子。後來在刷毛外套掀起熱潮時，自己跟浦利治決定悄然離開優衣庫。

與柳井正及浦利治並肩作戰的日子，一幕幕浮現腦海又散去。不過，他的思緒很快便從美好回憶的片刻被拉回現實之中。

（等一等，是不是有那裡不太對勁？）

岩村清美自銀天街時代就一直待在銷售現場，可說身經百戰，而此刻的現場看起來有點不太對勁，且這種感覺揮之不去。

明明是早會時間，但店員竟然人手一杯咖啡，倚在牆邊或貨架旁聽柳井正說話。開門營業前，貨架上的衣服應該井然有序地往上疊到天花板的高度才行，但不知為何，有些地方還沒補滿。環顧四周，原本該掌控這個散漫現場的店長竟然不見人影……。

浦利治也跟他一樣感到焦慮不安。雖然兩人都不會說英語，但實在按捺不住，不知不覺間，他們已經一邊拿起衣服，一邊開始對美籍員工發號施令。

（這樣子眞的沒問題嗎？）

心中的不安早已取代剛才的感慨。他們當然知道這裡不是日本，日本那些規矩和道理必是行不通的吧。不過，這裡跟他們三人所建立的優衣庫似乎有些不同。那種異樣感讓岩村清美耿耿於懷。

反覆思考「何謂優衣庫？」、「何謂優衣庫服飾？」這些最根本的提問後，重新來過的全球發展策略。

來自中國的潘寧發現了這個成功法則，同時得到佐藤可士和這位稀世少有的「詮釋者」相助，在全球時尚中心打造一間超級旗艦店，向全世界宣告「優衣庫在這裡」。

然而世界的顛峰仍遙不可及，要成功攻頂並沒有那麼簡單。讓優衣庫遍布全球的行動，才剛剛開始。

第 9 章

矛盾

「黑心企業」的指控

前面一再提到，優衣庫的發展是加法與減法周而復始的歷程。這不只是在說一家企業成功與失敗的故事。從柳井正開始，所有建構「優衣庫」這個品牌的每一個人，他們的經歷也繞著加法與減法在打轉。前面寫到一些進軍海外所遭遇的艱苦與奮鬥，在第 9 章，將稍微變換一下角度，由不同的觀點說起。

優衣庫的小老弟

優衣庫在主要報刊上刊登「停止低價」的廣告，是在二〇〇四年九月二十七日。整篇都是文字的這則廣告裡寫著：「價格低廉，可能導致某些顧客誤以爲『優衣庫是廉價品』。」這段時期，刷毛外套熱潮已退，「優衣庫穿幫」這種說法越常出現，越是讓「優衣庫廉價又不體面」的印象深植人心。

在宣告「停止低價」的同時，優衣庫也發表了「全球品質宣言」，逐步提高整體價格。如第 8 章所述，聘請佐藤可士和重新研擬品牌策略，也是由此衍生而出的行動。

在那之後，優衣庫陸續與年輕設計師聯名企畫，以提升品牌價值。二〇〇九年，柳井正親自與全球知名設計師吉爾．桑達（Jil Sander）洽談，推出了「＋J」系列高級服飾。

過去獲得全球認可的日本企業大多以「價格便宜、性能優異」爲賣點。汽車與家電應該是最具代表性的例子吧，優衣庫也不例外。然而品牌一旦被貼上「便宜」的標籤，想要改變消費者的印象便難如登天。至今優衣庫仍爲此努力。

推動重新建構品牌的策略後，原本優衣庫最擅長經營的低價市場出現了空缺。二〇〇六年新創立的品牌「GU」，就是爲了塡補這一塊。

其實很早之前就有一位高層曾建議柳井正，要創立一個價格比優衣庫更便宜的品牌。此人就是中嶋修一。他原本任職於大榮旗下的服裝品牌「Printemps」，於一九九四年進入優衣庫。他低調隱身於「ABC改革四人組」——澤田貴司、玉塚元一、堂前宣夫、森田政敏這幾位比他更晚從其他公司轉任的同事背後。他是一位深具影響力的人物，歷任店長、庫存管理，以及堪稱「優衣庫指揮官」的商品企畫總負責人。

中嶋修一曾多次提出低價品牌的構想，但都被當成耳邊風，如今機會卻以意想不到的姿態出現。諷刺的是，促成這件事的契機竟是他的老東家大榮的經營危機。在優衣庫宣告「停止低價」大約兩週後的某個晚上，大榮決定放棄靠自己的力量重整，並向產業再生機構尋求支援。

柳井正隨即與伊藤洋華堂聯手，打算成爲大榮重整的贊助方。此事雖然最後沒有成功，但這次的商談卻促成了全新低價品牌「GU」開設在大榮店內的計畫；而柳井正指派的GU社長人選，正是提案建立低價品牌的中嶋修一。

GU借用曾在流通業開疆闢土的大榮店鋪，想以此爲起點，結果卻出乎意料地慘。當時主打「優衣庫的七折價」，也就是比優衣庫便宜三成的超低價格，卻完全推不動。二〇〇六年十月，在千葉縣內的大榮開設GU第一家門市，同時計畫以二十五家門市的規模以迎接服飾業界的秋冬旺季，結果開業最初的六個月，營業額只達到預期目標的一半。

「不得不說，我們的品牌概念太薄弱。」中嶋修一後來回顧GU突然面臨的疲弱不振時，如此說道。儘管立刻找了大榮以外的其他地點擴增門市，但情況並未改善。

爲了挽救陷於苦戰的「優衣庫的小老弟」，柳井正派了一位意想不到的人物出馬。那個人就是柚木治。在優衣庫內部，他被視爲「黑歷史」的罪魁禍首，而且柚木治自己比任何人都更明白這一點。

「只有中嶋自己一個人還是太困難了。你跟他一起做吧。」

柳井正希望柚木治以GU副社長的身分協助中嶋修一。然而，「我沒辦法。」他如此表示。「我無法勝任經營者的角色。我沒有自信。」

柚木治以自嘲的口吻再加上一句：

「而且，像我這種瘟神當上副社長，員工應該都覺得討厭吧。」

柳井正當下並沒有說：「好吧，那就算了。」差不多三個月過後的某個假日，柚木治的手機響起，是GU社長中嶋修一打來的。

「我無論如何都想跟柚木先生共事。失敗過一次？那有什麼關係，算不了什麼。而且哪有一開始就一帆風順的。」

聽到這番話，柚木治竟止不住淚水。中嶋修一的這些話深深觸動了他，知道他過去曾跌落谷底，並自認爲「再也無法在職場上抬頭挺胸」。柚木治在這一刻下定決心，要在GU這片新天地一雪前恥。

優衣庫模式的蔬菜事業

其實大約七年前，也就是二〇〇一年年中，柚木治向柳井正提出一個異想天開的新事業方案。當時優衣庫正值刷毛外套熱潮，勢不可擋。從柳井正在香港接觸到的製造零售業模式，直到終於落實爲止，已經十多年過去了。柚木治心想，有沒有可能將這種模式應用在完全不同領域的食品事業上？

雖然在董事會上遭到強烈反對，柳井正卻給予支持：「以公司的立場來說，是應該要挑戰一些新事物。」至於柚木治，他看著那些群起反對的董事，心裡咒罵著：「沒膽子挑戰的人，我才不想聽你們說這些。」他甚至認爲：「而且說眞的，像我這麼優秀怎麼可能會失敗？」

當時的柚木治三十六歲。從他現在柔和的表情和謙遜的口吻，很難想像他當時的模樣。不過身爲一名商界人士，他一直都走在菁英路線上，確實因此增添了幾分自信。從伊藤忠商事、奇異資融（GE Capital），然後在一九九九年底進入優衣庫。他任職於伊藤忠商事的工程部門時，爲了油田開發業務，全世界都跑遍了。「ABC改革四人組」之一的森田政敏曾是他在伊藤忠商事的前輩，他也在森田政敏勸說之下，轉職到優衣庫。不可否認，當初他對這家連聽都沒聽過的地區性服裝公司多少有點輕視。

針對食品方面的新事業，柚木原本的規畫是以優衣庫的連鎖模式販售小菜或餐盒。不過柳井正表示：「如果賣蔬菜的話……。」並介紹他認識永田照喜治。永田照喜治是「永田農法」的創始人，主張用貧瘠的土壤與最低限度的水和肥料，激發蔬菜原有的生命力。

爲了確認永田農法的實力，柚木走訪各地農場，品嘗各種農作物，結果讓他驚喜連連。他在秋田縣吃了毛豆、在靜岡縣啃了生的絲瓜、還有臺灣所生產「連芯都能吃的鳳梨」；北海道余市生產的番茄品質更是沒話說，極度甜美的滋味令人震撼，讓他不禁要問：「這裡面，眞的沒加其他東西吧？」

之所以能深刻體會到永田農法的貨眞價實，與柚木治的生長背景不無關係。他的老家是賣蔬果的，是位在阪神甲子園球場附近傳統商店街上的一家小店。從小到大，除了新鮮蔬菜之外，也時常得在腐壞前，幫忙把那些沒賣完的香蕉或蘋果吃掉。「那些眞的很好吃啊！」柚木治從小就習於品嘗食物的天然滋味，儘管如此，永田農法所種植的蔬菜仍令他感到驚豔。

「這種東西應該不會失敗。」

基於這種想法，二〇〇二年九月創立了專門販賣蔬菜的「SKIP」。這家公司獨立於優衣庫，同時也在網路上販售蔬菜。

其實這段期間，英國最大的超市特易購（Tesco）曾提出合作計畫，但柚木治深刻體會到永田農法的厲害之處，決定靠蔬菜事業來一決勝負。在服飾業界掀起刷毛外套這股革新熱潮的優衣庫，將爲日本的餐桌帶來變革——這一點成爲社會輿論關注的焦點。

「將以豐田Corolla的價格提供勞斯萊斯等級的蔬菜。」

以這番雄心壯志奮勇邁向農業世界的結果，卻是徹底慘敗。還不到兩年，已經出現二十六億圓赤字，被迫撤退。當時，妻子對他說的那句話在耳邊不斷迴響：「早就跟你說過一百次了，你就是沒聽進去。」

確實，妻子曾多次指出SKIP的盲點。相較於優衣庫這種服飾業，SKIP有一個很大的弱點：天候左右收成。

由於採用產地直送的方式，店裡會販售哪些蔬菜、有多少數量，都要當天才能確定。柚木治的妻子指出：「用這種方式，客人怎麼可能會買？」不同於服飾業可進行計畫性生產，柚木治過分低估這種不確定帶來的風險。「家庭主婦的荷包可沒那麼好騙。」他算是得到了教訓。

公審

經過一番苦惱，柚木治向柳井正表示要「撤出市場」，但柳井正勸他：「繼續再試看看如何？」柚木治則回答：「不能再給農民們添麻煩了。」因爲再繼續做下去，有將近六百戶契作農家必須承擔下一季的風險。

「當初的想法太天眞了。我沒有資格再繼續做下去。」

他只能如此說著，向柳井正低頭致歉。

確定撤退並開始收拾善後，更是讓他心如刀割。在東京上野毛門市向職員宣告撤店時，「眞是沒骨氣。」一位年輕的已婚女性員工這麼對他這麼說，甚至冷言冷語：「柚木先生別再插手了，我們會自己想其他辦法。」至於自己當初四處奔走、積極請求對方協助的那些農民所給的回應，並不是辱罵或鄙視，而是心灰意冷地表示：「唉，果然如此。」

儘管是自己選擇放棄，主動退出舞臺，但隨著時間過去，卻越來越強烈感受到被捲入這件事並因此受苦的人遠比想像中還多。創業時滿滿的自信，如今已消失得無影無蹤，柚木治清楚意識到自己徹底陷入沮喪。這或許是每個曾在工作上經歷重大挫折的人，多少都會體驗到的感受。

「當時覺得，在公司裡連一秒都待不下去。自己哪有臉繼續留在這裡……。」

二〇〇四年春天，撤店工作全部完成後，柚木治向柳井正遞交了辭呈。社長辦公室裡只有他們兩人。會被臭罵「你這傢伙快點滾蛋」？還是會被挽留？無論如何，柚木治心裡認定自己在這間公司已無立足之地。

但是，柳井正竟然給了柚木治一個意想不到的回應：

「虧損二十六億圓，花了這麼一大筆學費，結果打算說句『我先失陪了』，拍拍屁股就走人？哪有這樣的？要還錢來啊！」

柚木治不明白柳井正這句話用意何在，一時之間腦子一片空白。柳井正的表情一如往常，沒有特別顯得生氣，語氣也像平常一樣直率。柚木治已經不記得後來柳井正又說了些什麼。只是無言以對。至於自己是怎麼走出社長辦公室的，也完全沒有印象。

柳井正隨後下達了一道命令，宛如在柚木治的傷口上撒鹽：要求柚木治親自對所有幹部說明，蔬菜事業爲何會失敗。

當天，在東京蒲田辦公室的大會議室裡，課長級以上的幹部共一百多人齊聚一堂。柚木治用三十九張 A4 紙整理出「SKIP 事業回顧」報告書，以平淡的語氣說明蔬菜事業失敗的經過。

簡直就是棒打落水狗，是不折不扣的公審。與會幹部毫不留情：「怎麼連這種狀況都沒有預先評估？」批評此起彼落。

柚木治將自己的挫敗赤裸裸攤在眾人面前，毫無自尊可言。他認爲，在優衣庫的職業生涯已經到此爲止，卻也連思考「接下來要怎麼辦」的餘力也沒有。總之，他心裡只想趕快逃離那個地方。

不過隔天上班時，心情上竟然有了奇妙的轉變。不久前那個充滿自信、覺得「我不可能會失敗」的自己，如今卻顯得格外渺小。到了這種地步，沒必要再執著於無用的自尊心。當念頭一轉，原本那種「連一秒都待不下去」的負面情緒竟有了微妙的變化。

（好像有種比昨天輕鬆一些的感覺……。）

如今柚木治認爲，這場「公審」或許是柳井正給自己重新出發的機會吧；說是一場「淨化儀式」或許更正確。

當然，事情並不是這樣就煙消雲散了。在那之後，柚木治始終擺脫不了蔬菜事業失敗的陰影。他一直覺得，再也不要參與公司的經營管理了，自己根本沒資格。

沒想到，柚木治突然被指派去重振經營不善的GU。優衣庫的小老弟GU——是比蔬菜事業更加責任重大的艱鉅挑戰。中嶋修一深知柚木治有過這段失敗的經歷，在他的勸說之下，柚木治總算願意試著再次站上舞臺。這是一名嘗過挫敗滋味的男子的重新出發。

不過接下來，依舊是一連串考驗。

九百九十圓的牛仔褲

爲了重振經營不善的GU，柳井正採取了「震撼療法」。如同字面上所說的，標榜「優衣庫七折價」的GU，店內商品價格比優衣庫便宜了三成，卻完全無法打動消費者。

於是柳井正提出「徹底打破行情」的手段。三成不行的話，那就降得更低。當時GU的主力商品牛仔褲一件是一千九百九十圓，已經比優衣庫的兩千九百九十圓便宜。某天會議中，有人提出乾脆降到一千四百九十圓。這麼一來，勉強還能平衡收支。

柳井正聽著，神情嚴肅了起來。

「那樣是行不通的。既然要做，乾脆直接降到九百九十圓如何？」

也就是讓原本已經很便宜的牛仔褲，再砍掉一半的價格。

這段期間裡，二〇〇八年九月正逢美國雷曼兄弟事件（Lehman Shock）風暴席捲全球。號稱「百年一次的經濟大蕭條」，恐慌深不見底。在日本，消費市場也跟著瞬間緊縮。

在這種態勢下，就算要以低價爲賣點，如果不是極具震撼力的價格，仍難以吸引消費者。基於這種想法，才有了「九百九十圓的牛仔褲」。

依照過去的做法，這件事不可能實現。就連優衣庫以中國爲主軸而建立的製造零售業模式，都必須重新審視。當時的優衣庫使用日本製的丹寧布，在中國縫製；GU則是使用中國製丹寧布，在柬埔寨縫製加工，藉此降低價格。

於是，二〇〇九年三月，GU推出的九百九十圓牛仔褲在經濟大蕭條的情況下狂銷熱賣。訂貨量甚至馬上更改爲原先預估的兩倍，也就是一百萬件以上。

優衣庫的小老弟，就這樣獲得了喘息的空間。

但震撼療法終究只是震撼療法。「比優衣庫更便宜的GU」雖然以九百九十圓牛仔褲的衝擊力深植人心，但效力也只不過持續了一年左右。推出九百九十圓牛仔褲一年後的二〇一〇年，春夏商品的銷售量突然滑落。

「唉，也不過是暫時的熱潮而已。」

以副社長身分進入GU的柚木治，再度面對現實。

就在這時候，中嶋修一被調回優衣庫總公司。這個位子該由誰來接任？柚木原本就認定自己是以副社長角色在GU擔任中嶋修一的「超級明星幫手」，於是他向柳井正表示：「指派誰都可以，我會繼續支持他。」然而柳井正卻回應：「不，就由你來吧，柚木。」

「不行啦。我已經失敗過，而且在優衣庫連店長的經驗都沒有。從能力上來說，根本不夠資格。」

即使到這一刻，柚木治依然擺脫不了蔬菜事業失敗的陰影。但是柳井正卻回了他一句：「沒有其他人可以選了。」接著再補充道：

「我認爲，比起不曾失敗的柚木，還是失敗過的比較好。請你好好利用失敗的經驗，十倍奉還吧！」

老闆都把話說到這種程度了，自己已無退路。柚木治在蔬菜事業上慘敗時，曾認爲自己「再也無法在職場上抬頭挺胸」，如今他決定，要再次擔任經營管理的舵手。

GU重生的三個教訓

如何讓再次陷入困境的GU重新振作？柚木展開了一場探索啓發的旅程。他從蔬菜事業的失敗中得到三個教訓。

「要不斷努力了解顧客需求。」

「開始著手新工作時，要比任何人更深入學習相關的知識與常理。」

「要爭取公司內外的人才爲盟友，充分運用這股力量。」

就是這三點。原本他打算基於這種想法打造出優衣庫沒有的特點，以低價、適合所有人穿著的服裝爲目標，沒想到最關鍵的啓發就來自身邊——他的妻子，當初一語道破蔬菜事業的營運方式對家庭主婦不友善，不可能順利。這次她又說：

「老實說，我覺得GU比優衣庫還貴。」

「咦？爲什麼？」

「你看，比方說刷毛外套，優衣庫賣一千九百九十圓，GU賣一千兩百九十圓，對吧？不過優衣庫偶爾有週末特價，會降到一千兩百九十圓左右喔。如果是我，當然是買那邊的啊，因爲GU的品質比優衣庫差。這樣算下來，不就是比優衣庫還貴嗎？」

所以她說她不買GU的衣服。完全是以消費者角度提出的嚴格審視，讓人無從反駁。換句話說，並不是塡補優衣庫宣稱「停止低價」後的那塊空缺就可以，這門生意沒那麼簡單。

當初「優衣庫七折價」的策略已經行不通。那麼，還有其他辦法嗎？就在柚木治反覆對自己提問時，一位GU的女性門市員工直接給他一記當頭棒喝。

「其實我討厭GU的衣服。」

過分坦白的這句話讓柚木治倒抽一口氣，不過他還是問了對方：「那你爲什麼還穿它？」

「因爲店裡的規定啊。」

意思就是帶著厭惡的心情穿上自家公司的衣服。對此，柚木治無話可說。

「那你覺得應該怎麼做比較好？」

柚木這麼一說，女店員毫不膽怯地回答：

「我喜歡的衣服Lumine①都有。」

「那你怎麼不去Lumine上班？」說不定柚木治很想這麼說，但他既不認爲自己是服裝專家，對於眞正了解顧客購買衣物的需求也毫無自信。

「了解顧客」、「當前的知識與常理」。這些事，在自己不懂的前提下，必須先虛心求教才行，這是他藉由那次失敗所得到的教訓；而且這位店員在服裝方面應該比自己懂得更多……。

（我們家店員想要的衣服不在GU，而是在Lumine。這是怎麼回事？）

思考的過程中，柚木有個想法：「來試試看時尚吧？」

優衣庫的母公司「迅銷」之名是以速食業的代表——麥當勞爲範本，希望成爲高度系統化的零售業。這個名稱經常讓人誤以爲是走在潮流尖端的那種快時尚。事實上，優衣庫大量提供品項有限但不受潮流影響的基本款服飾，與新潮商品不斷推陳出新的快時尚之間，簡直是天差地別……。

對優衣庫來說，與快時尚之間有所區隔，一直是成長的關鍵。如同第8章提到的，他們將自己生產的衣服視爲「零件」或「工具」。

---

① JR東日本的子公司，是經營車站大樓型商場的企業，以年輕女性為主要客層。

既然如此，如果GU反其道而行，踏入時尚領域，不就能和優衣庫有所區隔了嗎？柚木心裡如此盤算。只不過，單純追求快時尚的話，就與歐美品牌沒什麼不同了。於是他提出一個縮減商品種類，「只專注於潮流趨勢核心」的新策略。柚木決定將這個概念歸納整理為「打造這個瞬間的最大公約數」，讓GU服飾改頭換面。自二〇一一年春夏季商品開始，以「Be a Girl」為主題所推動的「潮流趨勢核心策略」就是來自這個概念。

但柚木治依然沒有自信。一開始只是先在門市入口處小規模試水溫，隨著新策略的效果漸漸擴散，GU才找到逆轉頹勢的線索。

「百倍奉還！」

柳井正是個話很少，但說起話來不留情面的經營者。即使對部屬說話也會使用敬語，嚴謹的性格更是在工作上顯露無遺。這或許也是他常遭受外界誤解的原因。

不過，要是說到柳井正是否不通人情，事情絕非如此。柚木治自己在每個關鍵時刻都能深切感受到這一點。

因蔬菜事業失敗而接受「公審」時，他真心覺得自己「連一秒都待不去」。但是為什麼，自己的心境卻從隔天開始就有了變化？有人曾揶揄他：「比起收衣服，柚木你更擅長把公司給收了呢。」儘管自己只能勉強擠出笑容，但不知為何，心情上就是輕鬆了許多。在聽到柳井正「還是失敗過的柚木比較好」這句話時，柚木治不知不覺開始有了接納「沒出息的自己」的想法。

請教柳井正當初說這句話的用意時，他的回答很簡單。

「要是不這麼做，他的經驗就無法留存下來。因為我認為他必須繼續嘗試，直到成功為止。」

他沒有對我多加解釋。不過當時他以另一種方法對柚木治傳達自己的想法：

「不是十倍奉還，要百倍奉還！現在這樣完全不夠。」

柳井正任命柚木治為GU社長時，曾對他表示：「優衣庫的一半要交給你。」畢竟優衣庫因為調整了低價路線而導致的空缺很大。言下之意，是要他奪下那個市場。柚木治則透過「潮流趨勢核心策略」找到了解答。

「不是已經百倍奉還了？」

當我這麼一問，柳井正隨即否定我的說法：

「還沒還沒，早得很呢。」

柳井正要求GU以營業額一兆圓為目標，對這位過去的「留級生」來說，可說是一道極高的門檻。柚木治要如何迎擊？

「如果說優衣庫是個資優生哥哥，GU就必須是個調皮的妹妹。雖然這個目標實在很難達成啊。」

柚木治如此表示。在他臉上，既看不到過去自認爲「我這麼優秀怎麼可能會失敗」的傲慢，也看不到深感絕望「再也無法在職場上抬頭挺胸」的陰霾。

公司這樣的組織，對所有在其中工作或有關聯的人來說，可不是什麼烏托邦。規模越大，要面對的各種矛盾就越多；而且即使在組織裡，也往往難以發現。

該如何面對那些矛盾呢？並不是什麼狀況都能像柚木治這樣，將過去的失敗化爲邁向成功的動能。隨著企業成長，許多無聲的吶喊逐漸被掩蓋，這些令人不快的現實與問題，絕對不能視而不見。

優衣庫內部也掩蓋了無聲的吶喊，這些不符合「資優生」身分的現實問題，讓他們非得面對不可。二〇一〇年上半年，接連不斷爆出「黑心企業」的指控，陸續有人批評，如此一家龐大的連鎖事業是由所謂「徒有其名的店長」支撐起來的。在此，我想先從優衣庫如何發展出連鎖網開始說起。

以麥當勞爲範本

如同前面多次提及，優衣庫發展連鎖體系的範本是麥當勞。正確來說，不是美國的麥當勞，而是日本的。因暢銷書《猶太商法》而聞名的藤田田曾發下豪語，要改變「魚米之國」的飲食文化，將麥當勞引進日本後大獲成功的事，在此毋須贅述。

藤田田於一九七一年七月創立日本麥當勞，並在銀座的三越百貨開設了第一家門市。這剛好也是柳井正自早稻田大學畢業、在父親柳井等勸說下進入佳世客工作的那段時間。結果，柳井正只待了九個月就離開佳世客，回老家 Men's Shop 小郡商事工作。換句話說，日本麥當勞的誕生，還有柳井正開始以生意人自居發展事業，幾乎都在同一時期。

藤田田迅速地改變了這個國家的飲食文化，無疑是一位遠遠領先於柳井正的生意人。幾乎稱得上傳奇的那套經營手法，至今仍為人津津樂道。

基於「文化流水理論」，也就是文化像水一樣，會從高處往低處流，因此藤田田斷然拒絕美國總公司所主張的郊區策略，選擇由銀座三越百貨這個黃金地段開始起步。在那段期間完工的銀座行人徒步區，宛如專為麥當勞所設的美食廣場。據傳聞，當初麥當勞套餐的價格訂為三百九十圓，是採用猶太文化中的「七八：二二法則」（儘管日本麥當勞官方表示，因為數字念法與「thank you」相近，才定下這個價格；不過那段期間恰逢五百圓硬幣開始普及，且三百九十圓正好是五百圓的七八%，才有此一說）。

然而，柳井正始終認為，《猶太商法》或《取得天下的商戰兵法》書中所描繪的內容，並非藤田田真正的想法。

兩人的交集要回溯到二〇〇一年，柳井正應孫正義之邀，擔任軟體銀行的獨立董事。藤田田剛好是柳井正的前一任。雙方爲交接而會面時，藤田田自顧自地喋喋不休，柳井正則只是靜靜地聽。最後，「柳井，送你個好東西！」藤田田說著，遞給他三張免費的薯條兌換券。

柳井正沒有放過這個學習麥當勞經營理念的好機會。他主動連絡在日本麥當勞長期輔佐藤田田的田中明，向對方求教。田中明當時是日本麥當勞副社長。據說藤田田認可了此事，並表示：「柳井先生想學些什麼，全都可以教他。」田中明回顧時說道：「當時柳井先生最感興趣的是展店的方法，還有督導的任務。」

過了一段時間，柳井正得知田中明離開了日本麥當勞，隨即邀請他來優衣庫負責培訓人才。麥當勞爲培訓員工而創立「漢堡大學」的事眾所皆知，柳井正也效法而設立了「優衣庫大學」。課堂上，田中明強調的是「貫徹基本功」。

「我們的生意是錙銖必較的『penny business』。要如何累積每一分錢？最重要的關鍵就是員工手冊和培訓。如果不重視每位員工的力量，一切都無法成立。」

美元一分錢（penny）相當於日幣一圓。意思就是說，麥當勞之所以能建立起龐大的漢堡連鎖體系，全都是透過這些細節的累積。

在那段期間擔任優衣庫大學部長的桑原尚郎回憶道：「當時我心想，這份員工手冊眞是做得好徹底，寫得很完整，幾乎涵蓋了一切。」不過，手冊並非一切。手冊充其量只是讓現場員工回歸基本功的原理原則罷了。

第 7 章曾提到，此時的優衣庫正陷入「金太郎糖模式」。正如前面所指出的，門市確實已變成以員工手冊為優先、「徒具外表的連鎖店」。二〇一〇年前後，仿效日本麥當勞的優衣庫展店模式開始出現一些不合理的現象。另外，日本經濟尚未從二〇〇八年九月雷曼風暴的創傷中復原；社會上，「格差」（貧富差距）這個用語頻繁被提出討論，也是在這個時期。

徒有其名的店長

優衣庫的勞資問題開始被提出來討論，大約是在二〇一〇年。當年五月，《週刊文春》上刊登了〈潛入優衣庫在中國的『祕密工廠』！〉這篇文章。隔年，撰寫這篇文章的新聞記者橫田增生出版了《優衣庫帝國的光與影》（暫譯，文藝春秋出版）一書。

書中生動地報導了中國工廠與日本門市中嚴苛的工作環境。相關內容在《優衣庫帝國的光與影》與續集《在優衣庫臥底的一年》（暫譯）中有詳細介紹，這裡並不贅述。國內主要以門市為對象，國外則是聚焦於工廠，因為各自狀況不同，首先針對國內部分做說明。

我自己也走訪了幾家優衣庫門市。

儘管向對方表明目的後，我得以與多名員工交談，但由於沒有任何人同意揭露眞實姓名，因此我無法描述詳細內容。「在工作方面要求嚴格是事實。不過，相較於十多年前，已經有大幅改善。」東京都內某門市店長所說的這段話，似乎是大多數人的共識。

二〇一〇年起，連續幾年出現的「黑心企業」指控，似乎成爲一種契機，確實改善了優衣庫員工的工作環境。

當時的指控聚焦於「徒有其名的店長」。直到一九九〇年代中期爲止，以社長爲中心的優衣庫在ABC改革開始後，試圖轉換爲以店長爲中心。柳井正自己也一再強調，店長才是明星，必須是公司的主角。

實際狀況又如何呢？

優衣庫的連鎖體系管理，從背誦製作嚴謹的員工手冊開始，到店內商品的擺設，全都是由總部詳加指導。店長除了權限有限，還被要求嚴守每個月兩百四十小時的工作時數。由於工作時數是電腦管控，於是陸續出現有些店長無法在時間內完成工作，只好先在形式上將工作標記爲已完成，再以義務加班的方式做完，結果導致高得出奇的離職率：大學一畢業就入職的員工裡，不到三年就離職的比率高達四至五成。

迅銷公司對《週刊文春》提起訴訟，主張對方「偏離事實的論述」讓他們「無法再容忍虛僞的報導」。有關詳細訴訟內容，就此略過。自二〇一一年起擔任人事部門負責人的若林隆廣，後來在訪談中如此表示：

「總公司這邊原本抱持『雖然會提供規定與準則，不過，在此前提下依各門市狀況去考量並執行是各位的責任』的想法去下達命令，但實際狀況不是如此。總公司有很多命令是紙上談兵，門市方面光是應付那些就已經筋疲力盡了。」

不可否認，店長在原本的工作時數外，又義務加班完成工作的狀況確實存在。在快速成長的過程中，以這種方式滿足無法被滿足的需求。

若林隆廣繼續說道：

「換句話說，總公司剝奪了門市思考的功能。門市不是主角，店長也徒有其名，這種狀況漸漸蔓延開來。如果不那麼做的話，就會被上司斥責。這種現象遍布全國各門市，讓人感到束手無策。」

而且若林隆廣坦言：「這是經營方面的責任。真的很抱歉。」換言之，公司營造出「今後你們是公司主角」的架構，讓店長承擔一切壓力，卻又置之不理。

再繼續看看若林隆廣的直言不諱。

「總公司奪走了門市的腦袋。」若林隆廣說。「現在想想，門市就是拉開鐵門把衣服擺出來賣而已。」事實上哪件衣服賣得好，每個門市的狀況都不一樣。儘管有些門市會告訴總公司：「這款商品請多送一些過來。」但「事實上都是由總公司集中管理。門市並不會像現在這樣，積極向總公司提出建議」。

至於負責管理門市的督導，若林隆廣也這樣回顧：「基於他們與總公司業務部門的上下層級關係，應該也被剝奪了思考能力吧。我認爲當時公司內部確實存在一種無法暢所欲言的階級關係。」

「與其說是督導沒有盡責，其實是我們讓他們變成這樣的。是（我們這些）幹部的責任。」

若林隆廣曾在汽車零件製造商與家具公司任職，一九九三年進入優衣庫，花費了許多時間在銷售現場累積資歷，當過店員、店長，也當過督導。正因爲他對優衣庫門市現場瞭若指掌，一旦站上經營管理的位置，就明白自己無法找任何藉口，只能深刻反省。

在人事部門負責人之後，若林隆廣自二〇一三年起擔任日本優衣庫事業高層，他從傾聽那些曾與自己處於相同立場的人所發出的「無聲吶喊」開始起步。

「公司的問題究竟是什麼？」

當然，很少有人願意對已隸屬於總公司的若林隆廣坦率直言。即便如此，也只能盡力傾聽。因爲他認爲，唯有正視工作現場面臨困境的眞實面，才是正途。

不曾說出的內心傷痛

這裡的重點不在於若林隆廣個人的情感投射，而是公司與員工之間的關係是否合理。因此，儘管多少會偏離主題，還是想說明一下，若林隆廣之所以認爲工作現場的千瘡百孔絕非事不關己，是有原因的。事實上，若林隆廣自己也曾有過一段未曾道出的「內心傷痛」。

在全國各地門市留下佳績後，若林隆廣獲拔擢為總公司的業務本部長，並被指派負責管理優衣庫剛收購的女裝品牌Cabin。時間是在二〇〇六年秋天。他的任務是要重振陷入嚴重經營危機的Cabin，但進駐後，卻發現自己很難和那些資深員工溝通。對方擺明了「母公司的人來這裡做什麼」的態度，不知不覺間，竟變成完全零互動的狀態。

若林隆廣的身體越來越差，早上起床後，要先嘔吐過才有辦法上班。如此一來，別說振興公司了，就連上班都有困難。持續一段時間後，若林隆廣只好找柳井正哭訴：

「我撐不下去了。請讓我辭職吧。」

他表示願意扛起責任離職。但不同於柚木治那時候，這次柳井正勃然大怒。

「想逃避嗎？我可不會允許這種事！」

就這樣，若林隆廣帶著受創的心請了病假。這段期間，完全沒接到柳井正准許他離職的通知。過了一陣子，某天，柳井正找他過去，若林隆廣小心翼翼地前去見他。

「真的很抱歉，我現在還沒辦法回去工作。」

若林隆廣說著，低下頭來。柳井正只說了聲「是嗎」，便靜靜聽著若林隆廣說話，沒再給過任何指示。這場會面並未做出任何結論，若林隆廣就那樣離開社長辦公室。一個月過後，他又接到通知，柳井正找他。一樣沒有什麼特別的指示或要求。

就這樣，又過了四個月。柳井正還是一樣，只是聽著若林隆廣說話……。

結果若林隆廣自己先沉不住氣。「我想再挑戰一次。」他表示要重返工作崗位。優衣庫面臨勞資問題是在這件事發生之後。也因爲如此，他無法對那些發出無聲吶喊的同事置之不理。

「人啊，有時候會把自己逼得太緊，反而更無法滿足他人期待，導致精神耗弱。我也曾被逼入絕境。因爲自己有過這樣的經驗，才覺得或許能傾聽他人的煩惱並給予一些建議。」

當時柳井正是以什麼心情面對若林隆廣的？我試著請教他本人。

「我當時的想法是，如果去到一間糟糕的公司，即使是像若林這麼可靠的人，也會變成這種樣子。但還是只能面對現實，勇往直前。這種時候自己一個人苦惱也沒用。」

柳井正表示，如果連若林隆廣都沒辦法重振這家公司的話，「再派別人去也不管用。」從這句話可以看出，他非常信任若林隆廣。事實上，不久後，柳井正便決定放棄Cabin，全面撤退。柳井正又補充：

「他是塊寶。公司沒有他不行。」

我曾多次採訪柳井正，但柳井正直接點名某位部屬是塊「寶」，這是唯一的一次。

勞資問題永無止境。當時，若林隆廣透過傾聽現場員工心聲，開始推動縮短工時、增加加班費等措施，著手改善店長實際勞務狀態不符原先規畫的狀況。柳井正也表示「公司與店長共存共榮」，開始正視勞資問題，並提出「主角不是店長，而是店員」。

再次重申，勞資問題永無止境。這些問題並無法在二〇一〇年代前半的這段時期就徹底獲得解決。公司這樣的組織，是透過不斷修正改善而累積塑造成型的。這個問題對優衣庫來說，很顯然是一個挑戰

臥底調查

優衣庫面對的無聲吶喊，不只限於日本國內。在海外，同樣也有製造零售業這種商業模式要面臨的矛盾。二〇一五年一月所發生的事，讓他們感受格外深刻。

「優衣庫受到消費者喜愛，同時也應該要得到勞工的支持。這些勞工被迫在危險的環境中工作。」

香港非政府組織SACOM（大學師生監察無良企業行動）的陳曉程在東京召開記者會，一臉悲痛提出控訴。

她指稱，經潛入優衣庫位於中國廣東省兩家代工廠調查的結果，工作環境很明顯的極為惡劣。「還有人因高溫而中暑，簡直就像地獄一樣。」此外，也有證詞表示，每月工時超過三百小時，且已經成為常態；除了睡覺，其他時間都坐在縫紉機前——不，甚

至要犧牲睡眠時間去工作。

在優衣庫負責CSR（企業社會責任）的新田幸弘聽到這份報告時，「眞的嗎？」不禁懷疑自己聽錯了。

一九八〇年代後期，柳井正從香港佐丹奴創辦人黎智英那裡得到啓發，持續不斷找尋合作工廠，才終於讓優衣庫確立製造零售業的商業模式。這種國際分工體制意指自家公司不設工廠，只專注於服裝設計與銷售，並將生產製造全面委託給包括中國在內的亞洲各地代工廠。如同第3章所述，柳井正運用自己的華僑人脈擴大規模。

生產製造全部在其他公司，但那裡卻出現了勞資問題。新田幸弘馬上進行調查，終於明白許多關於工作條件與環境嚴苛的陳述確是事實。

孟加拉的教訓

優衣庫很早就開始關注海外代工廠的實際工作狀況。二〇〇四年，他們與亞洲代工廠簽訂行爲準則（code of conduct），委託外部監察公司定期進行審核。透過第三方的監督，以了解代工廠是否在優衣庫目光所不能及之處不當對待勞工、在廢水排放等部分是否確實遵守環境管理規範、工廠營運是否合乎法律規定。

但僅僅做到這種程度，仍無法杜絕問題的根源。

紡織業本來就是勞力密集產業。從棉花、蠶絲等原料紡成線，再用線織成布，然後將布料剪裁縫製成衣服，不論哪一道工序都需要大量人力。作爲人類生活基本需求「衣、食、住」的重要角色之一，服飾產業建立在這些看不到的人力勞動之上。對此，全世界也是在經歷一次重大事件後，才開始以嚴格的視角進行監督；對優衣庫來說，當然也是一起必須引以爲鑑的事件。

那就是發生在二〇一三年四月的拉納廣場大樓崩塌事故，地點在孟加拉首都達卡近郊的薩瓦爾（Savar）。八層樓高的商業大樓「拉納廣場」突然倒塌，造成一千一百多人死亡，兩千五百多人受傷的慘劇。

全球各地都播報了事故現場的慘狀。拉納廣場是一幢包括銀行和商店在內的複合式大樓，裡面有五家縫紉工廠。儘管事故前一天已經發現建築物有裂縫，但事故發生當天，停電後啓動的大型發電機，以及數千部同時開始運作的縫紉機，仍被視爲大樓倒塌的原因。

事後調查發現，拉納廣場內的縫紉工廠負責製造 Prada、Gucci、Versace 等高級精品。全球消費者嚮往的高級精品，竟然是以如此危險的建築物所支撐的，而大樓內縫紉工廠那惡劣的工作環境，也就此被攤在陽光下。

拉納廣場內雖然沒有優衣庫的合作代工廠，但負責 CSR 的新田幸弘得知事故消息後，立即趕赴當地。抵達事故現場時，簡直滿目瘡痍，廢墟一片。當地警方拉起了封鎖線，所以無法靠近；然而瓦礫堆裡依然飄散出宛如燒焦般、難以形容的異臭。新田幸弘整個人愣了那麼一下，隨即意識到自己必須把思緒拉回來。

有辦法保證優衣庫在孟加拉的代工廠不會發生像拉納廣場一樣的事嗎？親眼目睹事故現場的慘狀，新田幸弘認爲必須以此爲借鏡，立刻找出潛藏的風險。

新田幸弘即刻回到東京，四處拜訪建築公司與建築相關的監察公司，希望委託他們偕同前往孟加拉，徹底檢查當地代工廠建築物的安全性。到了孟加拉，一行人馬上針對十多處代工廠，開始一間間進行檢查。令人吃驚的是，有不少工廠連記錄建築物構造的設計圖都找不到；更別說就算有設計圖，也未必靠得住。他們逐步檢查，以棍棒敲擊工廠牆面，好試圖了解是否有裂縫，並用X光機掃描牆體，看看內部是否埋有鋼筋。

總算完成第一輪安檢之後，新田幸弘接受了《華爾街日報》採訪，沒想到刊登在報導上的卻是「迅銷未加入孟加拉安全協議」。

受到拉納廣場事故衝擊，歐美各國服飾企業紛紛簽署了國際性的勞動安全協定，但優衣庫認爲，必須像當時那樣、在事故後即刻主動進行調查，才能有效釐清實際狀況。結果這樣的決策被視爲疏忽怠慢。

報導中引用了與人權相關的非政府組織評論，直言不諱地批評：「優衣庫不加入協定是極度短視的行爲。發展中國家的勞工問題，必須透過組織有系統地去解決，並不是單一企業或供應鏈的問題。」儘管報導中提到了優衣庫的自主應對措施，卻給讀者一種完全不受肯定的印象。至於他們單獨進行檢查的實際效用，則隻字未提。

《華爾街日報》的報導讓柳井正身邊開始出現「這樣會遭到誤解」的聲音，於是優衣庫急忙參與協定；但這麼一來，更被視爲是受到報導批評才勉強加入的。問題的關鍵，不在於優衣庫的自主調查和協定哪一個才有實際效用，而是其他國家如何看待優衣庫。

兩套帳

當時因爲並未大肆宣傳，所以不太有人知道這件事。其實優衣庫自二〇〇六年起就開始在門市回收舊衣，並以尼泊爾爲起點，致力於將衣物提供給難民的援助行動。新田幸弘曾在銀行工作，後來進入優衣庫管理部門，在他造訪尼泊爾達馬克（Damak）這座小鎮外的難民營時，他說：「第一次覺得進入這家公司工作眞是太好了。」

從那之後，優衣庫持續聽取難民心聲，並擴大支援範圍，不論對新田幸弘，或是對參與難民援助行動的員工來說，這都是令他們相當引以爲傲的事。從CSR的角度來看，他們很早就開始積極投入國內的舊衣回收與環境基金等各種活動。

在孟加拉，優衣庫與因扶助貧困階層自立而廣爲人知的「鄉村銀行」（Grameen Bank）攜手，推出專門提供給貧困人們的一美元服飾販售活動。兼任這家與鄉村銀行合資企業最高主管的，就是新田幸弘。

優衣庫很早便開始致力於CSR活動，是事實。只是很遺憾的，這些事如果沒有傳達出去，就無法獲得認可。

如果說，在掌握代工廠實際狀況這方面，優衣庫因爲自認爲「該做的都做了」而顯得自負，確實沒什麼好辯駁的。畢竟已經成爲大型服飾品牌的優衣庫，肩負著管理龐大製造零售業供應鏈的責任。

要觀察到潛藏在檯面下負面扭曲的部分，雖然極爲困難，但還是得做。事實上，不容忽視的不良狀況確實存在。香港SACOM所進行的暗中調查，將這一切揭露出來。

必須面對現實。首要之務，就是掌握實際狀況。

當時，優衣庫的代工廠有一半以上都在中國。新田幸弘以SACOM臥底調查的兩家工廠爲起點，親自走訪將近一百家工廠，其他的也派遣CSR團隊成員前往探訪。

SACOM的指控是否屬實?

雖然新田幸弘聽取了工廠經營者和作業員雙方的意見，但他坦言：「他們不可能告訴我心中的不滿和眞心話。」這是當然的吧。對許多代工廠來說，與優衣庫的生意往來關乎事業的存亡。要是現場作業員擅自把實際狀況透露給來自日本來的重要客戶，誰知道工廠會不會在事後給他們什麼苦頭吃？

工廠內的溫度是幾度？休息時間從幾點到幾點？作業員的健康檢查是否依規定進行？排班表的調整能如何反映這些結果？儘管有各種檢核項目，卻不一定都能得到正確的回報。一旦開始起疑心，就沒完沒了，只能基於人性本惡的觀點徹底調查。

新田幸弘的團隊從優衣庫與代工廠所共享的工作紀錄開始。

例如，縫紉機的針斷了，會一一記錄下來，優衣庫這邊也會有資料留存。斷掉的針，是什麼時間發生在哪條生產線上，然後什麼時候換好針又復工。這一連串過程會自動記錄，無法造假。然而調出這些資料來看，卻發現優衣庫這邊明明標註為休假日或非上班時間的時候，卻有換針紀錄，而且代工廠沒有留下這項紀錄。很明顯的，就是有「兩套帳」存在。

透過檢核所查明的，就是如同ＳＡＣＯＭ所指控、某些代工廠公然進行的超時工作問題。雖然立刻要求對方改善，依然難以保證代工廠不會繼續違規行為。於是，優衣庫公布了一直以來被視為高度機密、支撐製造零售業國際分工模式的這些代工廠實際名稱。

儘管如此，仍無法斷定能就此杜絕惡行。因此在隔年的二〇一八年，他們又設置了能讓代工廠作業員從內部舉發通報的熱線。

「惡魔的證明」

正當他們踏實地逐步進行這些工作時，優衣庫又接到一顆震撼彈。二〇二一年五月，美國政府禁止優衣庫的棉質襯衫進口，因爲這些襯衫疑似使用「新疆生產建設兵團」的棉花。雖然優衣庫反駁，這些襯衫使用的是澳洲、美國和巴西等地生產的棉花，不但沒有用新疆棉，就連中國產的棉花也沒有用。然而美國當局卻以「佐證資料不充分」爲由駁回。

此事發生的前一年，也就是二〇二〇年左右起，時任美國總統的唐納．川普便屢次將矛頭指向新疆維吾爾自治區這個全球棉花重要產地，表明將限制各項使用新疆棉的產品進口。除了美國GAP等企業外，瑞典H&M與西班牙ZARA等歐洲品牌也都爲此而傷透腦筋。

因此遭受波及的，就是優衣庫。他們主張「原本就沒有使用中國棉花」的說法並未被採納，與美國當局在「佐證資料不充分」的爭論上毫無交集。

在優衣庫看來，有直接生意往來的是織布和製衣工廠。再向上回溯有紡紗工廠，然後是生產棉花以製作紗線的農家。這件事追究的是從優衣庫服裝供應鏈上溯到棉花田的實際狀況究竟爲何。當局要求優衣庫證明，他們確實沒有使用美方所指控的新疆棉，因爲當地迫害人權並強制勞動以進行生產。

這簡直就是「惡魔的證明」（devil's proof）——也稱爲對未知事物的證明，意思是必須證明「惡魔」這種對人類而言屬於未知的事物「並不存在」，這根本是不可能的任務。

舉例來說，這等於要你證明這本書的這一頁所用的紙張，做爲其原料的木材是從哪裡來的，又是如何製作的。像紙張這種原料種類有限的東西或許還有可能，如果是一輛由三萬個零件所組成的汽車，要一一去證明的話，情況恐怕難以控制。優衣庫被迫要面對的，正是這樣的現實。

爲何只有優衣庫首當其衝？

即使這麼問也無濟於事，既然被要求了，只好去做。二〇二一年夏天，優衣庫在全球組成一支百人規模的「產銷履歷團隊」，以正式面對「惡魔的證明」。被指名擔任隊長的北野純也證實，那時「當然想過『到底要證明什麼』」的問題，不過還是挨家挨戶去拜訪了農家。

如同前面也提過的，柳井正向來與政治保持距離，即使是在國際政治夾縫中遭遇風浪的當下，這個想法依然沒變。面對美國突然提出的新疆棉問題，他也只是表示：「這個，應該算是個試煉吧。」就像人們會問柳井正要站在美國這邊，還是中國這邊，但柳井正會回答「哪邊都不選」。

本章提到有關優衣庫自身衍生的一些矛盾與困境。他們在勞資問題上，確實沒能做到主動處理弊端，而是透過外界指正才被迫採取行動。

即使已成爲全球化企業的現在，仍保持不受國際政治動向牽制的立場，有時也會遭遇看似不合理的對待，未來也必定還會面臨挑戰。

那麼，優衣庫該如何走這條路？柳井正回應道：

「要走經營的正道。意思是，做該做的事。除此之外，別無選擇。」

村上春樹的「高牆與雞蛋」

這裡稍微換個話題。柳井正與作家村上春樹同年，都是一九四九年年頭出生的。兩人都曾就讀於早稻田大學，不過村上春樹重考，晚了一年才入學。由於兩人都對大學課業不感興趣，學生時代也互不相識。

早稻田大學畢業後，柳井正還在宇部銀天街過著迷茫黑暗的日子時，一九七九年，村上便以《聽風的歌》迅速出道並獲得高度評價。村上春樹在一九八〇年代後期一連推出佳作，加入暢銷作家的行列。至於他後來如何活躍於文壇，在此毋須贅述。

從年輕時就喜愛閱讀的柳井正也讀過村上春樹的作品，兩人在多年後才有了交集。

正當優衣庫因新疆棉問題而成爲眾矢之的，二〇二一年十月，早稻田大學校園內設置了

「村上春樹圖書館」。在他們的學生時代，這幢建築物曾因爲學生運動遭到占據，後來重新裝修，總金額十二億圓的裝修費正是柳井正自掏腰包提供的。

柳井正表示，他對村上的自傳式隨筆集《身爲職業小說家》印象深刻；至於令他深受感動的，則是村上那場以「高牆與雞蛋」而聞名的演說。

二〇〇九年，村上獲頒耶路撒冷文學獎。由名稱便能得知，這是來自以色列的文學獎項。那段期間，以色列政府因爲對巴勒斯坦加薩地區的攻擊而遭到全球譴責。在獲獎的紀念演說中，村上春樹直言不諱，說到自己曾爲了是否拒絕這個獎項苦惱不已。而我認爲，這場十五分鐘的英語演說應該名留青史。

「我以一介作家的身分來到耶路撒冷。作家，是個擅長說謊並以此爲業的人。不只作家會說謊，如同各位所知道的，政治家會說謊，外交官和軍人也會說謊。」

演說以此爲開場白，讓坐滿整個會場的七百名與會者都愣住了。村上春樹不以爲意，繼續以平淡的口吻說著：

「不過，今天我不打算說謊。我想盡可能地誠實。」

接著，他不諱言自己曾因爲是否要參加這個頒獎典禮而猶豫掙扎：「請容我在這裡向各位傳達一個非常私人的訊息。這是一個我寫小說時不會寫在紙上，卻一直放在我內心深處的東西。」他原本平淡的語氣漸漸顯露出熱情。

「假設這裡有一堵堅固的高牆，那邊有一顆撞了就會破的雞蛋，我始終會站在雞蛋那一邊。不論高牆有多麼正確，雞蛋有多麼錯誤。」

「這個譬喻意味著什麼？在某些情況下，含義非常簡單明確。轟炸機、坦克車、火箭彈、白磷彈是那堵高牆；被擊潰、燒毀、射殺的無辜市民是雞蛋。不僅如此，就更深層的意義來說，請各位思考一下，我們或多或少，都會是那樣的一顆雞蛋。」

世界充滿荒誕不合理。

以色列與巴勒斯坦的問題根深蒂固。二〇二三年，悲劇再度上演。我不想輕率地回溯雙方的歷史，因爲一連串的歷史悲劇並非簡單幾個字就能交代，那些過往也是極爲深遠且錯綜複雜的。我希望聚焦在村上的這場演說上。

村上表示，讓那些遭到迫害和打壓的小小雞蛋能沐浴在陽光下，「是我寫小說唯一的理由。」

這場演說的影片至今仍能在網路上看到，手持本書並閱讀到這裡的各位，請務必一看。

該拉回正題了。

柳井正曾在某次對員工發表的演說中引用村上的這段話。「應該要與大眾站在同一陣線。不論寫小說還是做生意。面對不合理的高牆，要站在它的對立面。非這麼做不可。」

那麼，優衣庫果眞是站在「雞蛋」這一邊嗎？

在那場演說裡，村上將高牆置換為「體制」。如果轉換到商業層面，或許可以說是龐大的人類意志在互相連結並自我增長的過程中，所建立的商業運作機制。

從宇部銀天街裡只有兩個人開始的優衣庫，到眾所皆知的大型服飾企業，優衣庫已成為一個網絡遍布全球的龐大「體制」，是否仍與脆弱的「雞蛋」站在同一邊呢？

柳井正與優衣庫被迫面對的問題，如今依然存在，且不容忽視。

第 10 章

東山再起

重建北美事業的夙願與背後的衝突

「徒具形體的優衣庫」

老兵們不祥的預感，很遺憾地變成了事實。

二〇〇六年十一月，優衣庫在紐約繁華街區開設了全球旗艦店。爲了扭轉失敗連連的海外拓展行動，柳井正起用了知名創意工作者佐藤可士和，從審視「何謂優衣庫？」這個根源重新開始。對優衣庫而言，這是一場東山再起之戰。他們撤收紐澤西州近郊各地的小型門市，透過優衣庫位於全球服飾業中心的首家旗艦店——蘇活店，向全世界傳達「所謂的優衣庫」理念。

在這值得紀念的開幕日，浦利治和岩村清美應邀前來，卻覺得眼中所見「是不是有哪裡怪怪的」。打從還在宇部的小小商店街上賣男裝時，兩人開始就支持柳井正；然後是在廣島小巷裡創立的休閒服飾倉庫「Unique Clothing Warehouse」，以及透過國際化製造零售業模式發展至今的優衣庫。一路陪著柳井正走來的這兩位最資深員工，感受到一絲異樣。在這大張旗鼓開幕的蘇活店所見到的景象，似乎與他們跟柳井正共同建立的優衣庫有哪裡不太一樣。

員工手拿咖啡杯，倚在貨架旁參加會議；明明營業時間快到了，商品卻還沒上架完成，顯得空蕩蕩的；賣場裡，尚未摺疊整齊的衣服就這樣擺在那邊，散落一地。

這也能叫做優衣庫嗎？

宛如印證兩位老臣內心憂慮似的，蘇活店後來的營運狀況持續低迷。不論經營高層如何精心雕琢企業概念，如果沒有落實在銷售現場，就無法傳達給顧客。蘇活店低迷不振所展現的實際狀況，正是這樣的商業原則。要在與日本環境大不相同的海外市場讓「何謂優衣庫？」深植人心，並不是那麼容易的事。

優衣庫或許是日本零售業中唯一躍升為全球企業的例子吧。說它是自泡沫經濟崩潰、進入二十一世紀後，還能在全球打響名號的唯一一家日本企業，可一點也不為過。但這條路並非一路暢行無阻，而是在不斷遭遇失敗的過程中踽踽前行。

在這段邁向全球的過程中，優衣庫不斷對自己提問、重新自我定義，然後以「何謂優衣庫？」向世界發聲，重新出發。只不過，這一切仍不足以在紐約或倫敦這樣的全球時尚中心發揮效用。

「徒具形體的優衣庫」無法吸引目光犀利的歐美消費者。面對這樣的現實，優衣庫開始在海外著手進行內部改革，期望東山再起。本章將帶著大家直擊現場——主角不是柳井正，而是他所認可的那些人才。

話雖如此，倒也不是關於什麼擁有特殊才幹的人，反而是一些在日本土生土長的商業人士前赴海外後，必須直接面對的考驗，以及正面迎擊並破繭而出的故事。

似是而非的現場

覺得蘇活店不太對勁的，不只有浦利治和岩村清美兩位老臣。

（這什麼啊……怎麼亂七八糟的？）

從倫敦前來視察的日下正信也覺得看起來「不是我認識的優衣庫」。優衣庫原本預計在蘇活店開幕的一年後，也就是二〇〇七年十一月，在倫敦開設旗艦店。當時派駐倫敦負責業務的日下正信打算以蘇活店爲參考，專程前來視察。但現場所看到的優衣庫卻與他原本所認識的全然不同。

比起浦利治和岩村清美，日下正信的危機意識應該更強烈。因爲他來到倫敦後，就一直在面對「像是優衣庫的東西」。

日下正信於一九九五年進入公司，從店員到店長，不斷輪調於全國各門市，經過許多努力後，升上督導。他表示，過去在店裡，按照金太郎糖模式、聽從總公司的指示行動是理所當然；但幸運的是，因爲有某位前輩的鍛鍊，並毫不猶豫地告訴他：「執行工作時，要考量的是顧客，而不是總公司。」如今仍讓他受用無窮。

雖然說話坦率，但有時過於直接；即使身形並不高大，但細長的雙眼裡有著銳利的眼神，日下正信渾身上下散發出一種在銷售現場飽經鍛鍊的氛圍。

累積許多實務經驗的他，被指派負責優衣庫大學。儘管日下正信以銷售現場才是最重要的，「我絕對不要像學校老師那樣高高在上，說些自以爲是的話」，斷然拒絕，不過從結果來看，這項職務卻成爲他職涯中的轉捩點。

當時，公司會讓那些在中國招聘的年輕人到日本接受半年的優衣庫訓練。受命負責教育訓練事宜的，就是日下正信。他表示，看到這些來日本研習的年輕人，內心備感威脅。

「再這樣下去，他們很快就會超越我了。」

舉個例子，就拿柳井正制定的二十三條經營理念來說好了，他們在兩小時內就能分毫不差地記住，連標點符號的位置都不會錯；幾乎所有人都能在半年研習期間，就把日語學到還不錯的程度；即使是英語，相較於日下正信只有三百二十分的多益成績來說，更是厲害多了。至於日下正信在優衣庫銷售現場被嚴格訓練出來的待客服務與禮節，他們也都像海綿吸水似地迅速學會。

「不久的將來，這些傢伙會變成我的頂頭上司嗎？」

正當他覺得自己被迫面對現實的時候，接到一個提議，要他前往在低迷中苦苦掙扎的倫敦門市。

當時負責所有海外事業的是「ABC改革四人組」之一的堂前宣夫。堂前宣夫是在二〇〇四年秋天連絡日下正信，希望他能以業務負責人的身分，到倫敦重振英國市場。雖然沒有在海外工作的經驗，但「因爲日下先生對優衣庫的營運很熟悉」，而決定這項任命。

日下正信原本打算以不會英語爲由婉拒，但腦海中卻浮現出那些中國年輕人在優衣庫大學研習的身影。「再這樣下去，很快就會被他們趕上。」爲了戰勝這樣的危機感，他必須下定決心，像那些年輕人一樣，步上世界舞臺，努力迎戰。

日下正信懷抱著自我激勵的想法前往倫敦，但他所見到的賣場景象，甚至比後來到蘇活店訪察時看到的更糟糕。

「讓它更像優衣庫」

優衣庫引以爲傲的是「無與倫比的陳列方式」。也就是將同色的衣服由下往上疊，這樣可以一目了然地看到衣服驚人的數量與豐富的色彩變化。

尤其是靠牆處，從腳邊一直往上堆到靠近天花板，有如一張壁毯般，將牆面裝飾得繽紛多彩。這種量化陳列的手法，自一九九八年在原宿店引爆刷毛外套熱潮後，仍不斷進化中。

但是在倫敦，卻完全不當一回事。

當時才剛把英國原有的二十一家門市減少到只剩倫敦的五家。英國當地業績低迷，員工之間瀰漫著「優衣庫吃不開」的氛圍，沒想到此時從東京派來的，竟然是連英語都說不好的日下正信。

即使日下正信用生澀的英語向他們說明，建議像日本那樣去陳列服裝，「還不是一樣賣不出去。」一下子就被頂了回來。不論說了多少次，都沒人理會，於是日下正信漸漸受員工的想法影響，「反正在店裡也沒事做。」便開始逛起同一條街上的 Next、H&M 和 ZARA。難以想像，相距不過咫尺，不同於空蕩蕩的優衣庫，那些店裡總是擠滿了人潮。

或是想要「入境隨俗」吧，日下正信覺得乾脆模仿 H&M 的展示方式，用許多假人模特兒來展現熱銷商品；衣服也不是堆疊在貨架上，而是用衣架吊掛陳列。

「結果賣得更差。到頭來，大家反而搞不清楚這是一家什麼樣的店。我也徹底明白，即使別人因此而成功，不代表我們跟著做也能達到同樣的效果。既然如此，乾脆反其道而行吧。」

繞了一大圈，最後還是回歸優衣庫的風格。「必須讓任何人一眼就能看出優衣庫是什麼。」這就是日下正信找到的答案。

「要做，就誇張一點。」

借用日下正信的說法，就是「讓優衣庫更像優衣庫」。以公釐爲單位，規定貨架的擺設方式。原本用衣架吊掛的衣服，全都摺好後一件件疊上去；靠牆處則從腳邊往天花板疊，一排一個顏色，整齊劃一。不論是熱銷或乏人問津的顏色都一樣，由下往上，直到天花板爲止。

結果不出所料，英國員工抗議聲起。

「就算是同一個款式，明明每個顏色的銷量都不同，這樣做不就得全部擺出一樣的數量。根本沒道理啊。」

「顧客將衣服攤開看過又放回架上，不就又得重新摺好嗎？爲什麼要強迫我們做這種白費力氣的事？」

就庫存管理或工作效率的觀點提出反對意見，確實無可厚非。但要是因此就與這條熱鬧街上的其他品牌採取同樣的銷售方式，只會被淹沒其中罷了。因爲對顧客來說，在眾多品牌之中，找不出任何想走進優衣庫逛逛的理由。

雖然日下正信沒辦法完全聽懂當地員工用英語快速交談的內容，但還是可以感覺到「日本來的那個傢伙又要強迫我們按照日本那一套方法做事」的氛圍；可是就此退縮的話，還會重蹈覆轍。

「你們說得沒錯。但我們在這裡沒有知名度，必須與其他品牌有所區隔才行。」

他耐心地說明，試圖將優衣庫風格帶進倫敦。在此同時，他前往訪察所看到的，正是剛在紐約開幕的全球旗艦店——蘇活店當下的樣貌。

「這不是優衣庫。不能變成這個樣子。」

他如此確信，並決定「徹底展現優衣庫風格」，於是二〇〇七年十一月，在倫敦開設了全球旗艦店。

事實上，日下正信正在倫敦開始思考「讓優衣庫更像優衣庫」的同時，第8章曾介紹過的潘寧也在香港思考同樣的問題。設在香港熱鬧街區尖沙咀的門市引進了「日本優衣庫」模式，後來更用這套方法轉戰上海，讓中國市場步上軌道。潘寧與日下正信都是在一九九五年進入優衣庫，先以郊區型門市爲起點，各自在銷售現場累積實力、奠定基礎。他們前往海外後，透過「何謂優衣庫？」的自我提問所歸納出的結論，完全一樣。

此刻起，優衣庫的英國市場將逐漸開始扭轉，展開攻勢。雖然是一條漫漫長路，甚至曾被逼入撤店的絕境，終於在這段期間找到讓英國事業踏上軌道的契機。

「又有日本間諜要來了」

倫敦旗艦店開幕一段時間後，一位與日下正信同時期進入公司的業務部長專程來倫敦找他。

「我想你應該知道，蘇活店麻煩大了。那家店得去整頓一下才行。你能不能幫幫忙？」

就這樣，二〇〇八年六月，日下正信以業務負責人身分從倫敦前往紐約。當時蘇活店開業將近兩年，雖然他的英語已流暢許多，但當下的狀況比起之前在倫敦，更讓他大受打擊。

他一進到店裡，一一向當地員工打招呼，許多人卻明顯表露出視若無睹的樣子。

「雖然不是全部，但有些人根本對我不理不睬，完全沒有回應。」

事後日下正信才聽說，早在他來到紐約之前，他的照片就已在店內員工之間互相傳閱過了。

「又有日本間諜要來了！」

甚至有人毫不避諱地這樣說。

在倫敦時，剛開始也是類似這樣的氣氛。不過，紐約員工的戒心與防備程度明顯不同。是什麼原因讓他們變成這樣？日下正信好不容易才一一將願意與他對話的員工叫到附近的星巴克，聽聽他們的想法。

「反正，日本人就只會給出負面批評。什麼店裡很髒啊、顧客服務做得不好之類的。」

「就算我們問該怎麼做，也不會具體給出指示或建議。他們就只是來店裡大肆批評一番，然後就走了。日本那邊根本沒有提供任何協助啊。」

事實上，在這之前並沒有日本員工派駐在蘇活店。日本那邊過來的，頂多是長期出差或總公司派來審核督導的人。於是在當地員工看來，日本的這些傢伙就只是偶爾跑來這邊批評抱怨一番就離開。長期累積的不信任感所造成的隔閡，遠比日下正信所預想的更嚴重。

「我不是爲了做那些事才來這裡，我只是想讓這家店變得更好，讓它成爲很棒的店。眞的，就只是這樣。事實上，我拒絕了從倫敦調回東京的選擇，而來到這裡。我會住在這裡，一直待下來。」

日下正信接著又說：

「我很能理解你說的那些。之前在倫敦的時候也是這樣。即使在我這個日本人看來，日本那邊指手畫腳的一堆指示也會讓我很傻眼，覺得『到底在搞什麼』。」

即使他這麼用心解釋，光憑幾句話還是無法輕易取信於人，這堵不信任的高牆沒那麼容易打破。

在他爲了與當地員工之間的隔閡苦惱的同時，日下正信也不得不正視蘇活店內管理鬆散的問題。例如由店方管理的排班表。在日本，會標示誰從幾點工作到幾點，負責哪個區域，但蘇活店只在日期的欄位塡入「〇」或「╳」。

（這樣店內運作怎麼可能會順暢？）

儘管心裡這麼想，日下正信還是忍住沒說話。因爲就算無法被他們視爲夥伴，也得先讓他們了解，自己爲了融入這裡，會確實付諸行動，否則永遠會被當成日本派來的「間諜」。

「店裡有沒有任何讓你們感到困擾的事呢？什麼都可以跟我說。」

對於他們所提出的事項，不只是點頭應允，還會直接行動。聽說空調有問題，不會只是跟他們說找誰來修理，而是親自連絡業者。聽到有人說：「日本人總是叫我們『要讓地板保持乾淨』，可是吸塵器壞了，該怎麼辦？」他就會去買商用吸塵器。至於顧客服務或門市管理之類的事，等到彼此溝通順暢後再提供建議。首先藉由聽取大家的需求，讓他們認爲「這傢伙有心要融入這裡」。想重振美國事業的日下正信，就是從這些辛苦而務實的基礎工作開始做起。

日下正信來到蘇活店的二〇〇八年六月，年營業額約爲三千三百萬美元。以當時匯率計算，相當於三十億圓再多一點。僅僅經過兩年時間，就成長爲六十億圓左右。

柳井正接班候選人

儘管蘇活店的改革還在進行中，二〇一〇年十一月，日下正信曾返回日本一趟，並在半年後再度回到紐約。因爲柳井正爲了重振美國事業，決定在紐約的鬧區開設兩間超大型店鋪。

一間是「第三十四街店」，位在堪稱紐約地標的帝國大廈斜對面，地段絕佳；另一間「第五大道店」則是最引人注目的。第五大道是貫穿曼哈頓南北的主要幹道。他們要在這個全球高級名品店林立的中城區，開設全世界規模最大的門市。

日下正信被任命爲第五大道店的店長。當時他剛迎接第二個孩子誕生。對於妻子的猶豫不安，日下正信懇切地表示：「這是全世界最重要的舞臺。我認爲將會是我在優衣庫職涯的顚峰之作。請讓我任性一次，陪著我一起吧。」

二〇一一年十月，曼哈頓的黃金地段，兩家超大型店鋪幾乎同時開幕。兩家店的店員人數總計高達一千兩百人，可說是爲了重振低迷的美國事業最關鍵的一戰。

至於負責第三十四街店的，則是塚越大介。他比日下正信小六歲。進入公司前曾在優衣庫打工，歷任店長與督導。順帶一提，他和日下正信一樣，都比同時期進公司的同事晚了一年才晉升爲店長，甚至連後來迅速嶄露頭角、成爲新生代王牌這一點都很相似。

此刻的塚越大介三十二歲，進入公司第九年。正値年輕力壯，蓄勢待發的年紀。

在這之後，經過十多年，塚越大介於二〇二三年獲拔擢爲優衣庫社長。雖然在母公司，也就是堪稱核心的迅銷公司社長仍是柳井正，但他無疑是最有機會的接班候選人。塚越大介最大的成就，就是在由此開始的十年裡，讓美國事業轉虧爲盈。不過在抵達這個最終目標之前，還有一條漫漫長路在等著他。

擁有細長雙眼與銳利眼神的日下正信，以及身材高眺勻稱、散發出菁英商務人士氣息的塚越大介，這兩人將爲重整優衣庫的美國事業全力奔走。

作爲柳井正熱門接班候選人，瀟灑登場並吸引眾人目光的塚越大介，據說在他的優衣庫職涯裡，有兩個人對他影響深遠。一位是他剛進公司時，被分發前往的熊本「熊南店」店長。那位店長因表現優異，獲任命爲「超級明星店長」，「時間瞬間流逝，所以自己要徹底做好時間管理」是他的口頭禪。就是這位店長，徹底教會塚越大介有關工作的基本要領。

另外一位，則是第 9 章提過的若林隆廣。雖然不是塚越大介的直屬上司，不過長期以來，因店長與總部高層之間的關係，而在各方面受到若林隆廣的薰陶。

「若林先生是個貫徹基本原則的人。他注重細節、實事求是，絕不接受『算了，就這樣吧』的態度。只不過，他在注重紀律的同時，也比任何人更具人情味。這也是我想向他學習的一點。」

前面提過，若林隆廣因爲子公司女裝品牌 Cabin 的重整失敗而內心受創，有長達四個多月的時間無法工作。當時塚越大介無法理解，這位敬重的前輩爲何會被逼到幾乎要崩潰，不過後來他終於體會到了。

「我自己也親身體驗到，一個崩壞的組織究竟是什麼模樣。就是在美國。」

民族大遷徙

塚越大介來到紐約是二〇一〇年十月的事，距離第三十四街店開幕還有一年。此時紐澤西州的郊區門市已經撤離，優衣庫只剩下蘇活店。塚越大介第一次派駐海外，蘇活店給他的感覺是：「爲什麼日本天天在做的那些事情，這裡做不到？」可以說，大致上與日下正信的感受一模一樣。

站在店裡仔細觀察，馬上就會發現一些問題。一到星期五下午，客流量增多，店內會突然變得很忙，然後就這樣一路到週末。借用日下正信的說法，就是「亂七八糟」。顧客從貨架上拿起衣服又塞回去，這種狀況雖然各家門市都一樣，但這裡的員工並沒有將衣服重新摺好、疊整齊，就那樣擺著不動。原本從腳邊往天花板堆得漂漂亮亮的衣服，倒塌散落一地。如此一來，原先依顏色由下往上疊放、繽紛多彩有如壁毯的陳列法不但失去了意義，看起來反而更加雜亂。

等到客流量趨緩的週一到週四這段時間，他們才慢慢整理摺疊散落的衣服，或是補上不足的顏色等。在日本，「每天一早整理整齊，迎接營業時間到來」是再平常不過的事，在蘇活店卻辦不到。

塚越大介來到紐約時，前輩日下正信正好準備回日本半年。雖然日下正信對他說：「還是一樣亂七八糟，對吧？即使說過一百次，還是這樣。」不過應該比日下正信兩年前剛到任時好很多了。

事實上，通知塚越大介、指派他去紐約的，是當時擔任業務高層的若林隆廣。若林隆廣告訴他：「把日本的這套做事方法帶到曼哈頓。」經過日下正信的整頓改革，蘇活店漸漸了解「優衣庫的作風」，方向是正確的。這句話的意思是希望他能鞏固這個發展方向。也是因爲如此，才會任命已在日本銷售現場徹底掌握優衣庫行事風格，並頗有成效的塚越大介。

柳井正在公司內部宣告展開「民族大遷徙」行動，剛好就在塚越大介被派往紐約的二〇一〇年。這意味著，爲了徹底轉型爲全球化企業，優衣庫將會大量派遣員工前往世界各地。

屢次失敗的海外拓展行動在香港的尖沙咀有所突破，乍見曙光；借助傑出創意工作者佐藤可士和的力量，必須向全球提出的「何謂優衣庫？」一問也逐漸成形。

此刻，要奮力一搏。如果要以世界顚峰爲目標，就不能在這裡有所遲疑。其宣言中蘊含著這樣的心情。

毫無疑問的，擁有全球最大市場的美國，是優衣庫推動全球化轉型的勝敗關鍵。日下正信與塚越大介當時都只有三十多歲。說他們兩人肩負公司命運的重責大任，一點也不誇張。

「改變優衣庫的歷史」

爲此，蘇活店成爲最重要的大本營。接下來即將開幕的門市也都是以蘇活店這間優衣庫首家全球旗艦店爲基礎。塚越大介用下面這段話說明了它存在的意義。

「蘇活店不只是爲了販售衣服而存在。這家店本身就是優衣庫這個品牌的象徵。」

這意味著，比起賣衣服，全球旗艦店的任務主要在於推廣優衣庫這個品牌。即使接下來還有第五大道店與第三十四街店要開幕，這項任務依然不會改變。

然而蘇活店仍有堆積如山的問題要解決。這是日下正信返回日本後的事。塚越大介站在蘇活店裡，一直感到很焦慮。

「爲什麼連這些事情都做不到？」

在日本的時候，只要指示店長或店員，他們馬上就會去做。這一套，在蘇活店行不通。

「爲什麼沒辦法依指示去做？」

塚越大介抓住美國員工，提出問題，對方也回答得很乾脆：

「那是在強迫推銷日本的價值觀吧？之前來過這裡的日本人也一樣，硬是要堅持自己的做法。」

事實上，自從塚越大介來到紐約後，約有三十名當地員工似乎是因爲厭倦了「優衣庫的硬性規定」而離職。日下正信曾在倫敦與蘇活店面對的問題，後來的塚越大介也遇上了。

聽到這名員工的話，塚越大介回想起「希臘哲學與儒家思想的差異」。進入迅銷後，他曾參加一橋大學的社會人士課程，這是當時讀到的一本書裡的內容。在探討人類本質上，西方與東方的差異其實不大；但對於眼中所見的事物，看法卻大不相同。正如同希臘哲學與儒家思想看起來很不一樣。

世界很寬廣。即使都是人類，有差異是理所當然的。如果希望能相互理解，就必須先了解彼此的差異。

「那個想法又浮現出來。」

這或許是每個生長於日本的商業人士，在世界不同地方追求能夠一展抱負的舞臺時，最深刻的感受吧。與塚越大介同一時期派駐紐約的我也不例外。就人類最深層的本質來說，雖然沒什麼太大的差異，但表現在外的習慣或思考模式等卻完全不同。爲了拉近距離，必須先從認同彼此有所差異開始。

塚越大介心中浮現的不只是這些。「時間瞬間流逝，所以自己要徹底做好時間管理。」這是他剛進公司時，自己敬重的店長不斷提醒的事。

紐約兩家超大型門市的開幕迫在眼前，這是優衣庫海外事業重振旗鼓的試金石。如果不徹底執行時間管理，將會重蹈覆轍。

就在塚越大介面臨這樣的危機感時，日下正信從日本回來了。此時塚越大介已開始招聘兩家超大型新門市的員工，不料日下正信卻對此大發雷霆。

「有時間做這些，還不如趕快去店裡重新整頓一下！」

他的意思是，員工招募固然很重要，但不要因為拘泥於人事這個「職位」而忽略了眼前重要的課題。「客人就在那裡」是日下正信一貫的堅持。關於這部分，「儘管他有時候很強硬，可是不這樣的話，在國外是做不了事的。」日下正信的這套工作哲學，是柳井正也認可的。

終於迎來了第五大道店的開幕。開幕典禮上，紐約市長麥克·彭博（Michael Bloomberg）也出席了。前一天舉行的派對上，女星蘇珊·莎蘭登與眾多重量級貴賓都受邀參加，柳井正妻子照代的和服裝扮，更為現場增添光彩。我當時也在場，請照代女士發表感言的那位記者則是我的前輩。當時照代女士是這麼說的：

「儘管我們已經盡了最大的努力，但不是每次都能成功。雖然我們不斷在試錯中學習，不過這次在紐約可不能失誤太多。」

柳井正也對門市員工宣布：

「今天我們要在這裡改變優衣庫的歷史。這裡就是起點。」

低迷不振的美國事業，此刻開始重新上路。只不過，在這之後，仍將持續不斷試錯與摸索。

年輕菁英的掙扎

對塚越大介而言，日下正信是他菜鳥時代的一位良師。塚越大介進入公司第二年時首度擔任店長，在優衣庫大學擔綱「庫存學」課程的，正是日下正信。

當時也正好是刷毛外套熱潮消退、全國各門市堆滿滯銷庫存的時期。在第 7 章曾經提到，每週的「出清策略會議」都在討論庫存要降到什麼價格去出清。會議的統籌者，就是當時負責庫存管理部門的若林隆廣。

當然，日下正信在「庫存學」課程中，也一直在討論如何應對如此嚴峻的情況。在那之後大約過了十年，奉派前往美國的這兩人所面臨的現狀，相較於刷毛外套熱潮消退後的日本來說，無疑更加艱難。

日下正信對妻子所宣稱「全世界最重要的舞臺」，也就是全球規模最大的第五大道店，簽訂了長達十五年共計三億美元的租約。以日圓來計算，每年銷售額必須達到一百五十億圓才能損益平衡。當時一美元相當於八十圓上下；換言之，日圓超級強勢。在這種狀態下，當時身爲身爲第五大道店店長的日下正信還眞是不知所措。

這段期間，進軍紐約的日本企業間流傳著「優衣庫衝擊」一詞。由於優衣庫在第五大道簽訂了超高額租約，導致當地出現「一聽說日本企業要租，便會哄抬價格」的現象。塚越大介所負責的第三十四街店也是如此。

面對嚴峻挑戰的兩人。要克服這些難關，只能正面迎擊。貨架陳列擺設與日本一樣，在重現「日本優衣庫」這方面做得不錯。然而這裡必須再次提及，眞正的關鍵還是當地員工的做事方法。員工要是無法理解優衣庫的作風，結果還是會變得似是而非，只有外觀看起來是優衣庫，內部核心卻大不相同。

顧客一進門就熱情地打招呼；貨架上的衣服散亂了，馬上以自己的身體爲支撐，再將衣服摺好疊上去，排列整齊；爲了展現相同顏色的衣服從腳邊一件件往上堆到天花板的那種「無與倫比的陳列方式」而頻繁補貨。唯有將他們在日本視爲最基本的工作細節落實到能自然執行的程度，才能眞正傳達「何謂優衣庫？」的概念。

那段期間，日下正信與塚越大介住在同一幢公寓，該街區隔著哈德遜河與曼哈頓相望，每天也搭同一班巴士上班。路途中，身爲前輩的日下正信經常對塚越大介說的一件事就是：「還是得培養當地的管理者，否則難以掌控整個局面。」

蘇活店加上新開的第五大道店和第三十四街店，共計一千兩百名員工。只靠他們兩個人照管，根本是不可能的任務。該如何培育一些能直接指揮店內員工的幹部，將是成功的關鍵。

「要達成目標，靠『默契搭配』那一套是不行的。那種方法在這裡行不通。」

日下正信對塚越大介說道。畢竟日下正信派駐海外的時間已久，經驗豐富。相信這也是曾在海外擔任管理職的日本商界人士必經之路。重點在於正面迎擊，突破挑戰。此時的日下正信三十八歲，塚越大介三十二歲。他們肩負重任，扛起美國的這幾間超大型店鋪，各自展開與現實正面搏鬥的每一天。

紐約這三家旗艦店必須支付的高額租金，讓優衣庫的美國事業承受沉重的壓力。公司依然持續虧損，還看不到轉虧爲盈的出路。

效法中國

二〇一五年，紐約三家大型門市的營運總算步入正軌，日下正信和塚越大介兩人被調回日本。柳井正分別給了他們完全不同的任務：日下正信受命參與一項未知的挑戰，也就是轉型爲「資訊製造零售業」，這可說是優衣庫的另一種新型態，下一章再爲各位詳細說明。

另一方面，塚越大介負責優衣庫大學並擔任美國事業執行長。不過這段任期並不長，二〇一七年，在他回國兩年後，又被派往中國上海。乍看之下像是頻繁調動的人事安排，事實上對於日後重建美國事業可說影響深遠。

在上海與塚越大介攜手合作的人，就是讓優衣庫中國事業步上軌道的潘寧。如同前面所說的，與其說潘寧讓中國事業上軌道，他更像是一個為優衣庫海外拓展找到突破關鍵的人物。

當時，優衣庫在中國的年營業額已經超過三千億圓，將正式進入以中國為中心、推動柳井正所說「民族大遷徙」的時刻。從全球門市數量來看，二〇一五年的海外門市數已經比日本多。領頭羊就是中國。二〇二〇年，中國的門市數量超越了日本；前一年二〇一九年八月的結算，海外市場的營業淨利首次超過日本。

塚越大介就是在中國事業蓬勃發展的這個階段派駐到上海。儘管一樣是海外，他在那裡所見到的景象卻與美國全然不同。

比方說，週一上午的業務會議。他們會依門市、區域、商品類別檢視前一週的營業額。這是過去從銀天街鉛筆大樓時代就持續至今的一項慣例，不只在中國這麼做，全球各地的門市也都一樣。

但接下來就不一樣了。關於上週狀況的報告結束後，潘寧和幹部們就會當場討論「本週開始要採取什麼行動」，再一一提出詳細的指示。

最大的不同是在後續發展。幹部們在潘寧的指示下，分別回到自己的工作崗位，將計畫落實在各家門市。一週過後，週一早上就會有來自各門市的提議或問題等。潘寧與幹部就此進行討論後，再實際去執行，然後持續這樣的循環。

仔細看看這一整個流程，會發現過程非常順暢。

週一早上召集五、六名幹部，檢討前一週的狀況；接著找來十多位團隊負責人，討論「本週應該執行什麼事項」。到這個階段，都還是資訊共享。接下來，當天就會找來所有主要部門的負責人，具體針對各單位應執行的內容給予指示，並落實到各門市。不只是上情下達，銷售現場也會即時提出問題或建議。

有條不紊的系統化行動。塚越大介在上海親眼見識這樣的流程。

「要說有哪裡不同，就是系統化和可複製性。這是潘先生長期努力建立起來的。」

塚越大介藉此認識到，這部分與自己過去在美國所做的完全不同。不只是在每週一的會議上共享資訊和方針，在中國，還確實傳達到最基層，徹底執行；不只是單向傳達，同時也接受來自銷售現場的提議與回饋。見到這種情況，塚越大介不得不承認：

「美國當地尚未達到團隊式的經營管理。」

此外，更重要的是在中國徹底執行「賣衣服之前，先把優衣庫推銷出去」的概念。塚越大介曾被視爲新生代的王牌，但此刻的他卻深切感受到，自己與那個爲優衣庫拓展全球事業找到出口的男子之間的差距。

杳無人煙的紐約

二〇二〇年六月，塚越大介接到柳井正的電話，當時他到上海已經三年了。此時，新型冠狀病毒已在全球肆虐。

「我要再次全體動員，逆轉北美市場的局勢。眼前或許面臨了危機，但同時也可能是個轉機。塚越，交給你負責了。」

第三次派駐美國的命令來得有些突然，而且是在新冠疫情方興未艾、完全看不見盡頭的時刻。不過塚越大介毫不遲疑，因爲他原本就不認爲自己只會待在日本或中國做生意。

「我明白了。」

他回答得簡單俐落。

即使待在上海，也能想像美國的狀況岌岌可危。自從塚越大介離開後，美國的門市雖然拓展到五十家之譜，但是以國土的遼闊和大城市的數量來看，這樣的發展仍遠遠不及原先的期望。

只要對比中國市場就很清楚了。當時中國的門市已有七百五十間，已經發展到與日本八百一十間門市相當的規模。另一方面，自進軍美國以來，已經過了十五年，卻仍持續虧損，新冠疫情又緊接著帶來危機。只要決策方向有個閃失，別說扭轉局勢了，撤出市場更有可能成爲現實。就在這樣的重要關頭，塚越大介接到通知要前往紐約。

兩個月後，二〇二〇年八月，塚越大介直接從上海飛往紐約。時隔五年所見到的紐約，已與過去熟悉的景象截然不同。

從甘迺迪機場往曼哈頓的交通一直以來都很擁擠，但那天的高速公路卻空蕩蕩的。由西岸開始的封鎖措施也已擴及紐約了。曾經熱鬧喧譁的曼哈頓中城杳無人煙，深夜裡也聽不見平時那刺耳的汽車喇叭聲。

眼前的一切簡直就像走進科幻電影的場景。塚越大介回顧道：「那是我一生中從未預料過的狀況，完全不知所措。」

當時，中國各地的狀況雖有不同，但全國都在想辦法防堵病毒；至於武漢這個疫情爆發點早在一月就已封城，上海市全面封鎖，則是從二〇二二年三月開始。

當然，蘇活店、第五大道店和第三十四街店這三家旗艦店內，一個客人也沒有。面對面目全非的紐約街頭，「該怎麼從這裡扭轉局勢？」塚越大介不知所措，萬般思緒湧上心頭。

回到紐約之後，那些久未解決的問題又清晰地展現在眼前。

「賣出商品的那種想法與衝勁已然消失不見，對失敗習以爲常。」

最明顯的特徵就是不斷降價促銷。只要銷售狀況稍差，便輕易地想靠降價促銷來刺激買氣。如此一來，雖然暫時能提升銷售量、解決當下困境，但一再這麼做的結果，卻是讓「優衣庫是便宜貨」的印象深植人心，如果不把價格降得更便宜，就賣不出去，想要獲利也更遙不可及。塚越大介表示，當地陷入這種惡性循環的狀況可說一目了然。

美國的優衣庫依然只有五十家門市，大多數消費者也仍不明白「優衣庫是什麼樣的服飾品牌」。在這種狀態下，如果無法擺脫惡性循環，一旦大眾認識這個品牌，就只會被當成「不過是廉價服飾」。在塚越大介看來，當時的優衣庫似乎已被逼向絕境。

問題的根源不在銷售現場。借用塚越大介的說法，是「尚未確立經營管理團隊」，也就是還沒建立像他在上海所見到的那種「從經營高層到基層賣場員工，都能自發且自律採取行動」的團隊。

爲了扭轉局勢，塚越大介著手進行兩項主要工作。第一是實現獲利。換個說法，就是透過展現「我們賺得了錢」來扭轉「對失敗習以爲常」的心態。第二項是爲此建立經營團隊。

首先必須從建立經營團隊開始。塚越大介迫使自己的得力助手亞歷克斯．戈德曼（Alex Goldelman）做出決定。戈德曼曾任職於玩具反斗城，二〇一三年進入優衣庫負責財務工作，二〇一六年被委以重任，擔任美國事業財務長。不過在塚越大介看來，戈德曼似乎有著「再怎麼樣也不可能實現獲利」的想法。於是他直言不諱地對戈德曼說：

「要做就好好做，不做就算了。現在就給我一個明確的答案。」

儘管戈德曼的年紀比自己大，資歷也更豐富，現在卻顧不了那麼多。此刻要以十分篤定的說詞來跨越彼此的「差異」。塚越大介繼續說：

「欸，亞歷克斯，人生只有一次。如果領頭的人因爲自己覺得不行就放棄，那就眞的結束了。既然人生就這麼一回，就在這裡再次振作、重來一次吧？如果你的人生願景與公司一致的話，我們一起努力吧！」

戈德曼當場並沒有明確回應，直到隔天才答覆塚越大介。

「你說的沒錯。人生確實只有一次，我會把這次當成最後的機會去試試看。」

關於如何修正美國事業「對失敗習以爲常」的壞毛病，此時的塚越大介還沒有完整的構想。面對新冠疫情，比起扭轉局勢，更應該先讓虧損的部門止血。

這段期間，塚越大介每天早上一到辦公室，就是以確認銀行存款餘額開始一天的工作。該怎麼籌措門市與倉庫的租金、進貨後要怎麼支付款項等，每天的工作都要從確認關乎事業存廢的這些數字開始。

至於重建計畫，至少也得等爲當下的困境找到出口後再說。當然，對塚越大介而言，掌控財務的戈德曼必須是個絕對値得信賴的人。

「爲了度過這個難關，必須先清楚確認誰能跟我並肩作戰。」

塚越大介所效法的對象，就是在中國建構了井然有序團隊的潘寧。塚越大介回顧道：「我認爲，如果不是因爲曾在中國與潘先生共事，我不會有這樣的構想。」也正因爲如此，他才會要求副手戈德曼必須有所覺悟。

他再次回想起那個教誨，也就是「希臘哲學與儒家思想的差異」。到底該如何與世界上想法各異的人們建立人際關係？

塚越大介曾就讀瑞士萊森（Leysin）的瑞士公文學園高等部，因此常被認爲是個習於與外國人往來交涉的人。事實上，他在高中時已決定將來要進入日本大學就讀，所以在瑞士接受的教育幾乎與日本一模一樣。他說當初第一次派駐美國時，自己的英語說得並不流利。

他並非從年輕時就具備能活躍於世界舞臺的氣質。事實上，小學和中學時期的他是個「盡可能避免與他人接觸」的內向少年。

現在已完全看不出他過去的那一面，但這是他第一次派駐紐約後就開始刻意「自我改造」的結果。想在海外擔任領導者，日本人特有的那種曖昧含蓄或心照不宣的那一套不只行不通，甚至可能引起他人不悅，造成不必要的隔閡。他在三十二歲時首度外派美國後，對此有了深刻的體悟，於是改變了自己內向的性格。

關閉第三十四街店

建構團隊的同時，塚越大介也針對虧損門市進行合併重整，並訂定了爲期十二個月的時程。他認爲，如果預期疫情後將迎來一波逆襲，就應該設定期限。

首先是關閉七家虧損的門市。塚越大介自己列出的裁撤計畫名單中，包括紐約第三十四街店。那是他第一次前往美國負責開設的門市，對它有著深厚的感情。

塚越大介平時有個固定行程：每天會從位於中央公園附近的中城區住處步行到位於蘇活店那幢建築裡的辦公室，每天都走一樣的路。在曼哈頓，這一帶通常也是人潮眾多的熱鬧街區。將近一小時的路程中，只見全球各地互爲競爭對手的服飾名店櫛比鱗次。走路去上班，主要目的也是爲了固定觀察其他對手的門市狀況。他聚精會神注意微妙的變化。

「爲何在這個時間點改變店內裝飾？」

「即便是平常日的早上，客流量卻比平時更少。爲什麼？」

就像這樣，塚越大介習慣在工作進行前後整理一下思緒。

那一天，他走在同一條路上。一整天工作結束後，隆冬之下的紐約天色已經昏暗。那是二〇二一年一月三十一日，難以忘懷的一個夜晚。那天的紐約從下午開始，雲層就逐漸擴散增厚，氣溫低於零下五度。即使穿著厚重的外套，寒冬裡迎面而來的乾冷空氣，仍像針一般扎在臉上。

然後，他不自覺停下了腳步。

塚越大介每天行經的路線中，也看得到那間能近距離仰望帝國大廈的第三十四街門市。八扇大大的窗戶是這家店別具特色的設計。透過一樓面向街道的窗戶，可以清楚看到店內動靜。

此刻已見不到那個從腳邊往天花板高高堆疊的「無與倫比的陳列」，而是空蕩蕩的一片。

距離第一次派駐海外、滿心雀躍來到紐約，已經是十年前的事了。到最後，他還是親手關閉了費心培育的第三十四街店。從街上眺望已收拾打理得差不多的店面，塚越大介再次下定決心。

「我回想起開幕當天好幾百位客人排隊進場的情景。但我沒有時間沉浸其中，緬懷過去。我必須思考該如何吸引客人光顧其他門市。」

「我下定決心了。既然開了店就不該關掉它，因爲那裡有許多爲它工作的人。將來絕對不該再這麼做。」

爲此，該如何以剩下的門市決一勝負？唯有如此轉換念頭，才有辦法向前邁進。塚越大介持續思考的同時，親自走訪剩下的四十三家門市，重新建構行銷策略，包括各家門市的橫幅廣告放在哪裡最適合，還一一將它標在地圖上。

疫情結束近在眼前。柳井正也開始向大家喊話，能否在後疫情時代展翅高飛，將直接關係到與ZARA或H&M等品牌爭奪全球霸主的寶座。

反擊宣言

疫情過後，在二〇二二年八月的年度結算，美國事業首度轉虧爲盈。爲了鞏固這股氣勢，塚越大介提出「五大成長策略」。

每年開三十家新門市，包含加拿大在內，五年內開設兩百家門市；推動網路與實體店面的連結；建構精銳菁英團隊，以及推動永續性活動，並參與全球化發展。就是這五項。

「危機就是轉機。我們所有人都朝著未來全力以赴。」

在首次財報記者會上，塚越大介對記者與分析師這麼說。這是他在美國事業挫敗連連之後，終於要展開反擊的宣言。

如同前面所說的，美國事業是優衣庫全球化最大的難關，不但屢次失敗，甚至被逼入撤出市場的絕境，現在終於漸漸步上成長之路。

對柳井正而言，重要的不只是當年在銀天街鉛筆大樓所描繪「世界第一」的藍圖逐漸變得具體可行。

自那天起，已經過了三十年——優衣庫內部終於栽培出足以征戰全球的人才，他們撼動了最前線，促使優衣庫逐步蛻變。

曾經模糊不清的世界頂點，漸漸變得清晰可見。然而這並不意味著優衣庫的進化就此結束，柳井正即將邁向經營者生涯的最後挑戰。

從廣島小巷中的「休閒服飾倉庫」，進化成在香港遇見的製造零售業國際分工模式，對於多年來不斷轉型蛻變的優衣庫來說，可說是迄今為止所面對的最大挑戰——柳井正突然表示，優衣庫將轉型為「資訊製造零售業」。

第 11 章

進化

邁向資訊製造零售業的破壞與創造

有明計畫

二〇一五年春天，在紐約與塚越大介共同為重建北美事業而奔走的日下正信，接到調回日本的人事命令。

當時，他所負責的超大型門市——第五大道店已步入正軌，正朝著北美事業轉虧為盈的夙願邁進；同時也藉由規模縮小至僅剩第五大道店等幾家位於曼哈頓的旗艦門市網絡，再度發動攻勢。「喝！來吧！」就在這個蓄勢待發的節骨眼上，不料接獲這項內部通知。

曾輪調日本各門市的日下正信，後來在優衣庫大學受到中國年輕人的刺激，並因此決定前往倫敦，一晃眼十多年就這樣過去了。原本多益只有三百二十分、幾乎開不了口的英語能力也有了顯著進步。在苦戰連連的優衣庫海外拓展行動中，他學到了許多，也自認對公司有所貢獻。

（但……為什麼是現在？）

他心中真正的感受是壯志未酬。

「在電話中被告知要我回國，真的很震驚。心裡百般不捨。因為當時我覺得還有很多事沒完成。」

那麼，公司要他這時候回日本做什麼呢？日下正信接獲的通知是：「希望由你負責有明計畫。」

「咦？有明？」

日下正信根本摸不著頭緒。

「你說有明，是指要蓋新倉庫的那個嗎？」

半年多前的二〇一四年十月，優衣庫對外宣布，將與大和房屋工業共同在有明[①]建造一座超大型倉庫。總樓板面積超過三萬三千坪，規模相當於二·四座東京巨蛋[②]。這麼一座超大倉庫，足以供應整個首都圈門市的衣服。

雖然計畫詳情還不明確，但公司內部已經有消息指出，這座倉庫不只是大，還大量採用自動化技術，是優衣庫構思中的次世代物流系統核心據點。

當日下正信從紐約返國、親自來到施工現場時，才明白即將興建的倉庫規模是前所未有的「怪物」等級。

倉庫位於面向東京灣的海邊，只要跨過一座橋，就能看到一大片當時還在計畫中、做為築地市場遷移地的豐洲市場預定地。彩虹大橋就在眼前。

---

① 東京都江東區的地名。

② 也與臺北大巨蛋體育館的總樓板面積相當。

除了這些，就是一片空曠的海濱，周邊什麼設施也沒有。隔著東京灣，對岸是東京都心內一幢幢林立的高樓。的確，這是一個適合興建超大型倉庫的好地點。

他明白公司是認眞想著手進行物流改革。但自己向來專注於門市經營管理，爲何要他來負責這項計畫？公司明明有物流部門了……。

回答他滿腦子疑惑的，就是柳井正。

「日下，你就是有明的店長。有明將會是全球最大的門市。」

日下正信對此感到困惑。

（咦？店長？有明的？這是怎麼回事？有明這邊應該不是門市，而是倉庫吧？）

結果，柳井正接下來所說的話更是讓他一頭霧水。

「你聽好了，有明計畫其實是公司整體工作方式的改革。」

爲什麼倉庫會是工作方式的改革？把超大型倉庫變成一家門市，然後要改變工作方式……這是怎麼回事？

日下正信回顧當時：「完全不懂那是什麼意思。」但是他當下並沒有再追問。因爲出現在這些話裡的字詞根本連不起來，完全無法釐清思緒。

後來是日下正信當時的上司代替柳井正解釋給他聽。

「我先告訴你，這並不是要你進入物流部的意思。」

據主管所說，有明計畫確實是以倉庫爲起點，其整體構想是以透過電子商務與實體店鋪所獲取的大量資訊爲基礎，「徹底改造」公司架構與運作的一項重大變革。如此一來，員工的工作方式應該也會有所改變。所以才說有明計畫是工作方式的改革。

「爲了施行這項計畫，必須要有實際營運和實體門市的資訊才能完成，否則無法貫通整個網絡。所以才會找你來，這也是爲什麼說你是有明『店長』的緣故。」

聽了這番話，日下正信總算稍稍理解，柳井正與優衣庫接下來要挑戰的，是怎樣的目標。

行動網路的衝擊

看來，有明計畫的關鍵字並不是「倉庫」或「物流」，而是「資訊」，是有關優衣庫服飾的大量資訊；然後，要將這些資訊與平時的營運進行連結。一想到這裡，日下正信不禁回想起自己擔任紐約第五大道店長時奮鬥的事。一進入二〇一〇年代中期，他發現曼哈頓的樣貌開始有了變化。

街道上，書店與電器行漸漸消失了，就連向來總是擠滿黃色計程車的曼哈頓，路上也開始出現來來去去的藍色共享單車。紐約曾是計程車天堂，如今像 Uber 這樣的共乘服務更加普及。

「從沒見過也沒聽過的玩家一出現，瞬間便顛覆整套遊戲規則——我開始覺得，這種事難保不會出現在服飾業。」

我在同一時期也派駐在紐約，日本經濟新聞社的辦公室距離優衣庫第五大道店約兩個街區，眼中所見的景象完全相同。家電商 RadioShack 破產，Best Buy 也縮小規模了。共享單車瞬間成爲紐約市民的代步工具，我也幾乎每天都會用到它。

網際網路從一九九三年開始進入我們的生活。那一年，歐洲核子研究組織（CERN）決定免費提供全球資訊網（World Wide Web）給大家使用，美國則推出了世界首部商業瀏覽器 Mosaic。二〇〇七年，蘋果公司一推出 iPhone，網際網路便開始行動化，成爲掌中科技。

所謂破壞性的創新，意味著連鎖式的創新。過去不存在的 APP 經濟圈爆炸性成長，帶來了一個只要動動手指操作手機，就能輕易操控人、事物和金錢的時代。這個時代的黎明期，正好與日下正信開設第五大道店的時間重疊。

賈伯斯「重新發明電話」的宣示，將這部小巧的裝置推向全世界，帶來巨大的影響。iPhone 這項設備宣告了行動網路時代的誕生，不只重新定義了電話，也重塑了全球所有產業。

「要競爭的對象已經不一樣了」

日下正信突然回想起在第五大道店內的某一天。

「欸，正信，照這樣下去，你覺得我這個工作將來會變成怎麼樣？」

負責視覺行銷（visual merchandising）的當地幹部問日下正信。他負責店內的陳列設計，可說是營造一間門市氛圍的重要核心角色。

「嗯……很抱歉，應該會消失吧。」

「那你的工作呢？」

日下正信沉默了一會兒，回答說：

「……應該也會消失。」

「那我們要怎麼辦？」

「是啊，該怎麼辦才好呢……。」

他不禁失笑，兩人一陣無語。就算被問到「該怎麼辦」，他也沒有答案。

那一天，第五大道店內來客絡繹不絕；二樓閣樓附設的星巴克也一如往常，座無虛席。不論平時或假日，這家店裡顧客來去的身影不曾間斷。

如果只看眼前這番景象，很難想像自己正在從事的這份工作未來會從優衣庫旗艦店裡消失。然而只要踏出店外一步，就能發現眼中所見確實持續變化中。這麼一想，那個不太妙的未來似乎又變得真實了起來。

「我們要競爭的對象已經不一樣了。」

他不得不這麼想。一直以來，不斷追趕著位在同一條街上的ZARA和H&M。當然，他們如今仍是強大的競爭對手沒錯，只不過，這個世界正以意想不到的速度急遽轉變。

無法保證新的競爭者已經存在於眼前的世界——不如說，「尚未存在」的可能性比較高。

因為遊戲的挑戰者總是在人們難以預料的地方、無人察覺之處悄悄誕生。如同當年宇部銀天街上的男裝店孕育了優衣庫，改變了服飾產業風貌那樣。

那天不經意的一段對話之所以突然浮現在日下正信腦海，是因為現狀迫使他回想起當時所說的「那個時刻」已漸漸迫近。事實上，後來就出現了如中國的SHEIN這樣的新對手。

關鍵還是在於重要關頭的選擇吧。從公司的角度來看，其實是個二選一的問題：究竟是要被革新的浪潮吞沒，還是要成為引領革新的前鋒？答案當然應該是後者。

日下正信過去曾面臨一個困境：即使是自詡為優衣庫全球規模最大的紐約第五大道店，庫存仍然有其極限；儘管支付昂貴的租金，營業時間還是受限。更進一步來說，實體店面只能等待顧客主動上門光顧，而且無從得知顧客的眞實樣貌。什麼樣的人會在什麼時候買多少什麼樣的商品？當時的氣溫或天氣狀況又是如何？像這類訊息，無法在實體店面看出實際的狀態。

然而，一旦轉爲電子商務，這樣的困境都將迎刃而解。

「生意是每天都在變化的。即使是同樣的商品，依照不同的時間或地點，銷售方式也會有極大不同。可是在門市裡所能獲得的資訊過於片面，無法明白『爲什麼』。雖然基於各種假設去進行銷售能展現生意人手腕的高竿之處，但這說不定也只是一種自我中心的想法，畢竟讓顧客滿意才是最重要的。因此，如果能了解『爲什麼』，就能找到解決之道，應對方式也將有所不同。」

也就是說，爲了實現這個目標，資訊將成爲一項新的武器。

進化爲資訊製造零售業

那麼，該如何將資訊產業這種遍布全球的全新產業與人類自古以來從事的「服飾」結合在一起呢？如果要用一句話來表達它的最終型態，那就是：

「不是販售做好的商品，而是做出暢銷的商品。」

如果依照時間先後來看服飾業的製程，從新品企畫和設計開始，然後建立支撐這一切的供應鏈；以優衣庫來說，就是交由海外代工廠製作，最後在自己的店裡販售。這樣的循環不斷周而復始。

與資訊結合，意思就是要徹底改變整個流程。從即時收集顧客需求開始，馬上應用於服裝製作；只設計市場有需求的服裝，也只生產需要的數量。換句話說，服飾業的製程與時序以「顧客」爲起點重新建構。

若能做到這一點，便能常態性地只提供顧客眞正有需求的服裝，不必製作多餘的衣服。除了環保，也能減輕工廠與賣場的負擔，還能減少因錯過銷售良機而造成的損失，同時增加營業額與利潤。

這當然是理想中的狀況，現實中要做到「只製作有需求的商品」相當不容易，但盡量接近理想狀態應該還是有可能的。

基於這般理想而構思的商業模式，柳井正稱之爲「資訊製造零售業」。是將「資訊」融入製造零售業概念中所衍生的全新服飾業型態。

優衣庫曾歷經多次進化，本書也曾一再提及，且讓我們簡單回顧一下。

第一型態是一九八四年誕生在廣島裏袋的「休閒服飾倉庫」。這間網羅全世界各大品牌服裝的倉庫，就是優衣庫的起點。

第二型態應該就是街邊店鋪的誕生吧。這種型態顚覆了過去服飾店總是爭相在車站前黃金地段開店的常態。

然後第三型態，是進化成爲優衣庫在香港找到的製造零售業商業模式。透過與香港、中國，還有在東南亞相識的華僑間的友誼，柳井正建構了服裝的國際分工供應鏈。

優衣庫雖然在短時間內經歷了多次進化，但並非總是順暢無阻。受到哈羅德．季寧《季寧談管理》一書的啓發，抱著「世界第一」這個終極目標並往回推算以進行規畫的雄心壯志，卻被主要往來銀行——廣島銀行一笑置之。

進軍東京後，隨即目睹刷毛外套熱潮的天堂與地獄；還有進軍海外幾個主要國家所遭遇的無數挫折。藉由回歸「何謂優衣庫？」這個根本性提問而突破瓶頸，終於躍升爲全球品牌。

柳井正接下來的目標，則是重新審視一直以來所建立的這些銷售循環，並將之推進爲「資訊製造零售業」這樣的新型態。

「SPA」（製造零售業）是美國GAP在一九八六年所提出的用語，柳井正則沿襲了這個成功的模式。只不過，接下來的方向不一樣。

他要推出優衣庫原創的全新商業模式——資訊製造零售業，並介紹給全世界。因此，在名稱上也有他個人的堅持。前面提過，SPA是「Specialty store retailer of Private label Apparel」的縮寫；至於資訊製造零售業，他則定義爲「Digital Consumer Retail Company」。

但要說這是全新的創意，倒也不是。依資訊製造零售業的應用範疇來說，其實這樣的概念過去也曾出現過。

「不是想著如何販售做好的衣服，而是如何做出暢銷的衣服。」

第一次引用這句話是在第 5 章。一九九八年柳井正所推動 ABC 改革的目標就是這個。當時柳井正提出「All Better Change」，也就是「將一切變得更好」的理念，藉此重新審視剛成形的「採取製造零售業模式的優衣庫」。

而 ABC 改革的最終型態，就是讓商業模式從「販售做好的商品」，轉變爲「做出暢銷的商品」的理想境界。

這意味著，即使轉型爲資訊製造零售業，優衣庫的目標仍完全沒變。柳井正所宣示「轉型爲資訊製造零售業」的本質，就是藉由數位革命所帶來的改革創新力量，實現優衣庫當時未能眞正達成的最終型態。

我直接向柳井正表明這樣的看法之後，他給予如下的回應：

「沒錯。（兩項改革的目標）幾乎是相同的。也就是說，商業的本質差不多都一樣，只是工具從硬體變成了軟體或數位式而已。但經營的基本原則，不論古今東西都毫無改變，就是要正面迎擊、力求突破。（所謂的轉型爲資訊製造零售業）就是這麼一回事。」

在銀天街某個小小角落的鉛筆大樓裡所構思的偉大願景——「要透過服裝改變世

界」，當時沒有任何人能理解。在ABC改革中所追求的「製造暢銷商品」的理想，隨著事業擴及東京、與全世界，也逐漸被員工所遺忘。

但經歷無數次反敗爲勝後，優衣庫終於獲得足以追求當初願景的能力。這是柳井正所謂「最後的改革」的關鍵之戰。

只不過，這次他依然要面對失敗。

戰友孫正義

值得一提的是，正是因爲遇上了iPhone，才讓柳井正相信，達成ABC改革的目標——讓商業模式從販售已經做好的商品，變成做出暢銷的商品——所需要的轉型工具已經出現。

關於這一點，柳井正與他口中的「戰友」孫正義之間的關係具有重大意義。二〇〇六年，軟體銀行收購英國沃達豐（Vodafone）的日本子公司，進軍手機市場。關於這件總金額高達兩兆圓的收購案，雖然當初公司內部不斷出現反對聲浪，但以獨立董事身分強力支持的人，正是柳井正。

「這是最後的機會。我們應該考慮的反而是無法成功收購時，可能面臨的風險。」柳井正在軟體銀行的董事會上如此主張。只是說歸說，高達兩兆圓的收購資金要如何籌措？即使眞的募集到資金，風險難道不會太高嗎？謹慎保守的說法接二連三出現，於是柳井正堅決說道：

「如果被基金收購，那就沒了。再也不會有機會了。錯過這次，再也不會有孫先生說的那種機會了。」

柳井正在孫正義的請託下，二〇〇一年起擔任軟體銀行的獨立董事。從那時開始，他對孫正義所推動的併購計畫幾乎都是持反對態度。當被問及原因時，柳井正回答：

「大致上來說，孫先生這個人興趣太廣泛，戒心不夠。總是這個想買，那個也想買。所以我認爲，我的角色就是說些孫先生不愛聽的話。」

這確實是戰友才能扮演的角色。不過柳井正雖然這麼說，卻大力支持進軍手機市場這件事，因爲他明白孫正義常提到的一件事，也就是掌握資訊產業「莊家」地位的重要性。

早在五年前，二〇〇一年孫正義便揚言要在日本全國推廣當時被稱爲「寬頻」的ADSL網路，不惜與日本電信巨頭NTT對抗，以「雅虎寬頻」（Yahoo! BB）的名號孤注一擲，並發動免費策略，成功掌控了網際網路這個「莊家」地位。不過他也爲此付出極高的代價，讓軟銀持續四年虧損連連。

後來孫正義回顧這場關乎生死存亡的戰役：「那對我們來說，就是桶狹間之戰（意指改變天下的重要戰役）。」也是在這個關鍵時刻，柳井正應孫正義之邀，成為獨立董事。

然而資訊產業瞬息萬變。孫正義發動的寬頻戰役才剛平息，虧損狀況漸露曙光時，行動網路之戰又隨即開始。

早在孫正義開始推動雅虎寬頻時，就不斷對柳井正表示：「行動網路的時代終將到來。」身為戰友，柳井正也對這項願景深表同感。因此，柳井正明知有風險，依然主張不該錯過收購沃達豐的時機。

最後，孫正義順利完成這場有如賭博般的鉅額收購計畫，往行動網路的莊家地位更靠近一步。只是當時的沃達豐與兩大業者——NTT DOCOMO 和 KDDI 相比，可說差距甚遠，甚至有人揶揄軟體銀行「抓著一艘即將沉沒的破船」。

事實上，當時正要開始實施用戶即使轉換電信商，也不必更換手機號碼的「可攜碼制度」。一般認為，在其他企圖搶占市場的業者眼裡，後來被軟體銀行收購的沃達豐其實是塊大肥肉。

突如其來的危機。孫正義為了尋求對策而向海外盟友求助，並直接與舊識賈伯斯交涉，成功取得開啓行動網路時代的 iPhone 在日本的獨家販售權，開始全力追趕遙遙領先的兩大電信巨頭。

尋找靈感之旅

第一代 iPhone 來到日本時，身爲軟體銀行董事的柳井正也率先拿到這項新產品。軟體銀行的工作人員在他面前完成初步設定後，柳井正馬上啓動了手機。他稍微操作了一下，很快有了深刻的體會。

「哇，以後世界會變成這樣啊。」

孫正義經常掛在嘴邊的「新網路時代」的入口，正被自己握在手裡。這項產品的設計讓柳井正深受感動。例如，過程中不知如何操作時，只要按下主畫面鍵，就會回到起始頁面。而且不像日本手機，非得附上一本厚厚的使用說明書，因爲它的精心設計讓每個人都能在觸碰摸索的過程中，自然而然了解操作方式。

以柳井正來說，由於他平時不用手機，更是很輕易就明白這款手機在設計上的完成度有多高。當下他有個直覺，不久的將來，這個小巧的裝置將成爲改變全球產業型態的顚覆者。就連優衣庫所屬的服飾業界，應該也免不了被這股顚覆的浪潮波及。

「啊——這不是電話。當時我認爲，這東西會改變全世界。它自己本身應該就會是一間商店。所有事物都會藉此產生連結。」

當時所受的衝擊，成爲他決定轉型爲資訊製造零售業的起點。

如同前面一再提到的，柳井正這位經營者總是貪婪地不斷向外界追尋靈感。還在經營男裝店時，他就會邀年長的通路業務員到家裡，一邊打麻將，一邊試圖從他們口中獲得一點提示。

他也從銀天街的社長辦公室和自家堆積如山的書籍中，廣泛學習古今東西的智慧。麥當勞創辦人雷・克洛克、《季寧談管理》作者哈羅德・季寧、松下幸之助、本田宗一郎、管理學家彼得・杜拉克⋯⋯如果要一一列舉曾影響他的人物，簡直不可勝數。而且他不光是讀，還會依自己的理解去付諸實現。

成功的靈感並不只在書本裡。

例如優衣庫的創意來自於美國大學的校園商店；發現製造零售業模式，則是在香港的一家小店裡——偶然拿起一件一千五百圓的 Polo 衫，並直接聯繫佐丹奴這家當地企業的創辦人，向他學習製造零售業商業模式。

即使在那之後，柳井正仍然以貪求渴望的態度，持續不斷向外界汲取靈感。當全球拓展行動陷入苦戰之際，優衣庫的旗艦店策略靈感正是來自他所敬重的企業家——美國 The Limited 創辦人李斯・威斯納。

這些被柳井正視爲成長養分的「外界智慧」，不只限於服飾業界。他從早期就一直對矽谷蓬勃發展的數位革命保持濃厚的興趣。還在銀天街鉛筆大樓時，就開始瘋狂閱讀電腦相關的書籍雜誌，並四處前往拜訪自己覺得「了不起」的人物。影響他最大的一本書，是一九九四年於日本出版的《意外的電腦王國》。

將個人電腦以「戴爾模式」（直銷模式）銷售而風靡一時的麥可．戴爾（Michael Dell）、微軟創辦人比爾．蓋茲、接任賈伯斯職位並帶領蘋果成長的提姆．庫克、谷歌母公司字母控股（Alphabet Inc.）執行長桑達爾．皮查伊（Sundar Pichai）、推特（現「X」）創辦人傑克．多西（Jack Dorsey）……爲了追求自己未知的智慧而前往拜訪的企業家，可說不計其數。

與孫正義相識，也是在這樣的過程中。

迅銷公司與軟體銀行在同一時期上市，而且兩家公司的上市代碼剛好相差一號，或許是種緣分吧，於是柳井正請野村證券幫忙引介，與孫正義見面。柳井正對當時軟體銀行提出的「每日結算系統」這種管理方式非常感興趣。除了每天的營業額，還會把開支、庫存、人事費用，以及每位員工的淨利率等全部計算出來。孫正義當時經常拿噴射機的自動駕駛來比喻經營管理。他認爲，如同我們只要觀察儀表板就能安全飛行一樣，經營管理也只要透過每天結算、掌握各項數據，就不會出錯。

這套系統之所以能夠實現，是因爲公司內部的區域網路與電腦管理系統的運作。儘管孫正義與柳井正初次見面時便誇下海口：「馬上就能啓用。」但柳井正表示：「聽起來簡單，實際操作又是另一回事。」最後他們花了大約一年的時間，才順利引進這套系統。

化學反應

讓我們把話題轉回有明計畫，不，要回到奉命推動公司轉型爲資訊製造零售業的日下正信身上。雖然日下正信被賦予有明計畫推廣部部長的頭銜，實際上這個部門只有兩個人。

與日下正信搭檔的是一名叫做田中大的男子。他比日下正信小八歲，曾在寶僑家品（P&G）工作，進入迅銷公司不過兩年左右。田中大原本在展店開發部這個單位協助支援全球展店工作，當時他的上司，同時也是財務長的岡崎健告訴他：「這次我們打算在有明蓋一座倉庫。」於是讓他參與負責有明計畫。

當初對這個計畫的認知只停留在「大概要蓋一座供電子商務使用的新倉庫」，後來才慢慢了解柳井正所規畫的有明計畫，是爲了轉型爲資訊製造零售業，爲了進行「從販售已經做好的商品，變成製造暢銷的商品」的改革。借用柳井正的說法，爲了實現這件事，必須讓公司的運作模式「從大隊接力變成足球賽」。

將過去從服裝的企畫、設計、生產、物流到販售這種有如大隊接力的工作方式做個改變。意思是，當大量數據歸納出顧客心中「想要這種衣服」的目標時，公司全體必須同時運作，像足球賽一樣團隊合作。至於自己明明才剛進公司沒多久，爲何被指派加入這個指揮中樞，田中大自己也不明白。

日下正信也一樣。過去各自身爲紐約第五大道店店長，以及東京總公司展店開發部員工的他們，雖然有那麼一點交集，對彼此卻不熟悉，而且兩人都不是數位領域的專家。

柳井正爲何將這場堪稱優衣庫創立以來最重大改革的指揮權交給這兩個人？面對我的提問，他如此回答：

「首先是因爲他們年輕。這是個有趣的組合吧？想要推動創新，就必須把那些『讓他們共事的話，很可能會吵架』的人放在一起。刻意讓彼此的矛盾產生碰撞。幾次衝突磨合後，總會出現一次昇華。所謂的創新就是這麼回事。」

「因爲我一直都在觀察。像是誰在做些什麼，又是一個怎樣的人之類的。這些事，我時時都在觀察與思考。」

他認爲田中大不只是思路清晰、組織事物有條理，而且「對軟體有十分清楚的概念」。另一方面，關於日下正信的評價，還是基於他在倫敦與紐約的工作表現。「他曾在紐約精華地段上全球最大的門市擔任店長。這東西（有明計畫）也是一樣。我希望他以那樣的精神去推動。」

想必這就是過去在海外展店的挫敗經驗所具備的重大意義吧。在倫敦、上海、紐約市場屢戰屢敗，主要是因爲他們做了一個「像是優衣庫的東西」。即使外觀是優衣庫，眞正的核心精神要是不存在的話，一切形同虛設。這種挫敗經驗已經多到連他們自己都嫌煩了。

話說回來，匯集了優衣庫一切精華的賣場，本身就蘊含了關於經商的所有要素，這就是柳井正的經營哲學。

「賣場是零售業唯一實現獲利的場所。」

「賣場是全體員工的一面鏡子，眞實反映個人與公司的本質。」

「賣場就是成績單。」

「賣場以顧客最嚴格的要求爲標準。」

「賣場將顯現『你』這個人的態度與觀點。」

柳井正平日也是透過這些理念向員工傳達在門市應具備的態度。一個是在銷售現場習得這樣的核心理念並傳播至海外的日下正信；一個是不曾在門市工作揮汗，以全新角度觀察優衣庫的田中大。雖然柳井正將最後的改革寄託在這兩人之間的化學反應上，然而這個計畫從一開始就遭遇了重大挫折——原本應該是有明計畫第一步的物流系統崩潰了。

一直以來，每當優衣庫企圖轉型時，幾乎都無法避免面對「減法」的挑戰。這一回，他們再次依循了這樣的模式。

物流崩潰

「爲什麼現貨會缺這麼多？」

二〇一六年春天，有明倉庫開始運作一段時間後，各種異常狀況頻傳。雖然有明倉庫全面啓用是在一年後的二〇一七年二月，不過在那之前，要先做各種測試再逐步運作。問題正是在這段期間發生的。

顧客透過網路訂購衣服時，網頁上明明顯示有庫存，實際上倉庫內卻沒有該商品，導致系統自動通知取消訂單。對優衣庫而言，每年秋天的「感謝祭」是一年之中最重要的銷售戰，缺貨問題突然激增，客服中心每天都會接到大量的投訴電話。

不論怎麼跟庫存數據比對，都無法與倉庫內實際現有的商品數量吻合。

出貨泊位（berth）③的數量、庫存數量、從貨架取出的數量、移往出貨泊位的衣服數量……原本應該像一條直線那樣清楚連貫的數據，不知在哪個環節出錯而導致混亂。儘管費了一番苦心，在有明蓋了超大型倉庫，卻被迫額外找其他倉庫備用，陷入本末倒置的窘境。

「資訊部門、電商和倉庫每天都在核對資料，但不斷出現『某些東西在某個環節出現誤差』。每天就像拿著OK繃到處貼，用各種臨時方案補救。就算這樣，庫存數字就是對不上。結果造成顧客的困擾。眞的很糟糕。」

依照日下正信的說法，原因在於當初公司爲了讓有明倉庫能符合同時期提出的「電商主業化宣言」以投入營運，倉促施工的緣故。

優衣庫開始經營網路販售，要回溯到二〇〇〇年，也就是刷毛外套熱潮那時候。儘管在日本零售業中，算是較早開始布局的企業，不過電商在總營業額中始終只占五％左右，因此在這段期間設立了目標，希望盡快將比例提高至三〇％，並將系統開發全部外包給印度的資訊公司。

眞正的原因不在於那家印度公司的技術好壞。這裡引用一段日下正信對此事的檢討：

「從根本上來說，把一切都丟給供應商去處理是不對的。身爲營運方的我們，究竟抱著什麼目標、希望實現哪些事？如果沒有具體傳達給他們，負責系統開發的人也做不出什麼東西來。」

總之，就是「雕了佛像卻沒有開光」。日下正信的結論是，庫存現貨短缺的問題在於優衣庫自己的處理態度，而不是系統。雖然盡速達成了有明倉庫的營運自動化，但還是免不了變成急就章。

---

③ 指倉庫或配送中心內專為進出貨而設置的卡車停放空間。有些設施會把進貨和出貨泊位分在不同區域。

比如用來寄送衣服的箱子。箱子有各種尺寸，卻只有最大的箱子並未納入自動化流程。感謝祭期間，秋冬商品訂單激增，而且多數是體積龐大的外套，使得最大尺寸的箱子使用率突然飆升，這個環節因此變成拖累整體流程的瓶頸。連這種地方都沒注意到，就是當時優衣庫資訊改革的實際狀況。

「砍掉重練」

對柳井正來說，這也是個重大的打擊。無獨有偶的，有明倉庫正式啓用前的二〇一五年底至二〇一六年初的秋冬商品戰，因爲暖冬的緣故，不得不向下修正業績目標。柳井正在當時的記者會上才剛表示：「如果要打分數的話，不及格，只有三十分。公司規模變大了，結果不是成長，而是膨脹。我們將改變組織的樣貌與工作模式。」但爲此而暗中推動的資訊改革計畫，卻是一開始就出師不利。

「那時候（物流）一開始出現混亂，我就發現到報告與實際情況完全不同。」

在柳井正眼中，病灶並不單只是物流，其中隱約可見優衣庫面臨更嚴重的『病』。

「我當時深刻體會到，再這樣繼續下去，公司會形成一種仰賴報告的文化。一旦發展爲大企業，就會逐漸變成那樣。我們必須砍掉重練，（再次）改造成重視執行的文化。爲此必須再度破除現狀，建立新制度。」

也就是說，轉型為「資訊製造零售業」這場重大的改革之所以突然受挫，真正原因並非系統開發或倉庫設計這些枝微末節的問題，而是更嚴重的「大企業病」。

柳井正連忙聯繫舊識ＮＴＴ數據公司社長，決定從頭開始重建系統。他也在這一刻下定決心：「這將是最後的改革。」

不過，這樣的危機感真正到達高峰，其實不是二〇一六年襲擊優衣庫的物流之亂，而是二〇一七年十一月的感謝祭期間，明明已經改善過的系統，竟然陷入癱瘓。一整年裡最重要的關鍵時刻，網路販售有整整一天完全停擺。

從有明計畫啓動、最初的物流之亂後，過了大約一年時間，公司解散了物流部門，改為借助大型物流企業——大福的力量，對倉庫的物料處理進行全面性檢討。正當他們以為倉庫問題終於解決時，優衣庫又再次遇上了阻礙。

於是柳井正命令日下正信他們：

「去向阿里巴巴請教吧！」

對馬雲的疑慮

躍升為中國最大電子商務企業的阿里巴巴集團，創辦人馬雲因為擔任軟體銀行獨立董事，之前就和柳井正認識了。一九九九年，孫正義第一次見到剛創辦阿里巴巴的馬雲，五分鐘內就決定出資支持他，後來也以大股東身分與馬雲維持深厚的情誼，並在二〇〇七年邀請馬雲擔任軟體銀行的獨立董事。

不只在中國，即使在全世界來說，馬雲也堪稱傳奇人物。生長於杭州的他，在年紀還小的時候，便在杭州的名勝——西湖主動與歐美觀光客攀談，透過爲他們導覽以提升自己的英語能力，這段故事在中國廣爲流傳。後來也藉著在大學和夜校擔任英語老師來累積資金創業，將阿里巴巴發展爲代表中國的龐大企業。

二〇〇九年起，優衣庫透過阿里巴巴在中國展開網路銷售。雖然曾在二〇一五年時進駐新興的京東集團網路商店，但在柳井正一聲令下，短短三個月便撤出京東，將重心完全放在阿里巴巴。當時媒體紛紛報導優衣庫與阿里巴巴之間的緊密合作關係。

但事實上，透過軟體銀行董事會近距離觀察馬雲言行的柳井正，對他身爲經營者這個角色幾乎沒有正面的評價。據說柳井正還多次建議孫正義：「應該和馬雲斷絕關係。」在我的採訪中，柳井正首度公開說明對馬雲的疑慮：

「他只說對自己有利的事情。在軟體銀行的董事會上，他幾乎不說什麼（有意義的）話。這樣說不過去吧。」

柳井正對馬雲的疑慮加深，主要是因爲二〇一四年成立的阿里巴巴金融科技子公司「螞蟻金服」在經營權上的爭議。做爲阿里巴巴的金融部門，螞蟻金服迅速成長爲一家龐大的金融科技企業，但一半以上的股權卻掌握在馬雲個人手中。柳井正回憶道：「對於他把公司當成自己的所有物品，試圖將利益據爲己有的行爲，我感到非常憤怒。」

事實上，進駐京東集團網路商店一事，是負責中國業務的潘寧所下的決定，但柳井正認爲，這麼做對於早已展開合作關係的阿里巴巴來說不合情理，因此要求撤回這項決定。即便是自己不認同的人所經營的企業，不遵守身爲合作夥伴的原則，仍是有違商人道義的事。

阿里巴巴是少數稱得上稱霸全球的電子商務企業，這是不可否認的事實，而且也必須正視這樣的事實。因此，即使是自己不認同的對象，也該虛心向他求教。

阿里巴巴的指點

日下正信親自飛往阿里巴巴總公司所在地杭州，坦白說明了優衣庫電商的現狀。在我的訪談中，日下正信表示「事關公司機密，恕無法透露細節」，所以並未詳細說明內容；不過他說，對於在中國眾所周知的消費高峰，也就是十一月十一日這個「雙十一光棍節」如何進行準備工作，確實學習得很仔細。

「對於我們的系統目前有哪個部分面臨了瓶頸，還有針對雙十一活動該如何改善，都徹底地將相關數據視覺化。」

將這些學習內容與優衣庫的現狀做比較後，得到一個結論。「果然平臺還是要自己建立。如果把它交給別人，就會有難以掌控的黑箱。」於是優衣庫開始著手建立數位平臺，重啓資訊製造零售業的計畫。

儘管優衣庫決定建立數位平臺，但資訊革命這件事，光憑一己之力是無法完成的。匯集眾多夥伴、建立「生態系」，才是在數位這個新領域裡勝出的關鍵。

最好的例證，莫過於促成優衣庫進行資訊革命的 iPhone。許多人第一次看到賈伯斯宣稱要「重新發明電話」而展示的 iPhone 時，都被這部完成度相當高的機器所吸引。因爲它讓眾人見識到，原本透過電腦建立的網路世界，竟然可以像這樣握在手裡，會有這樣的反應也是理所當然的。

但是 iPhone 眞正的強大之處並不在於這部機器本身，而是以 iPhone 爲中心去設計與建立的軟體生態系統。彷彿被 iTunes 這個具有強大吸引力的黑洞給吸入似的，全球軟體公司爭相開發並提供可在 iPhone 上操作的應用程式。

若說賈伯斯爲了追求極致美感而打造的 iPhone，一開始便是一部以建構這種生態系爲目的而擴散至全球的裝置，應該一點也不爲過。換句話說，賈伯斯創立了一個以 iPhone 爲中心的 APP 生態系。爲此，他在推出 iPhone 前，就先藉由音樂設備 iPod 創造了 APP 經濟。

也就是說，iPhone 的本質並不在於硬體，而是軟體生態系——這一點現在想必已廣爲人知，但我們也可以說，賈伯斯從iPod時代開始，經過多年縝密籌備打造的整個過程，才是他最偉大的發明。這是相當驚人的遠見與執行力。

關於iPhone的討論雖然稍顯冗長，不過優衣庫也正在向外尋求資訊革命的夥伴。舉例來說，在資訊製造零售業的起點，也就是預測「暢銷服飾」需求時所需的技術，他們選擇與該領域全球領導者谷歌合作。

柳井正透過軟體銀行的視角去觀察資訊產業，他對谷歌「致力於處理全球資訊的崇高目標」評價極高。「我當時就認爲，果然還是應該先與這家公司合作。」他親自前往位於矽谷的谷歌總部，主動提出合作意願。

紀州的愛迪生

就連過去一直委由亞洲代工廠生產製作的部分，他們也開始尋找新的策略與方向。其中最具代表性的，就是與位於和歌山的編織機製造商——島精機製作所的合作。

島精機製作所在和歌山市區擁有廣大的土地，是創辦人島正博一手打造出來的全球知名編織機製造商。白手起家的島正博憑一己之力，設計開發出多款編織機，有「紀州的愛迪生」美譽。

小學時期，因爲和歌山遭到空襲，島正博的家園被燒毀，於是他將附近寺廟墓地旁的角塔婆④拔起來充當梁柱、搭建應急用的小屋以遮風擋雨。他的父親在戰爭中去世，中學開始，他一邊在住家附近的一間編織機修理工廠工作，一邊構思新技術，從發明可以將棉織手套各部分連接起來的「雙線鎖式縫紉機」開始，不斷將獨特的創意融入編織機發明，進而成就了自己的事業，博得名聲。

島精機製作所與優衣庫的合作關係由來已久。柳井正開始採取製造零售業模式一段時間後，島正博因為引介了一家使用自家機器的香港新興企業給柳井正認識，從此開啓了雙方的合作關係。

一九八七年，「黑色星期一」⑤股災襲擊全球，島正博以此為契機，希望達成針織產品的「在消費地進行生產」模式。在那個全球服裝品牌仍仰賴亞洲廉價勞力的時代，他已經預見，在服裝消費量極高的已開發國家生產服飾的時代終將到來。

這個想法可說是挑戰了服裝產業的常理。十八世紀中葉在英國興起的工業革命，以棉紡織技術的革新為起點；不久後，隨著整個社會的工業化，服裝生產被歸類為勞力密集型工作，將工廠設立在提供廉價勞力的開發中國家，成為服裝產業的常理。優衣庫所建立的製造零售業模式，正可說是基於這種「常規」所形成的商業模式。

但這樣的常理未來仍然適用嗎？島正博眼看著黑色星期一所引發的全球經濟體系大亂，開始對這種常理產生質疑。

未來應該會在消費地生產服裝吧？如果這樣的預感成眞，那麼在工資便宜的地方生產、在具有購買力的消費市場銷售的這種製造零售業國際分工模式將因此動搖。爲了因應這樣的未來，需要一些不仰賴廉價勞力的機器設備。

基於這種想法，島正博發明了無縫電腦橫編機（名爲「Wholegarment」〔全成型〕）。這是一部能從線材開始，自動將整件衣服織出來的機器，不再需要拼湊縫合各部位的織片。只要有了它，就不用依靠人力進行縫製的工序。

島正博於一九九五年開發出這部劃時代的機器。後來經過幾次改良，現在包括義大利的班尼頓（Benetton）在內的許多全球高級品牌都已採用。

柳井正也認同這項技術的實力。在他第一次看到用島精機製作所的無縫電腦橫編機製作出來的針織衫時，他拿出放大鏡，仔細檢查各個細節後宣布：「從今以後，我們只與使用島精機製作所編織機的工廠合作。」

不過，島精機製作所並非優衣庫的直接交易對象，他們只是設備供應商，負責提供

---

④ 日本佛教塔建築用語，通常指在堂舍落成後，於供養會上立於堂前的細長四角柱。

⑤ 指的是發生在一九八七年十月十九日的美國股市大跌事件，當天道瓊工業指數大跌二二·六%，全球各主要證券交易所也在數小時內暴跌，造成各國股市重大損失，而這也是全球金融市場第一次出現互相影響與連結的全球性現象。

機器給優衣庫委託生產服裝的亞洲工廠，彼此的關係有些距離。柳井正決定縮短距離，是在二〇一五年春天，也就是他剛開始宣示要轉型爲資訊製造零售業並低調啓動有明計畫的時候。當優衣庫指派負責生產的幹部前往和歌山島精機製作所總公司洽談合作方案時，柳井正本人也親自前往。

「我們與東麗已經開始在材料創新方面進行合作，希望也能與島精機在針織領域共同開創新機。」

柳井正向這家設備製造商提出合作邀約。於是雙方成立了合資公司「Innovation Factory」（創新工廠），充分運用島精機製作所引以爲傲的無縫編織技術。

他們即時分析優衣庫門市提供的針織產品數據，推算出顧客想要的針織服裝款式，再利用無縫電腦横編機立即製作成品。這正是柳井正提出的「做出暢銷商品」的商業模式轉型。

Innovation Factory 起初設置在島精機製作所位於和歌山市的土地上，後來爲了深入推動「在消費地進行生產」，遷往優衣庫有明倉庫附近的東京東雲町。

關鍵的抉擇

一方面向外尋求創新的契機，另一方面，當然是全力改革那個導致有明計畫一開始就受挫的物流系統。前面曾提過，包括大福在內，優衣庫得到許多夥伴的協助，這裡則想爲各位說明一下，有關他們與一家名爲「Mujin」（即日語的「無人」之意）的工業機器人新創公司的合作經過。

Mujin是由畢業自美國大學並曾任職於金屬切削工具製造商伊斯卡（Iscar）的瀧野一征，以及專攻電腦科學、人工智慧與機器人學的美籍學者出杏光魯仙（Rosen Diankov）於二〇一一年創立的公司，旨在推廣以魯仙開發的技術爲基礎的無人化物流倉庫系統。

他們與柳井正相識於二〇一八年秋天。當時柳井正在尋找能夠解決有明倉庫物流問題的策略與技術，透過一位朋友的引薦，瀧野一征和魯仙獲得了簡報的機會。

瀧野他們有三十分鐘的簡報時間。簡報以介紹Mujin改善中國京東集團倉庫的影片爲開端，約莫五分鐘後，原本靜靜聽著的柳井正突然不客氣地打斷報告並問道：

「瀧野先生，你煞費苦心把公司發展到這樣的規模，爲什麼要賣掉？」

事實上，當時瀧野一征正與軟體銀行旗下的大型基金進行協商，評估是否接受投資。看來，柳井正已經知道這件事。

「你打算賣掉多少股份？」

「包括現有股東轉讓的部分在內，總共四成。」

一聽到瀧野一征這麼說，柳井正立刻追問：

「您是否眞的理解股份的重要之處？」

儘管是用敬語表達，但那直言不諱的語氣中流露出一股獨特的氣勢。柳井正冷冷地撂下這句話。

「這樣不行吧。」

當瀧野一征解釋，爲了加速 Mujin 的業務發展，無論如何都需要這筆資金時，柳井正提出了一個完全意想不到的建議：

「那麼，如果我借給你同等的金額呢？不是投資，而是借貸。」

意思是柳井正不拿股份，只以個人名義提供資金。

「呃……這可是幾百億圓的事……。」

粗估應該要三百億圓吧。但柳井正淡然回答：「那種事我當然知道。」仔細想想，對柳井正來說，三百億圓可能不過是零用錢罷了，但對瀧野一征而言，卻是一個突然被迫面對的抉擇。

對日本的創業者來說，這在某種意義上或許是一項關鍵抉擇吧？換句話說，他正被這個國家最具代表性的兩位企業家逼問：「你到底要選哪一邊？」

不知不覺間，早已超出原先預計的三十分鐘。那一天，沒有做出任何結論，就這樣結束話題。過了一段時間後的某天，瀧野一征的手機響了。是柳井正的祕書打來的。

「柳井先生想再跟您見個面。」

於是他前往位於有明的柳井正辦公室，沒想到孫正義也在場。瀧野一征就這樣，被兩位日本最具代表性的企業家夾在中間。他只覺得時間彷彿停止了流動，今天非得做出決定不可。

「那麼，你的想法如何？」

孫正義開口問道。

回想起那個提問，瀧野一征說那是「此生中最難回答的一個」。這也難怪。當時的瀧野一征才三十四歲，在創業這條路上才剛剛起步，卻被迫在兩位商業巨擘面前表態、做出決定。瀧野一征下定決心，如此回答：

「坦白說，柳井先生的提議讓我無比開心。不過，最先發掘我們並給予高度肯定的是孫先生。如果因爲有更好的提案，就轉向柳井先生、對他說『請多關照』，我覺得這樣是不對的。這是我的眞心話。也沒有這種道理。所以我選擇孫先生。」

說出這句話時，瀧野一征認爲自己與柳井正的緣分已斷。

不過眼前這兩個人的反應卻有些不大一樣。以面對試煉的決心大膽表態的瀧野一征並未察覺，那兩人似乎早已達成了共識。證據就是，孫正義對瀧野所說的話與他所預期的完全相反。

「身爲一個投資人，雖然感到遺憾。不過我覺得，如果當年我剛起步的時候也有這樣的機會就好了。所以，以個人立場而言，我可以接受這件事。」

他們兩人似乎已針對軟體銀行撤回投資案、改由柳井正提供個人融資的事達成共識。瀧野一征也慢慢了解狀況，整個人瞬間放鬆了下來。

且問創業家的抱負

結果，柳井正分別提供五十億圓的融資給瀧野一征和魯仙，剩下的兩百億圓則向銀行貸款，其中一部分眼前急需的七十五億圓，則由柳井正以個人名義提供擔保。就這樣，瀧野一征順利籌措到總計三百億圓的資金。

他們利用這筆資金，從當時最大的股東手中買回了 Mujin 的股份，也就是所謂的「管理層收購」（Management Buyout, MBO）⑥。瀧野一征就此逐步確立了對 Mujin 的經營權。

回想這一連串過程，瀧野一征不得不說自己有種像是被捉弄似的、完全一頭霧水的感覺。不禁要問：「柳井先生究竟能從這件事獲得什麼好處？」

當然，柳井正或許眞的有意將負責重建物流系統的自動化技術掌握在自己可控的範圍內，而不是交給其他公司，例如軟體銀行。如果是這樣，直接由優衣庫取代軟體銀行去投資就好。從資本運作的邏輯來看，這對柳井正個人並沒有任何好處。

我問柳井正，這場鮮爲人知的風波背後到底用意何在。他這樣回答我：

「我是被他身爲創業家的精神所打動。正因爲如此，他必須在經營上有更強烈的主導和參與感。我不希望他從頭到尾都只是一名技術人員。瀧野他有熱忱，有向全球推廣『Mujin inside』（Mujin 參與）的理想，也有堅持到底的動力。所以我才會問他：『你這樣就滿足了嗎？』」

柳井正有過一段苦澀的經歷。當年，他在銀天街的鉛筆大樓立下「世界第一」這個目標時，沒有人能理解他的雄心壯志。主要往來銀行——廣島銀行還威脅他要停止交易，讓他如履薄冰似地籌措資金，才能勉強維持營運。

當時那位態度強硬，且不認同柳井正口中願景的廣島銀行分行長，柳井正至今仍對他抱持保留態度；但後來柳井正再換個角度再去思考時，承認對方當時的疑慮確實不無道理。

「當時我只有向銀行貸款這個選項，如果能像現在這樣有所謂的創業投資（venture capital），不知道又會如何？」

⑥泛指公司管理者從股東（所有者）買下股份的收購形式，藉此對公司的經營、業務維繫獲得更高的掌握度。

大概要讓渡股份以換取資金吧。不過那就等於讓出部分經營權，如此一來，他還能追尋當時所描繪的未來願景嗎？

柳井正總是不斷對日本的新創企業家提出忠告。

「別用與他人同樣的觀點看待事物。」

「放眼世界，尋找啓發並拓展視野。」

「上市或賣掉公司就算達標了嗎？給你一個像是告別演唱會般的盛大儀式就滿足了嗎？」

並不覺得自己有任何過人之處。自己做得到的事，這些理應更加優秀的年輕人爲什麼做不到？

就連曾經一無是處的我都能做到，爲什麼你們做不到？

你們這些創業家、年輕人，要放眼世界，看得更遠、更寬廣。

要抱持更遠大的志向。

這是任何人都做得到的事。

每當我面對柳井正這位經營者，總是深切地感受到這些想法。或許他對瀧野一征也寄予了同樣的厚望吧。

如今，Mujin的自動化技術已經在全球優衣庫的倉庫內運作。

柳井正將「最後的改革」定位在轉型爲資訊製造零售業，而他宏大的目標尙未達成。「從銷售成衣轉型爲製作暢銷服飾的商業模式」這樣的進化還沒完全實現。

科技世界總是以出人意料的速度不斷運轉。如今人工智慧逐步深入整個社會，智慧型手機最輝煌的時代也即將落幕。如果說，一手掌握網路資訊的智慧型手機象徵了「集中」的時代，那麼即將來臨的「人工智慧大霹靂」（AI Big Bang），將創造出一個利用資訊的裝置遍布生活各角落的「分散」時代。

優衣庫所揭示的「資訊製造零售業」也必須順應這樣的時代潮流，隨之進化。在日後的發展道路上，「減法」想必仍將如影隨形。如果優衣庫確實打算朝向柳井正一直以來所追求的「世界第一」寶座前進，必然要將眾多的「減法」轉換爲「加法」才行。

正如同過去所做的那樣，今後也依然如此。

後記

世界緊密相連

柳井正有一本珍愛的書。

書名是《最後的全球概覽》（*The Last Whole Earth Catalog*）。顧名思義，它是一本目錄。是一九七一年出版於美國的一本有關「地球上所有事物的目錄」。

柳井正於一九六八年因爲「想看看這個世界」而踏上環遊世界的旅程時，《全球概覽》這份刊物已經發行第一期，一九七一年的《最後的全球概覽》則可說是合輯①。這本期刊曾對美國的嬉皮世代產生重大影響，被譽爲經典傳奇之作。如同書名所示，這本

① 《全球概覽》是美國反主流文化期刊和產品目錄，自一九六八年起至一九七二年間，每年不定期出版幾次，主要告訴人們如何用雙手、技術與工具做自己想做的事，並整理可能影響世界進步的書籍摘要。一九七一年六月出版的《最後的全球概覽》獲得了美國國家圖書獎的當代事務獎，這也是目錄第一次獲得這樣的獎項。

書的編纂是爲了網羅地球上所有的事物。

據說，賈伯斯後來在史丹佛大學畢業典禮上發表的名言「求知若飢，虛心若愚」（Stay Hungry, Stay Foolish.）就是源自於《全球概覽》。一九九八年由賴利・佩吉（Larry Page）與謝爾蓋・布林（Sergey Brin）創立的谷歌，正是試圖透過網際網路這項宏偉的科技去實現這本期刊的理念。

《最後的全球概覽》是柳井正的次子——柳井康治送給父親的禮物。

「爸爸應該會想要這本書吧？」

這本書展現了「想了解世界上的一切」的雄心壯志。柳井康治說，這應該也是一直以來父親所追求的。

柳井正至今仍將這本書珍藏在辦公室裡。他收到這本書的時候，有什麼感覺呢？儘管覺得這樣介入他們的親子互動很冒昧，我還是問了一下。結果他說：

「萬事萬物都有過去，才有了現在；這既是偶然，也是必然。就像點會連成線。不是嗎？那眞的是一份很棒的禮物。」

每次採訪，我們都是一對一進行，柳井正的祕書或公關都不在場。對我而言，我始終覺得自己看到的柳井正一直是個嚴厲的經營者。然而談到這本書的時候，我彷彿在那瞬間瞥見他身爲父親的眞實面貌——可以說是一個身爲普通人、有血有肉的柳井正吧？

一九七一年，《最後的全球概覽》出版時，柳井正還一事無成。從早稻田大學畢業後，他在東京諏訪町的租屋處過著無所事事的日子，後來半推半就地順從父親安排、進入佳世客任職，但是只做了九個月就辭職，決定寄宿在同學的公寓裡。

對於未來，他並沒有什麼特別的夢想或希望。只不過，即使是這樣一個懶散的睡太郎，內心還是有一些想法。

他想更進一步了解這個世界。

他向父親強烈表達這個意願，並在環遊世界的旅途中，於西班牙的某個車站遇上日後的人生伴侶照代女士。即使後來結爲連理、生了兩個孩子，但柳井正依然無所作爲，在人潮日漸稀落的宇部銀天街，度過了一段堪稱黑暗十年的歲月。

然而，很早就將目光投向世界並前往英國留學的照代，卻找不到擺脫這種生活的出口。在那個人生地不熟的宇部，她面對的是男裝店裡因循守舊、有如傳統學徒制般僵化的人際關係。

「把我的青春還給我！」

她曾如此質問丈夫。當她找年長十五歲的姊姊商量時，姊姊說：「嫁人就是這麼回事啊。要是感到不甘心或難過的話，就去山裡扔石頭吧。」在這個居住著柳井家兩代的鄉下地方，她還眞的曾拿起石頭往草堆裡扔。

當時，兩人面前並沒有「世界」的存在，只有這個煤礦小鎮商店街上的日常生活。

該做些什麼來擺脫這一切？

照代經常看到丈夫下班回家後，用他獨特的字跡在筆記本上寫字，不知不覺中，照代發現自己不再拿起石頭了。因爲她從中感受到丈夫徹底展現的熱情。

至今她仍記得，兩個孩子分別就讀幼稚園和小學時，有一天，丈夫休息在家，對孩子們說：「爸爸想在東京開店。要是爸爸做不到的話，就交給你們囉。」儘管他曾當面對員工說優衣庫是「金礦」，但事實上，他應該還沒有十足的自信能實現那樣的願景吧。一直以來，她總是如此近距離看著柳井正的眞實樣貌。

從那段黑暗的日子至今，已經過了半個世紀，而優衣庫正如年輕時的柳井正所言，朝著世界顚峰不斷向上攀登。透過與其他夥伴一起走過那段將無數「減法」化爲「加法」的旅程，當時無法預見的未來風貌，如今已開展在眼前。

雖然兩名兒子應該還記得，父親曾在他們小時候訴說過的雄心壯志，但父親卻表示不會讓他們繼承公司。據說這是一九九四年公司上市時就做出的決定。其實在那之前，原本希望由他們來繼承，但在公司成爲「公開上市企業」的當下，柳井正就主動放棄了將公司交給兒子的選擇。

他希望兩名兒子能繼承迅銷的股份，以大股東身分監督公司的運作。以同業來說，就像沃爾瑪的創辦人山姆・沃爾頓（Samuel Walton），將家族對公司營運的監督與實際的經營管理分開。

關於柳井正的兩名兒子，來自公司內外的評價絕對都不差，甚至可以說是相當好。

「但還是得讓他們接受並認命啊。只不過確實挺難的。」

柳井正如此表示。要在一位極具領袖魅力的經營者之後接棒，不論是家族成員或外人，想必都將承受有別於創業第一代的沉重壓力。如今優衣庫已成長爲全球企業，這分壓力又該有多大呢？更何況，成爲公開上市公司後的優衣庫，若是只交給家族成員來經營，並不公平。

優衣庫克服了無數次減法的考驗，現在提倡的是所謂「服適人生」（LifeWear）的新產業革命。這是一種不分男女老少、國籍、人種，任何人都可穿著，同時對環境與社會付出關懷的服飾。這就是優衣庫追求的目標。

柳井正以「眞善美」來表現「服適人生」所要探索的核心價值，而目前尚未到達如此境界。他表示，要達到那個目標，必須回答三個問題：

「你是誰？」

「你在這個世界上，做過什麼樣的善行？」

「你在這個國家裡，做過什麼樣的善事？」

世界很遼闊，無限寬廣。應該在這個世界上做些什麼？當初懶散青年眼中所見不到的未來，如今開闊在眼前，他正努力追尋。

然而這一切的起點，來自於一名青年在迷茫中仍試圖想要看見什麼，並渴望描繪未來的執著與信念。

兒子送給父親的那本書背面，有一顆漂浮在黑暗中的地球，還寫上這麼一句話：

「We can't put it together. It is together.」

這句話該如何翻譯才貼切？這本四百五十頁左右的書，野心勃勃地想將世界上的一切全部納入。我闔上它，想了想。

「我們無法讓世界合而爲一。因爲它原本就在一起。」

我來解釋一下吧。

銀天街一角，某家小電影院裡的銀幕上放映著世界的影像。年輕人決定親自去瞧一瞧，於是踏上了旅程。

世界的確很遼闊。

回到日漸衰敗的煤炭小鎮商店街，接手男裝店的柳井正描繪出一個偉大的夢想。希望有一天，在這個無垠的世界留下自己生命的印記。以「世界第一」這個顛峰爲目標的旅程、透過「服適人生」（LifeWear）試圖興起產業革命的雄心壯志，都是這樣一位沒沒無聞的青年所譜寫的故事篇章其中一頁。

而世界，果然還是緊密相連的。

柳井正從未停止前往未知世界的某處去尋找成功的線索，至今依然如此。就如同從當年被稱爲「睡太郎」的大學生時期，第一次奔向世界的那天一樣。

他貪婪地追求那些遠比自己聰明、比自己走得更遠的前人智慧，並付諸行動；經歷過無數次跌跌撞撞後，又一再重新站起。就這樣，與夥伴一起一步步攀上階梯，這正是優衣庫的故事。

優衣庫的故事今後仍將繼續。因爲那位青年所懷抱的夢想尚未達成。所以，優衣庫服飾今天依然會從世界的某個角落遞送到某個人手中。

追記

原本應該詳細列出所有受訪者名單，礙於有人不便公開眞實姓名，就此略過。

迅銷集團方面，柳井正社長祕書武藤泰子女士、社長室古川啓滋先生和企業公關部坂口由紀惠女士，除了協助訪談相關事項之外，向來不吝回應各種提問與細節。

此外，日本經濟新聞社引以爲傲的流通業專家暨資深撰稿人田中陽先生，自採訪之初便屢次提供諮詢指導，當下給予精確的建議。後進記者大西綾女士，也以首位讀者的立場提出多項犀利指正，其中諸多意見已納入本書中。負責編輯的日經ＢＰ赤木裕介先生，自本書構思階段即一路相伴提攜。

每一項都是完成本書至關重要的協助，藉此向各位表達誠摯的謝意。

最重要的是，由衷感謝諸位讀者，閱讀這本篇幅浩大的書籍到最後。

謝謝大家。

有關本書參考文獻，請至圓神書活網（www.booklife.com.tw）
搜尋《世界的 UNIQLO》書籍頁面。

國家圖書館出版品預行編目資料

世界的UNIQLO：優衣庫的崛起、挫折與成功／杉本貴司（Takashi Sugimoto）著，葉小燕譯 -- 初版 -- 臺北市：究竟出版社股份有限公司，2025.07
456面；14.8×20.8公分 --（New Brain；46）

ISBN 978-986-137-484-0（平裝）
1.CST：服飾業 2.CST：企業經營 3.CST：品牌 4.CST：日本
488.9 114006437

Eurasian Publishing Group 圓神出版事業機構 究竟出版社 Athena Press

www.booklife.com.tw reader@mail.eurasian.com.tw

New Brain 046

世界的UNIQLO：優衣庫的崛起、挫折與成功

作　　者／杉本貴司（Takashi Sugimoto）
譯　　者／葉小燕
發 行 人／簡志忠
出 版 者／究竟出版社股份有限公司
地　　址／臺北市南京東路四段50號6樓之1
電　　話／（02）2579-6600．2579-8800．2570-3939
傳　　真／（02）2579-0338．2577-3220．2570-3636
副 社 長／陳秋月
副總編輯／賴良珠
責任編輯／林雅萩
校　　對／林雅萩．歐玟秀
美術編輯／林韋伶
行銷企畫／陳禹伶．鄭曉薇
印務統籌／劉鳳剛．高榮祥
監　　印／高榮祥
排　　版／莊寶鈴
經 銷 商／叩應股份有限公司
郵撥帳號／18707239
法律顧問／圓神出版事業機構法律顧問　蕭雄淋律師
印　　刷／祥峰印刷廠
2025年7月　初版

定價 530 元　　ISBN 978-986-137-484-0　